不用自己寫！
用 GitHub Copilot
搞定LLM應用開發

本書簡體版名為《AI 輔助編程入門：使用 GitHub Copilot 零基礎開發 LLM 應用》，ISBN：978-7-121-48920-4，由電子工業出版社出版，版權屬電子工業出版社所有。本書為電子工業出版社獨家授權的繁體版本，僅限於繁體中文使用地區出版發行。未經本書原著出版者與本書出版者書面許可，任何單位和個人均不得以任何形式 (包括任何資料庫或存取系統) 複製、傳播、抄襲或節錄本書全部或部分內容。

序

你在茫茫書海中拾起這本書，翻開這一頁，讀到這篇序……這何嘗不是一種緣分？統計表明，大約有一半的讀者是不看序的。所以為了答謝命運的安排，我在本序末尾留了一個小福利，希望你能喜歡。

緣起

機緣巧合，我有幸承擔這本書最後兩章案例的寫作工作。隨著年紀越來越大，我越來越相信緣分；而這本書的誕生，更是讓我感歎「緣，妙不可言」。

我與本書的編輯在六年前就已相識，只是一直沒有機會合作；我與本書的另一位作者李特麗老師一年多前在 AI 開發者社群結識，但又各自忙碌於 AI 領域的探索，鮮有合作。命運的齒輪緩緩轉動，在 AI 熱潮下，我們三人終於因為這本書聚到一起。

對讀者說

寫一本書，幫助初學者甚至零基礎讀者邁入程式編寫世界的大門，這在以前似乎是一個不可能完成的任務，但如今 AI 技術蓬勃發展，足以讓這個願望成真。

在大型語言模型（LLM）崛起的這一年多裡，我們兩位作者活躍於 AI 輔助程式編寫和 LLM 應用研發的第一線，我們深知「人人能編寫程式」的時代已經到來。在本書中，我們力求透過平實的語言和直覺的案例，帶領讀者感受程式編寫的樂趣。更重要的是，讀者將掌握 AI 時代的全新程式編寫方式，進而將自己心中醞釀已久的夢想打造為現實。

或許你已嘗試過無數次卻仍然「無功而返」，但這一次，請相信自己，你一定可以達成期望已久的目標！

致謝

寫書並非易事，但我也不是一個人在戰鬥。

感謝家人的支持和鼓勵，讓我安心寫作、如期交稿。

感謝李特麗老師的信任和邀請；感謝各位編輯老師為本書付出的心力。

感謝「月之暗面 Kimi」工程師唐飛虎老師提供技術支援。感謝「一堂 AI 俱樂部」于陸老師的建議和幫助。感謝「CSS 魔法」微信公眾號讀者群的群友參與本書的前期調查研究，我無法一一列出你們的名字，但你們就在我的身邊。

福利

最後，感謝你讀到這裡，為你送上小福利。

如果你看完書中的案例感覺還不過癮，那麼我還為你準備了一套影片版的 GitHub Copilot 案例集錦和實用技巧。搜尋「CSS 魔法」微信公眾號，就可以在「影音號」頁籤找到它們了。

同時也推薦你關注我的 GitHub 帳號 @cssmagic，這裡收錄了一些實用的開源專案、我寫的其他書，以及我整理的一份全面的 AI 資源整理，你一定會用得上。

祝閱讀愉快！

CSS 魔法

2024 年 7 月於上海

前言

AI（人工智慧）正在深入改變我們的生活和工作方式。隨著 AI 技術在軟體開發領域的廣泛應用，AI 輔助程式編寫工具（如 GitHub Copilot）正在興起，為程式開發人員帶來了前所未有的生產力提升。

百度創始人曾表示，2024 年他最想推動的一件事情是讓每個人都具備程式開發人員的能力。他認為，未來程式語言將變得像自然語言一樣平易近人，人人都能用編寫程式來完成自己的想法和創意。這一觀點折射出 AI 技術在軟體開發領域的巨大潛力。AI 技術的快速發展，尤其是 AI 輔助程式編寫工具的興起，正在為「人人都是程式開發人員」這一願景鋪平道路。

AI 輔助程式編寫工具：業界共識與大勢所趨

AI 輔助程式編寫工具已成為業界共識與大勢所趨。JetBrains 2023 年程式開發人員報告顯示，AI 輔助程式編寫工具正被廣泛應用於程式開發人員日常工作中，為他們解答問題、審查程式碼、發現錯誤等提供智慧幫助。根據 Gartner 的預測，到 2025 年，AI 輔助程式編寫工具將在全球範圍內普及，超過 50% 的軟體開發組織將採用這類工具。IDC 的報告則指出，到 2024 年，使用 AI 輔助程式編寫工具的企業，其軟體開發效率將比不使用的企業高出 30% 以上。

如表 0-1 所示[1]，根據 JetBrains 2023 年程式開發人員報告，AI 輔助程式編寫工具已被廣泛應用於程式開發人員的日常工作中，為他們提供了有效率且智慧的幫助。

1　本表中的百分比因「四捨五入」到最接近的整數，所以百分比的總和可能略高或略低於 100%。

表 0-1

功能	相當頻繁	有時	很少	從不
使用自然語言詢問有關軟體開發的一般問題	26%	33%	17%	24%
產生程式碼	24%	37%	24%	15%
產生程式碼註解或程式碼文件	19%	26%	22%	33%
解釋 Bug 並提供修正方案	18%	26%	21%	36%
解釋程式碼	14%	27%	22%	37%
產生測試	12%	21%	24%	42%
使用自然語言查詢搜尋程式碼區段	11%	21%	19%	48%
執行程式碼審查	9%	17%	21%	53%
總結最近的程式碼更改以瞭解情況	9%	16%	19%	55%
重構程式碼	9%	20%	23%	47%
透過自然語言描述產生 CLI 命令	9%	17%	20%	54%
產生提交訊息	6%	12%	20%	62%

該表顯示 AI 輔助程式編寫工具在程式開發人員工作中的應用現狀。總體來看，AI 輔助程式編寫工具正在為程式開發人員解答問題、產生程式碼、審查程式碼等各方面提供幫助，大幅提升了程式開發人員的工作效率和程式編寫體驗。

具體來說，與傳統的查閱文件、搜尋論壇、請教同事等耗時費力的方式相比，現在程式開發人員只需用自然語言向 AI 輔助程式編寫工具提問，就能快速獲得相關的程式碼和程式碼的解釋及建議。不僅專業的程式開發人員可以藉助 AI 輔助程式編寫工具的力量事半功倍，程式編寫小白也能在 AI 輔助程式編寫工具的幫助下快速上手，完成自己的想法。這些 AI 輔助程式編寫工具正在讓編寫程式學習變得更加平易近人，比如 GitHub Copilot、通義靈碼、Cursor 等由大型語言模型驅動程式的 AI 輔助程式編寫工具，其支援語音輸入，支援多語言輸入，使用者只需用母語表達自己的需求，它們就能自動產生對應的程式碼。使用者無須提前掌握複雜的編寫程式語法和規則，就能將創意轉化為現實。這些 AI 輔助程式編寫工具大幅降低了編寫程式門檻，將編寫程式樂趣普及給大眾。人們所描繪的「人人都是程式開發人員」的美好願景，正在加速實現。

可以預見，隨著 AI 輔助程式編寫工具技術的不斷進步，它將與人類程式開發人員更加緊密地合作，推動 21 世紀的新一輪程式開發革命。

AI 輔助程式編寫工具的企業級實作

AI 輔助程式編寫工具的快速發展正在深入影響著企業的軟體開發。越來越多的企業開始嘗試利用 AI 輔助程式編寫工具來提高開發效率，並對軟體品質最佳化。這些工具透過自動產生程式碼、智慧完成、錯誤檢測等功能，為開發者提供了即時的幫助和建議，大幅減輕了他們的工作負擔。

業界的共識是，AI 輔助程式編寫代表軟體開發的未來，引入相關工具可顯著提升開發效率、縮短交付週期、提升軟體品質。

1. Thoughtworks：AI 提升軟體交付流程效率。

    為了更清楚了解 AI 輔助程式編寫工具在企業中的應用效果，我們可以看看 Thoughtworks 的內部實驗。Thoughtworks 是一家全球性的軟體諮詢公司，在軟體開發領域有著豐富的經驗和領先的洞察。

    如圖 0-1 所示，Thoughtworks 對 GitHub Copilot 和 ChatGPT 等 AI 輔助程式編寫工具進行了內部評估，目的是判斷這些工具能否對軟體交付週期的生產效率更好。評估的初步結果與外部的調查報告類似，表明這些工具確實能夠提升軟體開發各個環節的效率，這對於一項新技術而言是非常了不起的成果。

需求分析			架構設計			程式碼實作		
特性設計	功能拆分	定義 AC	架構設計	領域建模	API 設計	詳細設計	編寫程式碼	編寫程式碼之後
↑	↑	↑	↑	↑	↑	↑	↑	↑
10%~30%	10%~30%	10%~30%	5%~10%	5%~10%	10%~30%	5%~10%	10%~30%	10%~30%

圖 0-1

    具體來看，根據 Thoughtworks 提供的資料，在需求分析階段，AI 輔助程式編寫工具使特性設計、功能拆分和驗收標準的定義效率（定義 AC）提升了 10%~30%；在架構設計階段，API 設計也提升了 10%~30%；在程式碼實作階段，編寫程式碼和偵錯（編寫程式碼之後）的效率同樣提升了 10%~30%。這些資料充分說明，GitHub Copilot 等工具能夠幫助開發人員更快地適應新技術，提高生產效率。

2. 微軟：在內部推廣 GitHub Copilot。

除了 Thoughtworks，許多其他企業和組織也分享了使用 AI 輔助程式編寫工具的成果。例如，微軟在內部推廣 GitHub Copilot 後，發現開發者的程式編寫速度平均提高了 35%，程式碼品質也有明顯改善。谷歌的一項研究表明，使用類似的 AI 輔助程式編寫工具，可以將開發者的偵錯時間縮短 20% 以上。

3. 阿里巴巴：引入 AI 程式開發人員。

2024 年 4 月，阿里雲就在內部全面推行 AI 編寫程式，使用通義靈碼輔助程式開發人員寫程式碼、讀程式碼、查 Bug、最佳化程式碼等。阿里雲還專門給通義靈碼分配了一個正式的員工編號——AI001。這一舉措凸顯了 AI 輔助程式編寫工具在企業級應用中的巨大潛力。透過引入 AI 輔助程式編寫工具，企業可以顯著提升軟體開發效率，節省大量時間成本。程式開發人員可以從繁瑣的程式編寫工作中解放出來，將更多精力投入系統架構設計、商業邏輯最佳化等更具創造性和挑戰性的任務中，進而加速企業的技術創新。

此外，AI 輔助程式編寫還有利於企業內部的知識共用和傳承。資深工程師的編寫程式經驗和技巧，可以透過機器學習得到總結提煉並傳授給新員工，幫助他們快速成長。這有利於企業建構一支更加有效率、可持續發展的技術團隊。

透過對 Thoughtworks、微軟和阿里巴巴這三個案例的分析，我們可以看到一些共同的特徵。首先，這些企業都是科技行業的指標，他們敏銳地洞察到 AI 輔助程式編寫工具的顛覆性潛力，並積極探索在內部開發流程中應用這一技術。其次，這三家企業的實作都證明，引入 GitHub Copilot、通義靈碼、Cursor 等 AI 輔助程式編寫工具，能夠顯著提升軟體開發各環節的效率，減輕開發者的工作負擔。再者，企業內部的資料和開發者回饋，與外部的調查報告結論高度一致，這表明 AI 輔助程式編寫工具的積極效果是普遍性的，具有跨組織、跨場景的一致性。最後，從這三個案例我們還可以看出，AI 輔助程式編寫工具在企業中的應用已經從試驗階段走向規模化推廣階段，企業管理層對這一技術寄予厚望，視其為 AI+ 轉型和創新的重要動力。未來，AI 輔助程式編寫工具有望成為企業級軟體開發的標準配置，重塑傳統的開發模式和流程。

儘管 AI 輔助程式編寫工具在企業中展現出巨大潛力，但我們也必須瞭解，企業在引入這一新技術時可能面臨一些挑戰和風險。首先，AI 輔助程式編寫工具的應用效果在很大程度上取決於企業原有的技術架構和開發流程，不同企業的修改成本和學習曲線可能有所不同。其次，AI 產生的程式碼品質和可維護性還有待進一步確認，企業需要建立適當的審查和測試機制，以確保程式碼的安全性和穩定性。再者，一些開發者可能對 AI 輔助程式編寫工具抱有疑慮，認為其可能取代人類的工作。企業需要加強內部溝通，讓開發者明白 AI 是輔助而非替代，人機合作才是提升效率的關鍵。

儘管存在這些挑戰，但我們必須認識到，AI 輔助程式編寫代表了軟體開發的必然趨勢。Thoughtworks、微軟、阿里巴巴等行業領導者已經率先配置，將 AI 輔助程式編寫工具引入內部開發流程，並取得了顯著的效率提升。這給整個行業傳遞了一個明確信號：唯有積極擁抱這一尖端技術，才能在數位化時代保持競爭優勢。反觀那些對 AI 輔助程式編寫工具持觀望態度的企業，他們可能會逐漸失去技術領先優勢，在市場競爭中處於不利地位。

因此，企業應該審時度勢，積極評估 AI 輔助程式編寫工具的價值，儘早在內部測試應用。透過合理規劃、分步實施並搭配必要的培訓和激勵措施，企業可以減小引入這一新技術的阻力，加速其在組織內的普及和深化應用。唯有如此，才能用 AI 重塑軟體開發流程，激發創新活力，在數位化變革的浪潮中搶佔先機。

AI 對程式開發人員的影響

AI 輔助程式編寫工具的出現，正在深入改變程式開發人員的工作方式。為了論證在新技術環境下程式開發人員需要不斷學習的必要性，下面將透過分析 GitHub 前產品佈道師 Rizèl Scarlett 的系列文章，以真實案例形式展現 AI 輔助程式編寫工具的實際應用和價值，進而凸顯程式開發人員與時俱進提升技能的重要性。

這個案例中的文章均出自 Rizèl Scarlett 發布的「GitHub Copilot for Developer Productivity Series' Articles」，表 0-2 展示了這些文章的中文標題、受歡迎程度和內

容摘要。透過這一系列文章，作者旨在分享自己使用 GitHub Copilot 的真實經歷和感受，展示 AI 輔助程式編寫工具在實際開發中發揮的作用。

表 0-2

中文標題	受歡迎程度（N/10）	內容摘要
使用 GitHub Copilot 編寫和翻譯二元搜尋演算法	9/10	介紹如何使用 GitHub Copilot 編寫和翻譯二元搜尋演算法
為什麼要使用 GitHub Copilot 和 GitHub Copilot Labs：AI 搭配程式開發人員的實際案例	8/10	討論 GitHub Copilot 和 GitHub Copilot Labs 的實際案例，以及它們如何協助提升編寫程式生產力
如何使用 GitHub Copilot 發送推文	8/10	課程，展示如何利用 GitHub Copilot 發送推文
GitHub Copilot 提示工程的初學者指南	10/10	為初學者提供關於如何使用 GitHub Copilot 進行提示工程的指南
如何在 2 分鐘內用 GitHub Copilot 打造 Markdown 編輯器	7/10	課程，展示如何快速使用 GitHub Copilot 建立 Markdown 編輯器
我如何使用 GitHub Copilot 學習 p5.js	6/10	作者分享如何利用 GitHub Copilot 來學習 p5.js 函式庫
使用 GitHub Copilot Chat 指導你將專案從 JavaScript 遷移到 TypeScript	6/10	介紹如何利用 GitHub Copilot Chat 幫助程式開發人員將專案從 JavaScript 遷移到 TypeScript
GitHub Copilot 是否值得我的團隊投資？	5/10	探討 GitHub Copilot 對團隊的潛在價值和投資回報
如何使用 GitHub Copilot 做個「石頭剪刀布」遊戲	5/10	課程，說明如何利用 GitHub Copilot 建立一個「石頭剪刀布」遊戲

透過表 0-2 中的中文標題、受歡迎程度和內容摘要，我們可以更直觀地瞭解 AI 輔助程式編寫工具在實際開發中發揮的作用。以下是根據文章內容總結的一些要點。

首先，AI 輔助程式編寫工具在演算法編寫和翻譯方面的表現令人印象深刻。以經典的二元搜尋演算法為例，使用 GitHub Copilot，程式開發人員可以快速準確地實作該演算法，並自動產生多種語言的版本。這不僅節省了大量編寫程式時間，也降低了演算法實作的出錯率。同理，在 LeetCode 等程式編寫練習平臺上，GitHub Copilot 能夠根據問題描述自動產生解題程式碼，幫助程式開發人員迅速完成挑戰。

其次，AI 輔助程式編寫工具還能輔助程式開發人員完成一些趣味性任務，讓編寫程式工作更加輕鬆愉悅。例如，Rizèl Scarlett 展示了如何利用 GitHub Copilot 發送推文、製作「石頭剪刀布」遊戲等。透過簡單的自然語言互動，程式開發人員可以快速實作這些有趣的小功能，在工作之餘獲得些許樂趣和成就感。

對初學者而言，AI 輔助程式編寫工具的價值更加明顯。GitHub Copilot 提供的提示工程指南，以及快速建構 Markdown 編輯器等 Demo 的能力，大幅降低了編寫程式學習的門檻。初學者可以透過與 GitHub Copilot 的互動，學習優質的編寫程式實作和設計模式，瞭解實際專案的開發流程。當遇到問題時，GitHub Copilot 也能夠提供智慧的編寫程式建議，引導初學者思考並解決難題。

此外，AI 輔助程式編寫工具在程式開發人員的技能學習和遷移過程中也發揮了重要作用。Rizèl Scarlett 分享了利用 GitHub Copilot 學習 p5.js 創意函式庫的經歷，展示了 AI 輔助程式編寫工具在學習新技術時提供的便利。而在語言遷移方面，程式開發人員可以藉助 GitHub Copilot Chat 等工具，順利完成從 JavaScript 到 TypeScript 等語言的過渡，明顯減輕了語言轉換的工作量。

當然，團隊和個人在引入 AI 輔助程式編寫工具時，也需要權衡其帶來的生產力提升和投資報酬率。Rizèl Scarlett 的文章「GitHub Copilot 是否值得我的團隊投資？」就探討了這一話題。透過對 GitHub Copilot 在實際專案中應用效果的追蹤和評量，團隊可以客觀評估其帶來的效率提升，進一步做出明智的決策。

總之，Rizèl Scarlett 的系列文章生動展示了 AI 輔助程式編寫工具在各個方面為程式開發人員提供的強大威力，從演算法實作到新手引導，GitHub Copilot 等工具正在重塑程式開發人員的工作內容。未來，人機合作編寫程式有望成為主流，讓程式開發人員專注創造性任務，完成效率和幸福感的雙豐收。

作為一名程式開發人員，我們必須清醒地認識到不斷提升自己技能的重要性和緊迫性。正如 Rizèl Scarlett 在她的演講中所言：

「我一直希望能夠更快、更乾淨地編寫程式碼。我希望能夠快速地接手一個 issue，然後迅速地完成它，讓我的工程經理或任何監督我的人都驚歎：『哇，你真是太聰明了！』，然後每個人看到我的程式碼，都會覺得它既巧妙又整潔。我還希望能夠寫出優秀的文件，成為一名出色的導師和學員，快速掌握新概念。」

Rizèl Scarlett 的這段話道出了眾多程式開發人員的心聲。在這個瞬息萬變的時代，保持危機感和學習熱情，與時俱進地提升技能，是每個程式開發人員生存和發展的必經之路。

程式開發人員應對之策

隨著 AI 輔助程式編寫工具在軟體開發領域的廣泛應用，有一種觀點認為 AI 輔助程式編寫工具可能會讓程式開發人員變得懶惰。持這一觀點的人認為，AI 輔助程式編寫工具的出現，會讓程式開發人員過度依賴機器產生程式碼，進而忽視了自己動手實作和獨立思考的重要性。他們擔心久而久之，程式開發人員的編寫程式能力和創新意識可能會逐漸退化。

關於 AI 輔助程式編寫工具讓程式開發人員變懶的討論從未停止。隨著越來越多的程式開發人員開始嘗試使用 AI 輔助程式編寫工具來提高工作效率，人們便不斷詢問：這些工具真的能帶來「革命性」的改變嗎？讓我們透過以下三個實際的場景來分析一下。

- 在一個前端工程師的社群中，大家正熱烈討論 AI 輔助程式編寫工具在日常開發中的應用。有人提到，使用類似 GitHub Copilot 的工具，可以透過快速鍵或註解觸發自動完成程式碼的功能，在一些規則性較強的場景下，這能夠省掉不少重複性的工作。比如，產生管理後臺頁面的範本程式碼，包括清單、分頁、搜尋等常見元件，AI 輔助程式編寫工具可以自動產生達到 90% 可用狀態的程式碼。此外，AI 輔助程式編寫工具還可以幫助程式開發人員解釋程式碼邏輯、提升程式的穩定性與可維護性，甚至自動產生單元測試。對於不太熟悉的程式語言，程式開發人員使用 AI 輔助程式編寫工具也能獲得較好的輔助。

- 在筆者參與的一次內部技術交流會上，程式開發人員也分享了使用 AI 輔助程式編寫工具的一些困惑。比如，要讓 AI 輔助程式編寫工具產生滿足需求的程式碼，需要用清晰的語言完整地描述整個流程和邏輯，這本身就需要花費大量的時間和精力。很多時候，熟練的程式開發人員覺得與其花時間「餵」資料給 AI 輔助程式編寫工具，不如直接把程式碼寫完。此外，目前的 AI 輔助程式編寫工具對專案的上下文理解還比較有限，不確定它分析的範圍是整個專案還是局部程式碼，這也影響了產生程式碼的準確性。

- Stack Overflow 的 2023 年程式開發人員調查也指出，雖然大部分程式開發人員對 AI 輔助程式編寫工具持積極態度，認為它們可以提高生產力，但目前的實際使用率並不高。受訪者普遍認為，AI 輔助程式編寫工具的準確性在 50% 左右，大部分人表示會繼續使用，但不會完全依賴。調查還發現，對 AI 輔助程式編寫工具的接受度在不同地區、不同程式開發人員角色之間差異明顯。例如，新興市場的程式開發人員更為積極，硬體工程師相對謹慎等。此外，隨著開發經驗的增加，許多資深程式開發人員對 AI 輔助程式編寫工具的興趣反而有所下降。

由此可見，雖然 AI 輔助程式編寫工具在一些特定場景下展現出了它們的價值，但離真正「革命性」地改變軟體開發方式還有不少距離。程式開發人員需要投入時間去摸索如何將 AI 輔助程式編寫工具有效融入自己的工作流程，發揮其優點，規避其局限性，而不是把其當作萬能的解決方案。

AI 輔助程式編寫工具雖然可以提高開發效率，減輕程式開發人員的工作負擔，但它們目前在程式碼的理解、問題定位、擴大應用範圍等方面還存在局限。以偵錯為例，這是一個極具挑戰性的過程，需要程式開發人員對程式碼的執行流程、資料結構、邊界條件等有透徹理解，還要具備敏銳的問題意識和邏輯推理能力。AI 輔助程式編寫工具在這些方面的能力還較為不足。修復 Bug 同樣需要程式開發人員深入分析問題根源，權衡解決方案的優劣，綜合應用多種技術手段，這些離不開人的主觀積極性。

修復 Bug 只是程式開發人員工作的一部分，編寫複雜的程式同樣離不開人的創造力。設計一個優秀的系統架構，需要在腦海中建構出完整的藍圖，全面考慮效能、安全、擴充等諸多因素。這是一個非常考驗創造力和洞察力的過程。AI 輔助程式編寫工具受限於機器視角和經驗資料，很難觸及這種高層次的系統思維。

正如有人所言：「別再用表面的勤奮，掩蓋思維上的懶惰」。真正優秀的程式開發人員，絕不會因為 AI 輔助程式編寫工具的引入而放鬆對編寫程式技能和創造性思維的錘鍊。相反地，他們會積極利用 AI 輔助程式編寫工具解放雙手，從繁瑣的重複性勞動中脫身，將更多精力投入獨立思考和創新實作中。

在 AI 時代，程式開發人員更應該在開發實作中磨礪真功夫。只有主動擁抱變革，程式開發人員才能駕馭 AI 輔助程式編寫工具，而不是被其束縛。畢竟，編寫程式的本質在於「創造」，這是任何 AI 輔助程式編寫工具都無法替代的。

我們始終要問自己：作為程式開發人員，在這個行業要解決的關鍵問題是什麼？個人的核心能力是什麼？

展望未來，隨著 AI 技術的不斷進步和程式開發人員使用經驗的累積，AI 輔助程式編寫很可能會成為常態，徹底改變軟體開發的模式。但這個過程不會一蹴而就。

所以，未來一兩年將是觀察 AI 輔助程式編寫工具如何逐步改變程式開發人員工作方式的重要空窗期。

目錄

1 AI 輔助程式編寫工具與程式編寫學習

1.1 AI 輔助程式編寫工具的介紹 001
1.2 評估自身程式編寫學習能力 004
1.3 初學程式編寫的常見障礙 005
1.4 如何使用 AI 輔助程式編寫工具解決學習障礙 007
1.5 本章小結 010

2 初識 GitHub Copilot

2.1 GitHub Copilot 的發展歷程 011
2.2 從產品經理的視角探索 GitHub Copilot 014
    2.2.1 使用者故事分析 014
    2.2.2 VS Code 編輯器的分區 015
    2.2.3 互動體驗 018
2.3 GitHub Copilot 的技術原理 022
    2.3.1 如何讓 GitHub Copilot 更懂你的程式碼 026
2.4 GitHub Copilot 的功能介紹 031
    2.4.1 程式碼產生 031
    2.4.2 程式碼理解 033
    2.4.3 程式碼測試 036
    2.4.4 聊天功能 039
2.5 GitHub Copilot 作為本書範例工具的原因 043
2.6 本章小結 044

3 使用 GitHub Copilot 輔助編寫程式的實戰範例

- 3.1 互動式學習 045
- 3.2 環境設定 046
  - 3.2.1 下載和安裝 Python 直譯器 047
  - 3.2.2 安裝和設定 VS Code 049
  - 3.2.3 安裝中文化延伸模組 050
  - 3.2.4 安裝 GitHub Copilot 和 Chat 外掛程式 052
  - 3.2.5 GitHub 帳號註冊和訂閱 GitHub Copilot 053
  - 3.2.6 召喚 GitHub Copilot 的方式 055
  - 3.2.7 編寫第一個 Python 程式 057
- 3.3 利用 GitHub Copilot 快速建構 Chrome 擴充功能 058
- 3.4 本章小結 071

4 利用 GitHub Copilot 快速入門 Python

- 4.1 Python 真的那麼難學嗎？... 073
- 4.2 如何利用 GitHub Copilot 學 Python 077
- 4.3 Python 的基本概念和語言機制 088
  - 4.3.1 縮排和註解 089
  - 4.3.2 一切皆物件、鴨子型別 095
  - 4.3.3 主要概念 100
  - 4.3.4 函式呼叫、參數傳遞及引用機制 112
  - 4.3.5 Python 中的物件 115
  - 4.3.6 Python 中的模組和運算 120
  - 4.3.7 控制流程 125
- 4.4 本章小結 132

5 利用 GitHub Copilot 深入瞭解 Python 函式

- 5.1 利用 GitHub Copilot 學習 Python 函式基礎 134
- 5.2 Python 函式的核心概念 137
  - 5.2.1 函式定義與呼叫 138
  - 5.2.2 區域變數與全域變數 140
  - 5.2.3 遞迴與迭代 143

5.2.4 高階函式與匿名函式 145
　5.3 會說話就會寫函式 148
　5.4 函式錯誤類型及原因 151
　5.5 排查錯誤問題 156
　5.6 Python 模組、第三方函式庫、標準函式庫裡的函式 158
　5.7 本章小結 163

6　提示工程：利用 GitHub Copilot 快速編寫程式碼

　6.1 提示工程概念詳解 165
　6.2 提示工程的最佳實作 169
　　　6.2.1 運用專業關鍵字法則開發「剪刀石頭布」遊戲 171
　　　6.2.2 零次和少次範例提示策略 177
　　　6.2.3 良好的程式編寫實作策略 179
　　　6.2.4 架構和設計模式策略 182
　6.3 高級提示詞策略 186
　6.4 本章小結 190

7　利用 GitHub Copilot 探索大型語言模型的開發

　7.1 大型語言模型最大的價值 193
　7.2 利用 GitHub Copilot 解決 LLM 開發中的問題 195
　7.3 LLM 程式編寫的環境準備 197
　7.4 在本機開發一個 LLM 聊天機器人 199
　7.5 以魔搭創空間部署 LLM 應用 208
　7.6 本章小結 214

8　利用 GitHub Copilot 編寫單元測試和偵錯

　8.1 單元測試是測試金字塔的基礎 215
　8.2 為什麼要學習單元測試 216
　8.3 利用 GitHub Copilot 輔助開發單元測試 218
　8.4 單元測試和偵錯 222
　　　8.4.1 AI 程式編寫的測試和偵錯流程 222

8.4.2 常見的 Python 錯誤 225
8.5 GitHub Copilot 在單元測試中的作用 230
　　8.5.1 產生測試案例 231
　　8.5.2 辨識極端情況 232
　　8.5.3 商務場景的測試案例 233
8.6 利用 GitHub Copilot 偵錯錯誤 240
8.7 本章小結 248

9 案例一：Python 呼叫 LLM 實作大量檔案翻譯

9.1 背景設定 249
9.2 準備工作 250
　　9.2.1 技術決策 250
　　9.2.2 準備開發環境 251
9.3 Python 腳本初體驗 254
　　9.3.1 描述任務需求 254
　　9.3.2 安裝相依套件 254
　　9.3.3 設定環境變數 255
　　9.3.4 讀取環境變數 256
9.4 第一版：實作翻譯功能 259
　　9.4.1 嘗試呼叫 OpenAI SDK 259
　　9.4.2 瞭解 LLM 的 API 260
　　9.4.3 處理 API 的傳回結果 262
9.5 第二版：實作檔案讀寫 264
　　9.5.1 讀取檔案內容 264
　　9.5.2 最佳化偵錯體驗 265
　　9.5.3 儲存檔案內容 267
9.6 第三版：實作大量翻譯 270
　　9.6.1 用函式操作檔案 270
　　9.6.2 重塑翻譯流程 272
　　9.6.3 大量處理檔案 272
　　9.6.4 勝利在望 274
　　9.6.5 大功告成 275
9.7 功能完善與最佳化 277

- 9.7.1 避免寫死 279
- 9.7.2 型別提示 280
- 9.7.3 錯誤處理 281
- 9.7.4 日誌記錄 283
- 9.8 LLM 應用開發技巧 284
  - 9.8.1 選擇模型 284
  - 9.8.2 潤飾系統提示詞 286
  - 9.8.3 設定 API 參數 287
  - 9.8.4 探究 API 的傳回資料 288
  - 9.8.5 上下文窗口 290
- 9.9 本章小結 291

10 案例二：網頁版智慧對話機器人

- 10.1 專案背景 293
  - 10.1.1 產品形態 294
  - 10.1.2 瀏覽器端的程式語言 295
- 10.2 準備工作 295
  - 10.2.1 技術決策 295
  - 10.2.2 準備開發環境 297
  - 10.2.3 啟動開發環境 301
  - 10.2.4 熟悉 Tailwind 302
  - 10.2.5 Vue 上手體驗 304
  - 10.2.6 熟悉偵錯工具 307
  - 10.2.7 熟悉專案檔案 310
- 10.3 介面設計與實作 311
  - 10.3.1 頁面整體設定 311
  - 10.3.2 預覽手機端效果 314
  - 10.3.3 介面主體 315
  - 10.3.4 對話氣泡 318
  - 10.3.5 資料驅動的對話氣泡 321
- 10.4 實作對話互動 326
  - 10.4.1 訊息清單自動滾動 326
  - 10.4.2 訊息清單平滑滾動 328

  10.4.3 操縱輸入框 329
  10.4.4 操縱「發送」按鈕 330
  10.4.5 模擬機器人回覆 333
  10.4.6 潤飾互動細節 337
10.5 呼叫大型語言模型 340
  10.5.1 載入 SDK 341
  10.5.2 接上大型語言模型 343
  10.5.3 再針對對話氣泡最佳化 345
10.6 功能強化：多輪對話 348
  10.6.1 發現不足 349
  10.6.2 大型語言模型的多輪對話原理 350
  10.6.3 整理思維 350
  10.6.4 改造程式碼 351
10.7 功能強化：流動輸出 354
  10.7.1 發現不足 354
  10.7.2 流動輸出的原理 354
  10.7.3 處理 SDK 的流動輸出 356
  10.7.4 實作流動輸出效果 359
  10.7.5 對話氣泡再升級 361
10.8 功能強化：自訂設定 362
  10.8.1 實作設定頁面 363
  10.8.2 控制彈出視窗的顯示或隱藏 365
  10.8.3 瀏覽器端的持續儲存 368
  10.8.4 設定資訊的讀取 368
  10.8.5 設定資訊的儲存 370
  10.8.6 頁面再最佳化 374
10.9 專案收尾 376
  10.9.1 功能完善與最佳化 376
  10.9.2 公開發布 377
10.10 本章小結 378

1 AI 輔助程式編寫工具與程式編寫學習

隨著人工智慧技術的不斷發展,程式編寫學習也變得更加便捷、有效率。AI 輔助程式編寫工具透過與大型語言模型的互動,提供產生和編輯程式碼、專案聊天、尋找程式碼答案、瀏覽文件、修復錯誤等功能,大幅降低程式編寫門檻,提升了開發效率。

1.1 AI 輔助程式編寫工具的介紹

在本節中,我們將首先概覽一些其他國家主流的 AI 輔助程式編寫工具。接下來,我們會逐一介紹這些工具的特點、優缺點以及適用的場景,幫助讀者全面瞭解目前市場上可用的 AI 輔助程式編寫工具。

目前,其他國家主流的 AI 輔助程式編寫工具包括:

- GitHub Copilot 無疑是其中的佼佼者。自 GitHub Copilot 推出之後,它在複雜任務上表現品質高,延遲時間普遍較低的優秀表現。本書採用 GitHub Copilot 工具示範 AI 輔助程式編寫的過程。

- Cursor 是一款針對 AI 的程式碼編輯器,支援一鍵遷移現有 VS Code 延伸模組。Cursor 提供對自身 AI 模型(cursor-small)的每月免費使用額度,同時支援 OpenAI 和 Claude 的 API 呼叫。Cursor 被業界稱為「使用 AI 進行程式編寫的最佳方式」。

- Tabnine 專注於提供個性化的程式碼完成服務,透過分析開發者自身的程式碼基底,學習其程式編寫風格和習慣,提供更加貼合個人需求的建議。與 GitHub Copilot 一樣,Tabnine 對多種程式語言提供支援,適合主流的 IDE。

- Codeium 是一款開源的 AI 輔助程式編寫工具，相比 GitHub Copilot，個人可以免費使用 Codeium，而且廣泛的功能支援多種程式語言、支持瀏覽器外掛程式、開發環境和 Jupyter Notebooks 等專用工具。Codeium 聯合創始人兼首席執行官 Varun Mohan 在 2024 年 3 月接受 TechCrunch 採訪時稱：「Codeium 已被超過 300,000 名開發人員使用。」
- CodeWhisperer 是 Amazon 推出的、與 AWS 開發工具深度整合的 AI 輔助程式編寫工具。CodeWhisperer 官網資料顯示在預先釋出期間，Amazon 舉辦了一場生產力挑戰賽，使用 CodeWhisperer 的參與者成功完成任務的可能性要比未使用 CodeWhisperer 的參與者高 27%，平均完成任務的速度快 57%。
- Replit Ghostwriter 是 Replit 與谷歌聯手共同開發的，能夠提供程式碼片段建議、自動完成程式等功能的 AI 輔助程式編寫工具，它需要在 Replit 專用的 IDE 環境中使用。

除了功能特點，價格和安全隱私也是評估工具時需要重點考慮的因素。表 1-1 整理了各大廠商 AI 輔助程式編寫工具在價格和安全隱私方面的資訊。

表 1-1

工具名稱	GitHub Copilot	Tabnine	Codeium	CodeWhisperer	Cursor	Replit Ghostwriter
價格	$10／月 或 $100／年（學生／開源貢獻者免費）	$12／月	個人免費（團隊版 $12／月）	個人免費（專業版 $19／月）	$20／月	$10／月
安全隱私	可以退出程式碼片段收集和訓練服務，可以選擇使用篩選器降低與公開程式碼的重複機率	不對私人程式碼進行生成模型訓練	可以退出程式碼片段收集和訓練服務	可以退出程式碼片段收集和訓練服務	不明確	不明確

為了更準確地比較不同產品的價格，我們選擇了它們的專業版本（Pro）進行對比，以確保比較的是同等品質的產品。需要注意的是，這些價格資訊可能會隨時間而變化，所以請以各平臺官方發布的資訊為準。

透過對比可以看出，雖然各工具在價格策略上有所不同，但大部分都提供了一定的安全隱私保護措施，如允許使用者退出程式碼片段收集和訓練服務等。

除了美國的 AI 輔助程式編寫工具，中國在這一領域也呈現出百花齊放的態勢。2023 年以來，中國各大科技公司紛紛佈局 AI 程式編寫領域：

- 阿里雲的通義靈碼。阿里雲推出了 AI 輔助程式編寫工具通義靈碼，支援 VS Code、JetBrains 旗下的諸多 IDE。根據阿里雲內部研發的全面應用和真實回應，通義靈碼自動產生的推薦程式碼中有 30%～50% 被程式碼開發者採納，提升了研發工作效率。
- 百度的 Comate。百度推出了以文心大型語言模型（LLM）為基礎的 AI 輔助程式編寫工具 Comate，旨在產生更符合實際研發場景的優質程式碼。
- 科大訊飛的 iFlyCode。科大訊飛開發了 iFlyCode，幫助程式開發人員在程式編寫過程中達到沉浸式互動，產生程式碼建議。
- 智譜 AI 的 CodeGeeX。北京智譜華章科技有限公司（簡稱「智譜 AI」）與清華大學合作推出了 CodeGeeX，達到程式碼的產生與自動完成、自動加入註解、程式碼翻譯，以及智慧問答等功能。
- 網易的 CodeWave。網易針對企業級應用開發推出了 CodeWave 平臺。透過該平臺，開發者可以使用自然語言描述需求，並結合視覺化拖曳的方式快速搭建應用。

表 1-2 整理了一些中國的 AI 輔助程式編寫工具的基本資訊。

表 1-2

序號	產品名稱	發布時間	價格
1	通義靈碼	2023 年 10 月 31 日	免費
2	Comate	2023 年 6 月 6 日	免費
3	iFlyCode	2022 年 8 月 15 日	免費
4	CodeGeeX	2023 年 8 月	免費
5	CodeWave	2023 年 4 月 25 日	免費

可以看到，中國廠商推出的產品在功能上與其他國家產品不相上下且目前大多免費，這為廣大開發者提供了便利。

1.2 評估自身程式編寫學習能力

「我數學不好，程式編寫好難，我肯定學不會。」

「零基礎，現在學程式編寫還來得及嗎？」

這是筆者經常碰到的一些關於學習程式編寫的問題。有些人在考慮學習程式編寫時，常常會擔心數學、英語和邏輯思維能力的不足會成為阻礙。他們將這些視為學習程式編寫的「門檻」，認為自己可能無法跨越，因而望而卻步。

然而，事實上儘管數學、英語和邏輯思維能力對學習程式編寫確實有所幫助，但它們並非絕對的先決條件。以 2022 年 11 月推出的 ChatGPT 為代表的大型語言模型的出現，為程式編寫學習帶來了新的機會。

這些 AI 工具能夠提供即時的程式編寫指導、程式碼產生、錯誤檢查等功能，大幅降低了程式編寫學習的難度和門檻。即使你在數學、英語或邏輯思維方面有所不足，也可以透過不斷求教 AI，連續同 AI 對話，循序漸進地掌握程式編寫技能。

現今學習的真正門檻在於你是否相信自己能夠藉助 AI 輔助程式編寫工具學會程式編寫。只要你懷有這種信念並付諸行動，充分利用 AI 輔助程式編寫工具提供的便利，你就一定能夠突破心理障礙，跨越學習程式編寫路上的重重關卡。

相信自己可以，你就已經成功了一半。AI 輔助程式編寫工具的出現，將幫你走完程式編寫入門剩下的路。

筆者有一位從事報業研究的朋友，早就意識到 Python 能夠幫他處理大量的研究資料。然而，每次他滿懷熱情地開始學習，卻總是在幾天之後就放棄了。Python 的語法規則和程式編寫邏輯，對一個非科班出身的人來說，實在是一個不小的挑戰。

2023 年年初，ChatGPT 推出幾個月後，他看到了機會並恢復了學習 Python 的熱情，重新嘗試自學程式編寫。他把自己的問題輸入 ChatGPT 中：程式為什麼會錯誤？這個函式應該怎麼寫？如何將程式發布在網站上？……等。ChatGPT 總是可以提供詳盡而友善的解答，一步步指導他解決問題。

在 ChatGPT 的幫助下，他竟然開發出了一款實用的翻譯程式！拖延了多年的翻譯任務終於提上日程。

這位朋友的經歷充分證明，有了 AI 輔助程式編寫工具的加持，學習程式開發不再是一項遙不可及的任務。無論你的背景如何，都可以藉助這些 AI 輔助程式編寫工具，一步步地完成程式編寫學習。

1.3 初學程式編寫的常見障礙

現今學習程式編寫真正的門檻在於你是否相信自己能夠藉助 AI 輔助程式編寫工具學會程式編寫，這是程式編寫學習的心理關卡。除了克服心理障礙之外，我們還需要進一步了解，在沒有使用 AI 輔助程式編寫工具的情況下，學習編寫程式時主要會面臨哪些困難與挑戰。

沒有 AI 輔助程式編寫工具前，我們遇到的主要障礙有：

開發環境設定困難

初學者在開始程式編寫練習之前，經常會被開發環境的設定問題所困擾。這些問題可能涉及軟體的安裝、相依函式庫的設定、系統環境變數的設定等多個層面。另外，設定環境可能需要綜合能力，軟體、硬體、電腦環境都要懂一點，但身邊可能沒有精通這些技能的人可以隨時提供幫助。例如，影音網站上就有很多影片課程教人如何解壓縮。對於有經驗的人來說，解壓縮這樣簡單的問題不值得一提。但是對許多現在的年輕人來說可能是一個無法理解的「門檻」。由於他們出生的年代，APP 都是一鍵安裝的，幾乎將環境設定等問題由 APP 解決了。如果學習程式編寫需要下載解壓縮安裝的步驟，他們可能無法使用「下載解壓縮」這樣的專業詞彙搜尋，而是用「課程要我下載一個安裝套件，我該如何安裝？」這樣的日常語言來表述。但是針對這樣的自然語言，搜尋引擎給的答案很可能毫無意義。

專業術語瞭解障礙

程式編寫領域存在大量專業術語，如演算法、資料結構、設計模式等。對於初學者來說，這些術語可能非常陌生和抽象。在學習過程中，初學者可能會被這些術語所迷惑，難以瞭解教材或課程的內容。同時，在尋求幫助時，初學者也可能因為不知道如何準確描述問題，而難以獲得有效的指導。例如，在設定環境出錯時，初學者可能無法使用「設定全域環境變數」這樣的專業詞彙來描述問題，導致搜尋到的解決方案並不適用。

綜合能力要求高

程式編寫是一項綜合性很強的活動，需要掌握程式語言、演算法、資料結構等多方面的知識。此外，偵錯和最佳化程式也需要一定的思維能力和問題解決能力。對於初學者來說，這些要求可能過高，導致學習過程中頻頻遇到困難，難以取得進展。例如，設定環境可能需要同時瞭解軟體、硬體、作業系統等多個方面的知識，對初學者來說可能是一大挑戰。

學習資源品質參差不齊

在網際網路時代，學習資源非常豐富，但品質卻參差不齊。許多學習資源可能因為過於簡單或過於複雜，而不適合初學者的學習需求。此外，由於技術的快速反覆運算，一些學習資源可能已經過時。初學者可能難以辨別學習資源的品質，導致學習效率低下。例如，在搜尋解決方案時，初學者可能會發現大量 SEO 最佳化的內容，這些內容可能無法真正解決問題，反而會讓初學者感到迷茫和沮喪。

難以獨立處理錯誤

程式編寫過程中難免會遇到各種錯誤，如語法錯誤、邏輯錯誤、執行階段錯誤等。對於初學者來說，獨立分析和處理這些錯誤可能非常困難。雖然可以透過搜尋引擎尋求幫助，但由於問題描述不準確或環境差異，找到的處理方案可能並不適用。頻繁地錯誤和難以獨立處理錯誤的困境，會打擊初學者的學習信心。例如，初學者可能在網上找到了一個看似可以處理錯誤的方案，但在自己的電腦上執行卻無法成功。他們可能會不斷嘗試不同的方案，但始終無法瞭解為什麼這些方案在別人的電腦上可行，在自己的電腦上卻不行。

缺乏請教問題的管道

在學習程式編寫的過程中，當遇到問題時，初學者可能無法找到身邊能夠提供幫助的人，只能獨自苦苦搜尋解決方案，這可能會讓他們感到孤立和沮喪，甚至放棄學習。

這些障礙共同形成了程式編寫學習的「高牆」，使得許多初學者難以入門和持續學習。克服這些障礙需要學習者具備強大的自學能力和求知欲望，同時也需要教學模式和學習工具的創新。

1.4 如何使用 AI 輔助程式編寫工具解決學習障礙

使用 AI 輔助程式編寫工具後，這一切都變得不同了。AI 輔助程式編寫工具的出現，為破除這些障礙提供了新的可能性。透過自然語言互動，初學者可以更容易地描述問題並獲得有明確目的的指導。AI 輔助程式編寫工具可以在一個整合的開發環境中為初學者提供支援，讓他們能夠專注於程式編寫，減少環境設定等問題的干擾。這種新的學習模式有望顯著降低程式編寫學習的門檻，激發更多人對程式編寫的興趣。

GitHub Copilot 等 AI 輔助程式編寫工具透過以下方式幫助我們解決了程式編寫學習過程中的障礙。

簡化開發環境設定

GitHub Copilot 等工具與主流的整合開發環境（IDE）深度整合，學習者無須單獨設定開發環境。這些工具可以自動為使用者提供所需的函式庫和相依檔案，減少了手動設定的複雜性。初學者可以在一個預先設定好的環境中直接開始程式編寫練習，無須為環境設定問題而煩惱。

解釋程式碼

理解是學習程式編寫的第一步。只有真正瞭解了程式語言的語法規則、關鍵字涵義，以及程式的運作邏輯，才能寫出程式碼。相反，如果只是機械地記憶和模仿，那麼遇到稍微複雜一點的問題就會束手無策。這就好比學習一門外語，如果只是死記硬背單字和語法規則，而不瞭解句子的真正涵義，那麼就無法流暢地運用這門語言。因此，在學習程式編寫的過程中，理解應該是第一位的。而 AI 輔助程式編寫工具的解釋程式碼功能，堪稱一流。

當我們在學習程式編寫時，經常會遇到一些複雜或晦澀的程式碼片段，如果缺乏對程式編寫原理的深入瞭解，就難以快速地瞭解這些程式碼的涵義和作用。這時，

AI 輔助程式編寫工具的解釋程式碼功能就顯得尤為重要。比如 GitHub Copilot，可以自動產生程式碼的自然語言解釋，幫助初學者快速瞭解程式碼的邏輯和功能。

這些 AI 輔助程式編寫工具透過對大量優質程式碼的學習和分析，建立起了從程式碼到自然語言的映射模型。它們可以將程式碼「翻譯」成通俗易懂的文字說明，就像一位耐心的老師為學生講解程式碼一樣。如果對 AI 輔助程式編寫工具的解釋仍然不能瞭解，那麼可以要求 AI 輔助程式編寫工具「以講給十歲孩子能聽懂的方式解釋」。

提供上下文相關的程式碼建議

程式碼建議指的是程式碼片段，包含註解、函式、範例程式碼或者資料，等等。GitHub Copilot 厲害之處在於，可以根據使用者目前程式編寫過程中的上下文提供智慧的程式碼建議。這些建議包括常用的函式、類別、設計模式等，幫助初學者快速瞭解和應用程式編寫中的最佳實作。透過這種方式，初學者可以在實作中逐步掌握專業術語和程式編寫概念，減少了對專業術語瞭解的障礙。

提供互動式課程和範例程式碼

GitHub Copilot 等工具通常是互動式課程和範例程式碼相結合的，其為初學者提供了一種沉浸式的學習體驗。互動式課程針對不同的程式語言和主題設計，透過引導使用者逐步完成程式編寫任務來傳授知識，比如在 GitHub Copilot 的聊天面板的輸入框上方，會顯示一些「建議問題」。透過提供常見或相關的問題，使用者可以迅速找到他們需要的答案或程式碼片段，而不需要自己花時間去手動輸入和搜尋問題。有時候我們可能不知道如何準確地提出問題或不知道需要什麼樣的幫助。「建議問題」能啟發我們，協助我們更清楚地表達需求。對於新手開發者或剛開始使用某個工具的人來說，建議問題可以幫助他們更快地瞭解工具的功能和使用方法。這些建議問題通常根據上下文、歷史查詢和程式碼環境量身打造，進而提供更個性化和相關性更高的建議。一般情況下，GitHub Copilot 回答問題時，都會提供程式碼解決方案和程式碼的解釋（程式碼註解的形式），範例程式碼展示了如何利用程式編寫概念解決實際問題的完整過程，我們透過閱讀範例程式碼可以學習到很多程式編寫知識。

智慧化的程式碼分析和糾錯功能

GitHub Copilot 等工具內建了智慧化的程式碼分析和糾錯功能。它們可以即時分析使用者編寫的程式碼，辨識潛在的錯誤和不良習慣，並提供改進建議。這種即時回應可以幫助初學者及時發現和更正錯誤，避免形成錯誤的程式編寫習慣。

GitHub Copilot 提供了多種方式，讓我們可以使用 GitHub Copilot 的快捷方式解釋錯誤的原因以及直接修復程式碼。

1. 當程式碼中有明顯的錯誤時，GitHub Copilot 有時會直接提供錯誤資訊的解釋和相關的修復程式碼。

2. GitHub Copilot 可以在你程式編寫碼時，即時提供程式碼建議。這些建議可以幫助你辨識和修復程式碼中的潛在錯誤。你可以在程式碼中加入修改錯誤程式碼的註解，描述你想要達到的功能或遇到的問題，GitHub Copilot 會根據註解內容提供相關的程式碼建議。

3. 在偵錯器中設定中斷點時，GitHub Copilot 可以提示可能的錯誤原因及修復方案。

總之，GitHub Copilot 等工具透過技術創新，全方位地解決了程式編寫學習過程中的障礙。我們只需要用最直白的語言描述想完成的任務，AI 輔助程式編寫工具就可以瞭解並提供答案。整個過程都在一個 IDE 編輯器（一種整合了程式碼編輯、編譯、偵錯、執行等功能於一體的軟體開發工具，本書使用 VS Code）中完成，我們可以專注於當下的問題，而無須再去外部搜尋。我們在描述問題時，AI 輔助程式編寫工具還可以靜默（無須我們複製、貼上）引用 IDE 編輯器中的程式碼片段，這樣可以節省描述問題的時間。

最重要的是，在一個編輯器內，我們就能獲得如同「24 小時隨時在線的程式開發夥伴」般的全方位對話服務，解決包括程式碼說明、錯誤提示等程式編寫學習中遇到的所有問題。這種以解決問題為導向的學習方式，與專題式學習（PBL，Project-Based Learning）理論不謀而合（專題式學習是一種以學生為中心的教學方法，強調透過完成真實世界中的專題來促進學習）。

總之，AI 輔助程式編寫工具的出現，使程式編寫學習發生了翻天覆地的變化。它消除了環境設定等「繁瑣」的步驟，讓學習者可以直接「對話」解決問題。這種學習方式更加自然、有效率,真正達到了「在實作中學習」的理想。它必將吸引更多人投身程式編寫學習,並可能成為未來程式編寫學習的主流方式。

1.5 本章小結

本章概述了 AI 輔助程式編寫工具的現狀及其在程式編寫學習中的潛力。評估自身程式編寫學習能力,瞭解初學程式編寫的常見障礙,討論了 AI 輔助程式編寫的具體作用。本章強調了 AI 輔助程式編寫工具在提升程式編寫學習效果方面的巨大潛力。

2 初識 GitHub Copilot

GitHub Copilot 是一款由 GitHub 與 OpenAI 合作開發的革命性 AI 輔助編寫程式工具。它是以大型語言模型（LLM）為基礎，能夠理解程式碼上下文，達成智慧化的程式碼產生。GitHub Copilot 可以幫助開發者自動完成重複性的程式編寫工作，提高開發效率。

2.1 GitHub Copilot 的發展歷程

GitHub Copilot 的故事要從 2020 年 6 月說起。當 OpenAI 發表 GPT-3（早期大型語言模型）時，它引發了 GitHub 工程師前所未有的興趣。GitHub 是全球最大的程式碼託管平臺，GitHub 透過 GitHub Copilot 計畫，在 AI 輔助編寫程式領域一直在做一些 AI 輔助編寫程式的探索。GPT-3 的推出預示著第一次有了一個足夠強大的模型，讓程式碼產生的想法成為可能。在此之前，GitHub 的工程師們曾每隔六個月就討論是否應該考慮通用程式碼產生，但答案總是否定的，因為當時的模型能力還不足。然而，GPT-3 改變了一切。GitHub Next 研發團隊成員 Albert Ziegler 表示，突然間模型變得足夠好，可以開始考慮使用程式碼產生工具的工作方式。

於是，GitHub Next 團隊開始評估 GPT-3 模型。他們設計了一系列程式編寫問題，涵蓋了不同難度和領域，然後測試 GPT-3 在這些問題上的表現。一開始 GPT-3 可以解決大約一半的問題，但透過調整輸入 prompt 和參數，它很快就達到了 90% 以上的準確率。這一結果證明了 GPT-3 在程式碼產生任務上的潛力，激發了團隊利用該模型強大功能的想法。

在探索 GPT-3 的應用形式時，團隊先後構思了 AI 驅動的聊天機器人和 IDE 外掛程式兩種方案。但他們很快意識到，相比靜態的問答式互動，IDE 外掛程式形式能夠提供更好的互動性和實用性。於是，GitHub Copilot 作為一個 AI 驅動的程式碼完成外掛程式，正式進入開發階段。這個方案的直接結果就是我們要到 IDE 外掛程式商店下載 GitHub Copilot 才能使用它。

從最初的純 Python 模型，到 JavaScript 模型和令人驚豔的多語言模型，GitHub Copilot 的進步令人興奮。2021 年，OpenAI 發表了與 GitHub 合作建構的 Codex 模型。與 GPT-3 相比，Codex 最大的不同在於，它不僅繼承了 GPT-3 在自然語言處理上的強大能力，還額外在數十億行公共程式碼上進行了訓練，因此在產生程式碼有著更卓越的表現。

隨著 GitHub Copilot 產品作為技術預覽版準備發表，團隊開始從三個方向改進其功能：模型底層最佳化、提示詞工程和微調。其中所謂提示詞工程，是指精心設計輸入給模型的內容（即 prompt），以引導其產生期望的輸出。而微調則是在特定任務或領域的小規模資料集上，對預訓練模型進行進一步調整，以提升其在該任務上的效能。

研究員 John Berryman 解釋道，大型語言模型本質上是一個文字自動完成模型，提示詞設計的藝術就在於建立一個「偽文件」，引導模型產生對使用者有益的自動完成內容。如果「偽文件」是程式碼，那麼這種自動完成能力就非常適合程式碼完成任務。偽文件透過提供結構化的提示詞來利用大型語言模型的文字產生優勢。這種方法對於像程式碼完成這樣的任務特別有效，因為特定的模式和上下文線索對於產生準確且有用的輸出至關重要。透過精心設計這些偽文件，研究人員和開發人員可以充分利用大型語言模型在各種應用中的潛力。

除了提供使用者目前編輯的原始檔案，GitHub Copilot 還會從 IDE 中提取額外的上下文，如相鄰的編輯器索引標籤，以更準確地自動完成程式碼。而透過在使用者特定程式碼基底（codebase）上微調 Codex 模型，則可以提供更個性化、更貼合專案 context 的程式碼建議。

在持續的不斷修正改進的最佳化中，GitHub Copilot 的效能不斷提升。研究員 Johan Rosenkilde 回憶，當他們獲得 Codex 的第三次修正改進時，改進非常明顯，尤其是對非主流程式語言而言。另一個里程碑是，經過幾個月的努力，團隊最終打造出一個可以從目前 IDE 的其他開啟檔案中提取相似程式碼的組件。此一功能大幅提升了程式碼採納率,因為 GitHub Copilot 突然可以利用跨檔案的上下文資訊來產生程式碼了。

隨著 OpenAI 語言模型越來越強大,GitHub Copilot 也在不斷進化,並推出了對話功能、語音輔助開發等新功能。展望未來,GitHub 提出了 GitHub Copilot 的願景,旨在將 AI 拓展到軟體開發的各個層面。比如,當開發者在 GitHub 上建立新的 issue 時,GitHub Copilot 可以自動產生修復漏洞的程式碼,在程式碼檢閱環節,它可以自動檢查程式碼品質,提出最佳化建議。例如,在撰寫文件時,它可以自動產生函式和 API 的說明等。大型語言模型正在深入改變我們與技術的對話模式和工作方式,而 GitHub Copilot 正是這一趨勢在軟體開發領域的縮影。

圖 2-1 展示了 GitHub Copilot 的發展歷程,從 2020 年至 2024 年的關鍵事件。GitHub Copilot 正站在生成式 AI 時代輔助編寫程式領域的風口。

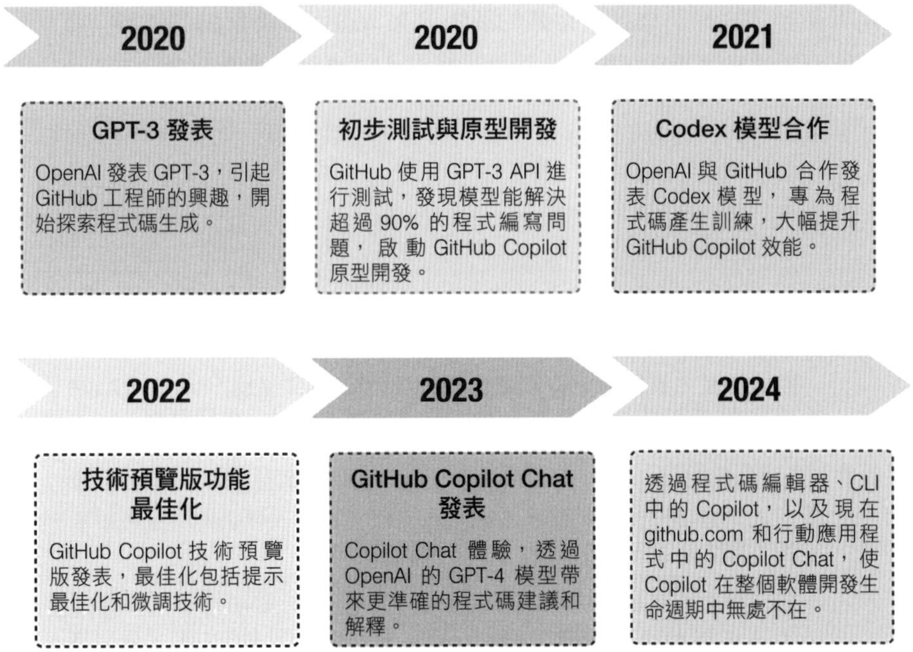

2020 — GPT-3 發表
OpenAI 發表 GPT-3,引起 GitHub 工程師的興趣,開始探索程式碼生成。

2020 — 初步測試與原型開發
GitHub 使用 GPT-3 API 進行測試,發現模型能解決超過 90% 的程式編寫問題,啟動 GitHub Copilot 原型開發。

2021 — Codex 模型合作
OpenAI 與 GitHub 合作發表 Codex 模型,專為程式碼產生訓練,大幅提升 GitHub Copilot 效能。

2022 — 技術預覽版功能最佳化
GitHub Copilot 技術預覽版發表,最佳化包括提示最佳化和微調技術。

2023 — GitHub Copilot Chat 發表
Copilot Chat 體驗,透過 OpenAI 的 GPT-4 模型帶來更準確的程式碼建議和解釋。

2024
透過程式碼編輯器、CLI 中的 Copilot,以及現在 github.com 和行動應用程式中的 Copilot Chat,使 Copilot 在整個軟體開發生命週期中無處不在。

圖 2-1

2.2 從產品經理的視角探索 GitHub Copilot

你是否曾在閱讀長篇複雜的英文使用文件後，依然覺得難以掌握 GitHub Copilot 的使用？儘管文件詳盡，但往往難以直觀地幫助我們充分利用這些工具。

與其被動地學習使用課程，不如我們換一個角度，從產品經理的視角來探索 GitHub Copilot。透過分析它的使用者故事、VS Code 編輯器的分區、互動體驗等面向，我們可以更深入地瞭解這款產品的設計思路，進而更智慧地使用它。

2.2.1 使用者故事分析

作為 GitHub Copilot 的產品經理，我們需要瞭解 GitHub Copilot 的核心價值，講好使用者故事。

在產品設計中，使用者故事是一種常用的需求表達方式。它以使用者的視角，描述使用者想要達成的目標以及相關的解決方案。透過分析使用者故事，我們更容易瞭解使用者的真實需求，進一步設計出更貼心、更實用的產品功能。

如表 2-1 所示，我們透過五個程式開發人員的使用者故事，來看看 GitHub Copilot 是如何滿足他們的需求的。

表 2-1

使用者故事編號	需求	解決方案描述
#1	程式開發人員需要一個工具能夠瞭解其說的話，可能是語音、文字的形式，並根據現在工作區域的程式碼上下文提供程式碼建議。最好什麼語言都懂，這樣可以切換語言	GitHub Copilot 使用 OpenAI 的先進模型技術分析程式碼並提供相關程式碼片段，支援多種程式語言，加速開發流程。GitHub Copilot 支援語音輸入，支援多種語言輸入。使用者輸入可以採用自然語言提示或問題的形式
#2	程式開發人員希望根據註解，工具能自動產生相關的程式碼，寫好註解，就可以出現程式碼	GitHub Copilot 解析註解並自動產生程式碼。在註解的下方產生程式碼建議，並且以斜體字出現，另外提供多種程式碼建議供選擇，並且可以隨時取消程式碼建議

使用者 故事編號	需求	解決方案描述
#3	程式開發人員需要工具不僅能提出程式碼建議，還能解釋程式碼的作用並提供最佳化建議	GitHub Copilot 提供程式碼錯誤標記，修復建議，可以解釋錯誤和提供最佳化建議，幫助開發者瞭解複雜程式碼邏輯，並辨識改進點
#4	程式開發人員希望透過一個聊天式的介面獲得編寫程式幫助。獲得的程式碼不用複製、貼上，可以直接輸入到程式工作區域	GitHub Copilot Chat 提供即時的問題解答和編寫程式建議，模擬有助教隨時待命的體驗。按一下圖示或者使用快速鍵喚起聊天面板，回答的程式碼可以透過動作列按鈕，直接複製程式碼到編輯區域
#5	程式開發人員希望在終端機內、程式碼偵錯面板內直接使用編寫程式助手	GitHub Copilot 提供命令列介面版本，適合企業高階使用者在終端機中提供類似聊天的介面，可用於詢問有關命令列的問題。可以要求 GitHub Copilot 提供命令建議或給定命令的說明

從這些使用者故事中，我們可以清楚看到，眾多程式開發人員希望 GitHub Copilot 能夠瞭解他們編寫程式的目的，提供智慧的程式碼完成和產生功能，同時還能夠解釋程式碼邏輯、提出最佳化建議、進行即時的問題解答等。這些需求為 GitHub Copilot 的功能設計提供了明確的方向和靈感。

要設計出優秀的使用者體驗，我們需要根據使用者的實際使用場景和操作習慣來規劃功能設定和對話模式。對於 GitHub Copilot 這樣一款整合在 VS Code 編輯器中的工具來說，我們可以按照編輯器的不同分區來設計它的互動元素，讓使用者在程式編寫的各個環節中都能自然、流暢地使用 GitHub Copilot 的功能。

2.2.2 VS Code 編輯器的分區

VS Code 編輯器的分區主要由：程式碼編輯區、聊天面板、行內聊天面板、終端機區域、編輯器功能表和操作索引標籤、檔案總管，如圖 2-2 所示。

1. **程式碼編輯區**，編輯程式碼的主要區域。
2. **聊天面板**，在聊天面板我們可以與聊天服務進行互動。
3. **行內聊天面板**，顯示行內聊天命令的區域。

4. **終端機區域**，可以執行命令並查看輸出。
5. **編輯器功能表和操作索引標籤**，這些是用於各種設定和編輯器功能表和操作索引標籤。
6. **檔案總管**，顯示專案的檔案和目錄。

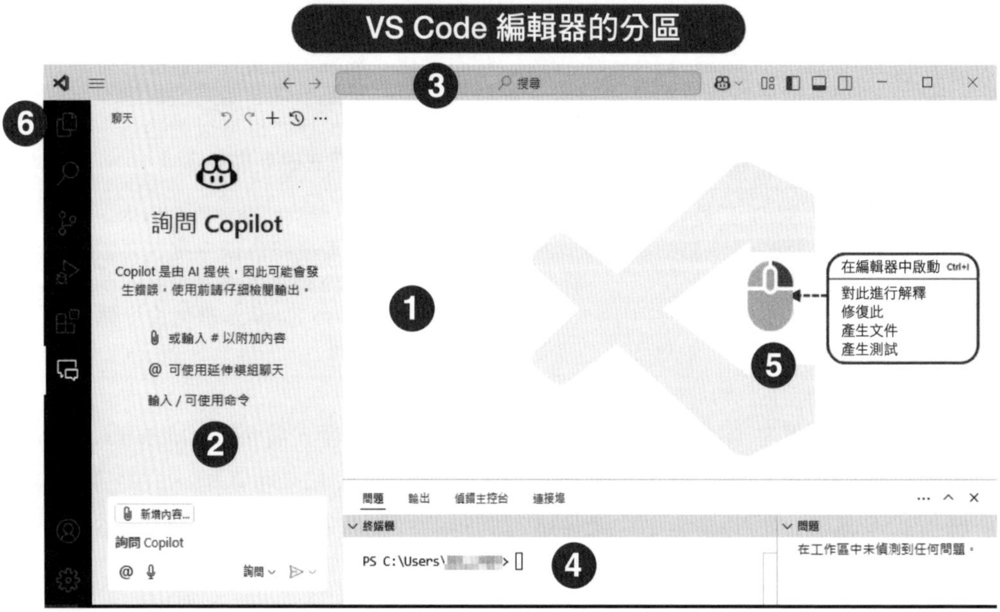

圖 2-2

程式碼編輯區

程式碼編輯區是我們使用 GitHub Copilot 的主要陣地，通常使用的方式有三種：

1. **程式碼完成建議**。主要是以續寫和填空的形式提供程式碼建議。當你安裝了 GitHub Copilot 外掛程式並開始在編輯器中編寫程式碼時，GitHub Copilot 會即時分析程式碼上下文，瞭解你的程式編寫目的，並在你輸入時提供灰色的程式碼完成建議。當你看到一個合適的建議時，只需按 Tab 鍵，GitHub Copilot 就會自動將建議的程式碼插入到目前的位置。這就像有一位智慧的程式開發人員朋友在你身邊，時刻準備幫你自動完成程式碼！

2. **產生程式碼片段**。提供程式編寫目的，GitHub Copilot 理解需求後，自行建立整體的函式或者整個檔案的程式碼，特別適合編寫各種框架的啟動範例程式碼。當然，有時候你可能需要編寫一些比較複雜的函式或程式碼結構。不用擔心，GitHub Copilot 也能幫你！你只需要用註解簡單描述你想要實作的功能，或者提供一個函式名，GitHub Copilot 就能根據你的描述，自動產生完整的程式碼實作。比如你可以寫下「# 產生費氏數列」，GitHub Copilot 就會產生相關的程式碼。

3. **提供替代建議**。GitHub Copilot 很智慧，它不會只提供單一的建議，而是能夠提供多種可選方案供你挑選。當你對某一行程式碼有多個想法時，GitHub Copilot 會在目前建議的基礎上，產生一些不同的替代性建議。你可以使用快速鍵（如 Alt+]）在不同的建議之間切換選擇。

聊天面板（Chat）

在 GitHub Copilot 提供的聊天面板裡，你可以隨時提出各種編寫程式相關的問題，就像在和智慧客服聊天一樣。比如可以讓 GitHub Copilot 解釋一段程式碼的涵義、提供範例用法，甚至為你量身訂製一些程式碼片段，聊天紀錄會保存下來供你反覆查閱。

行內聊天面板（Inline Chat）

在程式碼編輯區可以隨時喚起行內 GitHub Copilot 聊天面板。為了讓你的眼睛不離開程式碼編輯區，GitHub Copilot 貼心地把程式碼建議放在了編輯器裡面，透過一個獨立的浮動面板展示。每當 GitHub Copilot 產生新的建議時都會即時地顯示在這個面板中，你只需要用滑鼠按一下「接受」按鈕，程式碼就會自動輸入程式碼編輯區，十分方便。

終端機區域

當你在終端機執行測試並遇到失敗或錯誤訊息時，GitHub Copilot 會提供快捷方式，將錯誤資訊複製到聊天面板，然後提供可能的程式碼修復建議。

編輯器功能表和操作索引標籤

為了讓你更便捷地使用 GitHub Copilot 提供的各種功能，在 VS Code 的功能表列裡專門加入了一個「GitHub Copilot」的功能表項目。在這個功能表裡，你可以快速找到一些常用的 GitHub Copilot 命令，如啟動 / 暫停 GitHub Copilot、管理 GitHub Copilot 設定等。所有的功能唾手可得，不用再苦苦尋找快速鍵了。

檔案總管

在 VS Code 左側的檔案總管（Explorer）中，你可以輕鬆瀏覽和管理目前工作區的所有檔案和資料夾。GitHub Copilot 會根據不同的檔案類型，提供智慧化的對話模式。

1. 對於一般的程式碼檔案，當你在檔案總管中選中並開啟時，GitHub Copilot 會自動開啟，隨時準備提供程式碼完成建議，並在聊天面板中自動引用你開啟的檔案。你還可以在檔案總管中對檔案進行重命名、刪除等操作，GitHub Copilot 能夠智慧處理檔案引用關係的更新。

2. 對於 README、註解等文件類型的檔案，GitHub Copilot 會提供更加自然語言化的書寫輔助。比如在編寫 Markdown 文件時，GitHub Copilot 可以幫你自動產生章節目錄、程式碼區塊等常用的 Markdown 語法元素，讓你的文件排版更加美觀專業。

3. 在瀏覽不同的專案檔案夾時，GitHub Copilot 還能根據專案類型提供個性化的操作建議。比如在一個前端專案中，GitHub Copilot 檢測到存在 package.json 檔案，它會主動提示你是否需要執行 npm install 安裝相依檔案。

2.2.3 互動體驗

要設計出優秀的使用者體驗，我們需要根據使用者的實際使用場景和操作習慣來設計對話模式。GitHub Copilot 的對話模式秉持以人為本的原則，這主要呈現在以下幾個層面：

資訊互通，無縫銜接

GitHub Copilot 巧妙地利用了 VS Code 編輯器的分區設定，讓程式碼編輯區、聊天面板、行內聊天面板等不同功能區域之間能夠無縫地共用資訊和切換。無論你是在哪個區域觸發了 GitHub Copilot，它都能夠瞭解目前的上下文，提供連貫一致的輔助。這種資訊的互通讓使用者可以自由地在不同的工作區間切換，而不會遺失 GitHub Copilot 已經產生的內容或者打斷工作流程。

減少輸入，提高效率

眾所周知，程式開發人員們都有一個共同的願望，那就是少敲鍵盤，多做事！GitHub Copilot 在這一點上做得非常出色。它提供了大量的快捷輸入方式，例如程式碼完成、推薦問題等，大幅減少了使用者的輸入量。同時，GitHub Copilot 還支持各種形式的快捷識別字（@ 符號、/ 符號、# 符號），如在註解中描述欲執行的動作或輸入關鍵語句，讓使用者能以簡潔的方式來表達自己的需求，進一步提高程式編寫效率。比如：

- 輸入 @terminal 是將問題的範圍縮小至終端機。
- 輸入 /explain，指需要解釋或解析後面的內容，不需要再輸入「請解釋一下這個程式碼」這樣的說明。
- 輸入 #terminalSelection，指向終端機選擇的上下文或詳情，選中終端機的資訊後，不需要複製輸入資訊到聊天面板。

這些快捷識別字不僅可以單獨使用，還可以組合使用。

智慧觸發

GitHub Copilot 的觸發方式是一個亮點，它採用了智慧的混合策略，在自動觸發和手動觸發之間找到了一個微妙的平衡。當使用者持續輸入一段時間後，GitHub Copilot 會適時地顯示建議，但又不會過於頻繁地打擾使用者。同時，使用者也可以透過快速鍵主動叫出 GitHub Copilot。這種智慧且靈活的觸發方式，在使用者需要的時候主動獻計獻策，而在使用者專注於思考時又能夠悄悄退居幕後，避免了不必要的干擾。

GitHub Copilot 針對不同的場景和檔案類型，設計了**個性化的互動邏輯**。比如在程式碼檔案中，它會著重於提供語法層級的自動完成和產生；而在文件類型檔案中，比如 README.md 檔案，它則會提供更多語意化的建議和格式化支援。

除介面設定之外，GitHub Copilot 的另一個關鍵設計在於它的觸發方式和行為邏輯。一個好的互動設計應該讓使用者能夠自然、直觀地喚起所需的功能，並以一種合理的方式展示結果，同時要 大限度地減少對使用者的打擾。我們來看一看 GitHub Copilot 是如何透過設計來處理這些互動問題的。

1. 自動觸發。

   GitHub Copilot 會時刻留意著你的程式碼編寫動態。預設情況下，無須任何手動操作，它就會在後台持續分析你的輸入，並在恰當的時機自動為你呈現程式碼建議。

2. 手動觸發。

   如果你想自己掌控什麼時候喚醒 GitHub Copilot，那麼可以為它設定一個專屬的快速鍵或命令。在程式碼編輯區可以隨時喚起行內 GitHub Copilot 聊天面板。在左側的功能表列有快捷聊天面板圖示可以直接進入聊天面板。在編輯器的狀態列可以隨時啟動 GitHub Copilot，查看 GitHub Copilot 的啟動狀態。

3. 展示格式。

   為了讓程式碼建議不會打擾到你，GitHub Copilot 用不同的顏色和樣式來顯示建議內容。通常，GitHub Copilot 會用灰色的斜體文字在游標所在位置提供建議，一旦按 Tab 鍵接受建議，它就會無縫融入程式碼。對於行內聊天面板多行程式碼建議，GitHub Copilot 會在建議旁邊顯示「接受」和「拒絕」兩個按鈕，讓你能夠更方便且迅速地決定是否採納該建議。

4. 保持上下文。

   GitHub Copilot 絕不是簡單地堆砌程式碼，而是會全面考慮你的程式碼背景。它會仔細閱讀你前後的程式碼，透澈瞭解目前的編寫程式語意和上下文，力求提供契合你思路、符合你的程式碼風格的建議。這就像一位出色的寫作助理，能夠把握你的文風，自然地接上你的話。在一個聊天串中，GitHub Copilot 會保持記憶，完成連續聊天對話的功能。

5. 視覺元素。

   另外，從產品經理的視角來看，視覺元素的選擇對於提升使用者體驗至關重要。在 GitHub Copilot 的實際應用中，我們引入了兩個關鍵的視覺元素：GitHub Copilot 的 Logo 圖示和 spark 標誌（✦）。以下是這兩個視覺元素的功能和好處。

- GitHub Copilot 的 Logo 圖示，這個圖示被用來在編輯器的工作列中表示連接到 GitHub Copilot 的功能。Logo 圖示作為一個直觀的視覺信號，可以迅速告訴使用者 GitHub Copilot 功能的入口在哪裡。它不僅增強了品牌的可辨識性，還簡化了使用者的操作流程，使使用者能夠直觀地知道如何存取和啟動 GitHub Copilot。
- spark 標誌（✦），這個符號用於編輯器的不同部分，標誌可以喚起 GitHub Copilot 的具體位置。閃光符號作為一種引人注意的視覺提示，幫助使用者快速辨識出哪些區域或功能可以與 GitHub Copilot 互動。這種符號的使用減少了使用者的學習曲線，使得即使是初學者也能輕鬆瞭解和開始使用 GitHub Copilot。

下面我們使用一個表格來詳細展示閃光符號出現的不同地方。如表 2-2 所示，GitHub Copilot 的 spark 標誌（✦）在 VS Code 中的出現位置主要有以下幾個。

表 2-2

區域	描述
程式碼編輯區域	當你在編寫程式碼時，如果 GitHub Copilot 有程式碼建議，那麼 spark 標誌會出現在目前行的行號旁邊
聊天面板	在 VS Code 的聊天面板中，如果 GitHub Copilot 有相關問題的建議，那麼 spark 標誌會出現在問題的旁邊
終端機區域	在終端機中，GitHub Copilot 目前並不提供直接的建議，但是你可以複製終端機中的錯誤資訊，然後貼到編輯器中並嘗試取得 GitHub Copilot 的修復建議
原始碼管理面板	檔案總管中的原始碼管理面板。當你提交程式碼到版本控制系統（如 Git）時，如果 GitHub Copilot 有提交資訊的建議，那麼 spark 標誌會出現在提交資訊的輸入框旁邊

透過以上分析，我們從產品經理的視角深入探索了 GitHub Copilot 的設計理念和實作細節。這種換位思考的探索方式，不僅讓我們更深入地瞭解了 GitHub Copilot 的設計初衷，也讓我們學會了如何站在使用者的角度去評估和最佳化一款產品。相信透過這樣的思考，我們不僅能夠更快地使用 GitHub Copilot，還能在自己的開發工作中帶入更多使用者視角，設計出更加貼心、人性化的產品。

2.3 GitHub Copilot 的技術原理

為了更深入瞭解 GitHub Copilot 的工作原理，本節將深入探討其背後的關鍵技術。

GitHub Copilot 的核心是 Code-X 模型。在介紹 Code-X 模型之前，我們需要先瞭解一下 LLM。LLM 是一種以深度學習為基礎的自然語言處理模型，它透過在大量文字資料上進行訓練，能夠產生有相關性且流利的文字。GPT-3（Generative Pre-trained Transformer 3）是 OpenAI 發表的第三代語言模型，擁有 1,750 億個參數。參數的數量反映了模型的複雜性和能力。更多的參數通常意味著模型可以學習和捕捉更多的語言細節和模式，在各種自然語言處理任務上表現出色。GPT-3 能夠完成多種任務，包括文字產生、翻譯、問答、總結等。

Code-X 模型是 GPT-3 的衍生模型，它在 GPT-3 的基礎上，透過使用大量的 Python 程式碼資料進行再訓練，專門用於輔助編寫程式。它利用了與 GPT-3 相同的 Transformer 架構，但其訓練資料集主要包括來自 GitHub 等程式碼基底的大量程式語言資料。訓練資料來自 GitHub 上的 5,499 萬個公開倉儲（repository，知識截止日期是 2020 年 5 月），共計 179GB 的資料。在訓練過程中，對這些資料進行過濾，去除了自動產生的檔案、平均行數大於 100 行的檔案，以及行內最大長度超過 500 個字元的檔案。

GitHub 透過 OpenAI 提供的 API 介面（即其提供的應用程式介面，供外部呼叫其語言模型的能力）來使用 OpenAI 的強大語言模型能力。

GitHub Copilot 自 2021 年 6 月發表以來，其效能得到了多次顯著提升。下面我們按照時間順序回顧一下它的技術發展。

- 2021 年 6 月，GitHub Copilot 首次發表，其做題準確率為 28.8%，遠超當時 11% 的業界高水準。
- 2022 年初，GitHub Copilot 引入了 RAG（Retrieval-Augmented Generation）技術，顯著提升了其產生程式碼的品質和相關性。
- 2023 年中，GitHub Copilot 推出了 FIM（Fill-In-the-Middle）方法，使其能夠為非線性的程式碼編寫過程提供更好的建議。這一改進將開發者接受建議的比例提升了 10%。

- 2024 年 3 月，接入 GPT-4 的 GitHub Copilot 做題準確率達到了 67%。

GitHub Copilot 產生的程式碼品質在很大程度上是依賴稱為「RAG」的人工智慧技術。RAG 是 GitHub Copilot 的核心技術之一。它允許大型語言模型利用外部資訊源來提升生成式 AI 輔助編寫程式工具的輸出品質。以下是 RAG 索引的三大資料源：

1. **網際網路等資料源的新知識**。RAG 使 GitHub Copilot 能夠存取超出其初始模型訓練資料（即模型在訓練時使用的資料集）的資訊。這意味著即使某些資訊在 GitHub Copilot 的知識截止日期（即其訓練封包含的最新資訊的時間點）之後才出現，它仍然可以利用這些新資訊來提升其建議的品質和相關性。由於自 2023 年 3 月 ChatGPT 發表，世界資訊的產生數量和交流的頻率都有指數級的增長，這些資訊都發生在訓練資料集的知識截止日期之後，因此新的資訊未被訓練過，LLM 缺少對新知識的學習。

2. **企業的私有資料庫**。RAG 索引功能對於利用組織特有的專有資料尤為重要，因為它允許 GitHub Copilot 辨識和使用這些資料，而無須對模型進行大量自訂的微調（即調整預訓練模型的權重以適應特定任務）。例如，GitHub Copilot Enterprise 的高階版本更是支持建立專屬的知識庫，即將資料來源拓展至企業內部的專有資訊。透過對企業的 GitHub 網頁版程式碼倉儲進行全掃描，提取與使用者輸入問題相關的程式碼資料，其中包含跨儲存空間的 Markdown 文件。

3. **使用者介面收集來自使用者的輸入資料**。主要是透過 GitHub Copilot 聊天面板和行內聊天等工具，收集來自使用者的語音或者文字輸入。其他的使用者介面還包括終端機、開啟的索引標籤、偵錯介面等。

RAG 利用以上三大資料源，透過大量資訊建構出內容豐富的提示詞。這種優質的資訊輸入，可以為 LLM 提供充足的上下文資訊，彌補其在新知識學習上的不足，終使 LLM 能提供高品質的輸出結果。這凸顯了在人工智慧時代，資料作為新型生產要素的重要性。

為了收集相關的資料增強 RAG 效能，GitHub Copilot 採用了多種創新技術，下面我們對這些技術進行分類和整合：

1. **臨近索引標籤技術**。當開發者在 IDE 中編寫程式碼時，GitHub Copilot 會分析其正在編輯的檔案，即開發者目前在 IDE 中修改的程式碼檔案。同時，它還會考慮 IDE 的額外上下文，即除目前編輯的檔案外，還從 IDE 中擷取其他相關資料，如使用創新的「臨近索引標籤技術」提取出的相鄰索引標籤內容。這種臨近索引標籤技術會將使用者在相鄰 IDE 索引標籤中的內容提取出來，作為補充上下文輸入給模型，使 GitHub Copilot 獲得更全面的程式碼理解能力。GitHub Copilot 可以提取出與目前編輯內容相似的文字片段（即相似文字），進一步強化模型的上下文理解能力。

   GitHub Copilot 最初只能利用開發者目前正在編輯的檔案來瞭解上下文。後來，GitHub 引入了臨近索引標籤技術，允許 GitHub Copilot 處理 IDE 中所有已開啟的相關檔案，藉由在這些檔案中尋找與游標附近程式碼相符的片段，進一步豐富上下文資訊。A/B 測試顯示，這一改進使得開發者接受 GitHub Copilot 建議的比例提高了 5%。

2. **提示詞工程**。為了引導 GitHub Copilot 產生滿足目前開發需求的程式碼，GitHub Copilot 團隊採用了精巧的「提示詞工程」技術，即精心設計模型的輸入文字，引導其產生期望的輸出內容。他們會編寫一些虛擬碼文件（即提示詞工程的另一種說法）指引模型進行文件自動完成的輸入文字。透過這種「指引模型」的方法，也就是透過提示詞工程等技術引導模型產生目標輸出的過程，GitHub Copilot 的程式碼建議品質得到大幅提升。請注意，研發這種「提示詞工程」技術的主體是 GitHub Copilot 團隊，我們在第 6 章介紹的提示詞工程，編寫提示詞工程的主體是我們自己。因為瞭解 GitHub Copilot 團隊的「提示詞工程」技術，對於我們編寫自己的提示詞工程，非常重要。

   換言之，GitHub Copilot 將程式碼置於上下文中的大量工作都是在黑箱裡進行的，我們看不到最終給底層的 OpenAI LLM 的完整提示詞。當我們編輯程式碼時，GitHub Copilot 會透過產生提示來即時回應我們的編寫和編輯，也就是說，根據我們在 IDE 中的操作，GitHub Copilot 在確定相關資訊的優先順序，並將其發送到 LLM，以便不斷給我們提供最好的程式碼建議。

3. **FIM 方法**。為了進一步拓展上下文範圍，GitHub 後又推出了 FIM 方法。FIM 方法不僅考慮游標之前的程式碼（prefix），還考慮游標之後的程式碼

（suffix），讓 GitHub Copilot 能夠為非線性的程式碼過程提供更好的建議。FIM 方法將開發者接受建議的比例又提升了 10%，而得益於最佳化的快取技術，這些改進並未帶來額外的延遲。

FIM 方法讓 GitHub Copilot 可以即時跟隨開發者的游標位置（即開發者在 IDE 內編輯程式碼的目前位置）提供下一步程式碼建議。當開發者編寫程式碼時，GitHub Copilot 會根據目前的程式碼上下文，利用其以大型語言模型為基礎的智慧演算法，自動產生可能的後續程式碼（也就是預測下一個字）。開發者可以選擇一鍵接受 GitHub Copilot 提供的建議，進而快速完成程式碼編寫；也可以選擇拒絕建議，繼續自己編寫程式碼。

4. **向量資料庫**。2024 年，GitHub 正在試驗使用向量資料庫來為私有倉儲和專有程式碼提供訂製化的程式碼編寫體驗，將程式碼片段轉化為嵌入式向量，完成快速的語意相似度比對與檢索。向量資料庫儲存和索引高維向量（一種能捕捉物件複雜性的數學表示），透過將程式碼片段轉化為嵌入式向量，再利用大型語言模型對程式語言和自然語言的「瞭解」，這些向量不僅能表示程式碼的語法，還能表示其語意，甚至反映出開發者的設計目的或功能需求。當開發者在 IDE 中編寫程式碼時，演算法會即時計算游標附近程式碼的向量表示，並在向量資料庫中進行近似比對，快速找出語意上相關的程式碼片段。相較於傳統以雜湊碼為基礎的精確比對方式，嵌入式向量比對能捕捉到更多語意資訊。這一技術將為 GitHub 的企業客戶帶來個性化的程式碼編寫幫助。

5. **模型微調**。為了讓 GitHub Copilot 更準確地理解和產生特定專案中的程式碼，GitHub 採用了「微調模型」技術。所謂「微調」，是指在 GitHub Copilot 所根據的大型語言模型（如 Codex）的基礎上，利用專案自身的程式碼資料進行額外的訓練。透過學習專案的程式碼編寫風格和商業邏輯，GitHub Copilot 可以產生更貼近該專案需求的程式碼建議。這裡的「專案自身的程式碼資料」是指該專案過去的原始程式檔，這些程式碼蘊含了專案的程式碼編寫規範和商業知識。儘管這部分資料相對於預訓練語言模型使用的大量程式碼資料來說較小，但對於提升 GitHub Copilot 在特定專案上的表現至關重要。透過在這個「小資料集」上進行「微調」，GitHub Copilot 可以更適應該專案的程式碼編寫風格，並根據專案的商業模式產生更加合適的程式碼建議。

總之，從技術背景來說，GitHub Copilot 代表了 AI 輔助編寫程式工具的巨大突破。它將尖端技術融為一體，達到了高度智慧化的程式碼產生。

2.3.1 如何讓 GitHub Copilot 更懂你的程式碼

GitHub Copilot 的定位是「你的 AI 程式編寫夥伴」（Your AI pair programmer）。GitHub Copilot 透過學習 GitHub 上大量的開源程式碼，能夠瞭解不同程式語言的語法和常見用法，並根據上下文提供智慧的程式碼建議。它的一個關鍵能力就是上下文理解，即根據提供的上下文資訊產生相關的程式碼片段。為了不斷提升 GitHub Copilot 的上下文理解能力，GitHub 的機器學習專家們透過提示詞工程和不斷修正改進，使其能夠更準確掌握開發者的需求，同時保持低延遲。

接下來，讓我們深入探討 GitHub Copilot 是如何在不同場景下實現上下文理解的。

當開發者在編輯器中編寫如下的 Python 程式碼時：

```
def calculate_average(numbers):
    """Calculate the average of a list of numbers."""
    total = 0
    for num in numbers:
        total += num
    return
```

GitHub Copilot 會即時分析游標附近的程式碼和註解。它利用語法分析和語意理解提取關鍵資訊。例如，GitHub Copilot 能夠辨識出這是一個計算平均值的函式，期望的參數是一個數字串列。在開發者進一步輸入時，比如在 return 陳述式後面輸入一個空格，GitHub Copilot 就能根據上下文推斷出接下來可能是一個除法操作，並產生類似「total / len(numbers)」的建議。透過綜合分析程式碼和註解，GitHub Copilot 能夠準確把握開發者的想法，提供高度相關的建議。

透過上面的 Python 程式碼範例，我們可以看到 GitHub Copilot 在單個檔案內是如何利用上下文進行智慧自動完成的。它會即時分析游標附近的程式碼和註解，利用自然語言處理技術提取關鍵資訊，並根據 Python 語法和語意產生高度相關的建議。透過綜合分析程式碼結構、變數名稱、函式簽名碼（function signature）、註解等多種線索，GitHub Copilot 能夠準確推斷出開發者的想法，提供符合上下文的自動完成內容。

GitHub Copilot 還運用了臨近索引標籤（neighboring tabs）技術和 FIM（fill-in-the-middle）方法等，進一步提升上下文理解能力。臨近索引標籤技術使 GitHub Copilot 能夠分析相鄰檔案中的程式碼，發現跨檔案的語意關聯，進而產生更加準確和相關的建議。而 FIM 方法則允許 GitHub Copilot 在產生程式碼片段時，同時考慮上文和下文的約束，以完成填空式的自動完成體驗。下面我們透過具體的案例展示這兩種技術的效果。

首先，我們展示的是臨近索引標籤技術是如何提升 GitHub Copilot 建議的品質和相關性的。假設開發者正在編寫一個 Python Web 應用程式，編輯一個名為 book_details.py 的檔案，其中定義了一個 BookDetails 類別。與此同時，開發者在相鄰的索引標籤中開啟了 book_repository.py 檔案，其中包含了一個 BookRepository 類別，負責與資料庫互動並提供書籍資料。BookRepository 類別的定義如下：

```python
class BookRepository:
    def get_book_details(self, book_id):
        """Query the database and return book details."""
        # 查詢資料庫，傳回一個字典，包含書籍的詳細資訊
        ...
        return {
            'title': book.title,
            'author': book.author,
            'description': book.description,
            ...
        }
```

開發者在 book_details.py 檔案中編寫一個方法，需要從資料庫取得書籍的詳細資訊。得益於臨近索引標籤技術，GitHub Copilot 能夠分析 book_repository.py 檔案，其中有一個 get_book_details 方法，可以根據書籍 ID 查詢書籍詳細資訊。GitHub Copilot 不僅知道要呼叫這個方法，還能根據其傳回值的結構，在 book_details.py 中產生合適的程式碼處理查詢結果。例如：

```python
class BookDetails:
    def load_details(self, book_id):
        book_repo = BookRepository()
        details_data = book_repo.get_book_details(book_id)
        self.title = details_data['title']
        self.author = details_data['author']
        self.description = details_data['description']
        ...
```

這種跨檔案的上下文理解，顯著提升了建議的品質和相關性。

接下來，我們展示 FIM 方法是如何幫助 GitHub Copilot 產生更加連貫的程式碼建議的。假設開發者在編寫一個 Python 函式時，輸入了以下的程式碼：

```
def calculate_median(numbers):
    # 計算數字串列中所有元素的中位數

    return numbers[0]
```

這時 GitHub Copilot 可能會提出一個有問題的建議，比如：

```
length = len(numbers)
if length % 2 == 0:
    return numbers[length // 2]
else:
    return numbers[0]    # 這裡直接傳回第一個元素是不正確的
```

但當開發者意識到傳回陳述式有誤，將其改為 return median 後，FIM 方法就會發揮作用。GitHub Copilot 不僅會分析游標之前的程式碼，還會考慮函式的傳回型別，以及傳回陳述式中使用的變數名稱 median。根據這些資訊，GitHub Copilot 可以產生一個更加合理的建議：

```
numbers.sort()
length = len(numbers)
if length % 2 == 0:
    median = (numbers[length // 2] + numbers[length // 2 - 1]) / 2
else:
    median = numbers[length // 2]
```

這個建議完美地填補了函式宣告和傳回陳述式之間的空白，提供了一個符合語意和語法的邏輯。FIM 方法使 GitHub Copilot 能夠產生填空式的建議，而無須開發者事先輸入完整的程式碼。

透過前面的討論，我們認識到 GitHub Copilot 透過多種技術手段實作上下文理解，包括分析單個檔案內的程式碼和註解，利用臨近索引標籤技術發現跨檔案的關聯，以及運用 FIM 方法產生填空式的建議。但除了依賴 GitHub Copilot 自身的智慧，身為開發者，我們也可以透過培養良好的工作習慣和程式碼組織方式，來協助 GitHub Copilot 更有效理解專案的上下文。

具體來說，我們可以採取以下幾點措施。

1. **保持良好的程式碼編寫風格和命名規範**。這是指開發者在編寫程式碼時，應該使用清晰、準確的變數和函式名稱，恰當地使用註解，保持合理的程式碼縮排等。例如：

```python
# 不良的命名和程式碼編寫風格
def f(x):
    if x > 0:
        return True
    else:
        return False

# 良好的命名和程式碼編寫風格
def is_positive_number(number):
    """Check if a number is positive."""
    return number > 0
```

2. **合理地組織專案結構和檔案設定**。這是指開發者在組織專案時，應該將功能相關的程式碼放在一起，並使用有意義的目錄和檔案名稱。例如，可以將所有與使用者認證相關的程式碼放在 auth 目錄下，資料庫存取的程式碼放在 database 目錄下，前端元件的程式碼放在 components 目錄下等。

```
/my_project
    /auth
        login.py
        logout.py
    /database
        db_connect.py
        db_query.py
    /components
        header.py
        footer.py
```

3. **充分利用型別提示、介面定義、設計文件等工具**。這是指開發者在編寫程式碼時，應該明確地表達程式碼的約束條件和呼叫規範。例如，在 Python 中使用型別提示，在 Java 中使用介面，在 SQL 中使用 schema 定義等。例如：

```python
# Python 型別提示
def greet(name: str) -> str:
    return 'Hello, ' + name
```

```
# Java 介面
public interface Animal {
    public void eat();
    public void sleep();
}

# SQL schema 定義
CREATE TABLE Employees (
    ID INT PRIMARY KEY NOT NULL,
    NAME TEXT NOT NULL,
    AGE INT NOT NULL,
    ADDRESS CHAR(50),
    SALARY REAL
);
```

這些額外的資訊能夠給 GitHub Copilot 提供更多的上下文,讓 GitHub Copilot 更懂我們的程式碼!

例如,我們在第 7 章學習 LLM 的 API 呼叫時,從模型廠商 Kimi 的介面文件複製 API 呼叫範例程式碼後,透過提示詞註解的方式,讓 GitHub Copilot 幫我們寫一個封裝函式。提示詞註解如下:

```
"""
請使用這個API 文件,定一個 get_chatbot_answer 函式,接收一個問題字串,傳回一個回答字串。
from openai import OpenAI

client = OpenAI(
    api_key = "$MOONSHOT_API_KEY",
    base_url = "https://api.mo**shot.cn/v1",
)

completion = client.chat.completions.create(
    model = "moonshot-v1-8k",
    messages = [
        {"role": "system", "content": " 你是 Kimi,由 Moonshot AI 提供的人工智慧助手,你更擅長中文和英文的對話。你會為使用者提供安全、有幫助、準確的回答。同時,你會拒絕一切涉及恐怖主義,種族歧視,色情暴力等問題的回答。Moonshot AI 為專有名詞,不可翻譯成其他語言。"},
        {"role": "user", "content": " 你好,我叫李雷,1+1 等於多少? "}
    ],
    temperature = 0.3,
)

print(completion.choices[0].message.content)
"""
```

這段 API 呼叫範例程式碼就成了額外的上下文，GitHub Copilot 會學習和瞭解這個資訊，封裝出一個利用這個範例的函式。

透過最佳化工作習慣和程式碼組織方式，我們可以為 GitHub Copilot 提供更多的上下文資訊，幫助其產生更加準確的程式碼建議。但除此之外，精心設計的提示詞也是讓 GitHub Copilot 發揮最大潛力的重要手段。合適的提示詞能夠引導 GitHub Copilot 產生特定風格、特定領域的程式碼，並符合我們預期的品質標準。

2.4 GitHub Copilot 的功能介紹

在使用一款功能強大的 AI 輔助編寫程式工具時，你是否曾有過這樣的煩惱：明知它能夠完成許多任務，但自己可能只用到了其中的一個功能？這種情況的出現，往往是因為我們沒有瞭解工具的主要能力所在。GitHub Copilot 就是這樣的例子。乍看之下，它似乎涵蓋了許多功能，但若仔細分析，就會發現其核心功能可以歸納為以下幾個面向：程式碼產生、程式碼理解、程式碼測試、聊天功能。

這些功能共同構成了 GitHub Copilot 的主體，它們相互關聯、相互補充，共同幫助開發者提升編寫程式效率和程式碼品質。瞭解並掌握這些核心功能，是充分發揮 GitHub Copilot 潛力的關鍵。

接下來，讓我們從這些核心功能出發，深入探討 GitHub Copilot 的使用方法和技巧。

2.4.1 程式碼產生

GitHub Copilot 作為 AI 輔助編寫程式工具，其核心功能之一是智慧程式碼產生。這一功能根據對大量程式碼基底的學習，使得 GitHub Copilot 能夠提供以下類型的程式碼產生建議。

單行程式碼產生

GitHub Copilot 能夠根據目前的程式編寫上下文即時產生單行程式碼建議。這適用於快速完成如變數宣告、簡單函式呼叫等任務，進一步提升編寫程式的效率和準確性。例如，在 JetBrains IDE 中建立新的 Java 檔案並輸入 class Test 後，GitHub Copilot 會自動以灰色文字建議「class Test」。

多行程式碼續寫

當開發者開始編寫程式碼時，GitHub Copilot 能夠根據上下文自動預測並產生後續程式碼。這種自動完成功能在以下幾種情況下特別有效。

- 函式定義：當開發者開始定義一個函式時，GitHub Copilot 可以預測並產生函式主體。例如，在 Java 檔案中輸入函式宣告 private int calculateDaysBetweenDates (Date date1, Date date2) { 後，GitHub Copilot 會提供函式的實作程式碼。
- 邏輯區塊：在開始編寫一個邏輯區塊（如 if 陳述式、迴圈等）時，GitHub Copilot 能夠產生相關的程式碼結構和可能的實作。
- 符號觸發：某些符號對 GitHub Copilot 具有特殊的提示作用。例如：

  輸入左括號後，它可能會提供參數建議。

  輸入逗號後，可能會觸發下一個參數的建議。

  輸入冒號後，在適當的語言環境中可能會提示程式碼區塊的開始。
- 游標位置：當游標停留在某一行的末尾或空白行時，GitHub Copilot 會將其視為續寫的起點，並從該處開始產生建議。

多條推薦

對於某些編寫程式任務，可能有多種方式可以實作相同的功能。GitHub Copilot 能夠提供多個程式碼實作選項，允許開發者根據具體需求選擇最合適的方案，進一步增強程式碼的可自訂性與靈活性。

註解產生

有效的註解對於提升程式碼的可讀性和可維護性至關重要。GitHub Copilot 能夠根據程式碼上下文自動產生註解，幫助開發者快速把握程式碼的邏輯和目的。例如，在 Java 檔案的函式實作前加入註解。GitHub Copilot 會提供相關的程式碼實作。

修復建議

GitHub Copilot 還具備辨識潛在程式編寫錯誤並提供修復建議的能力。它能夠辨識如型別不一致、遺漏變數宣告等常見程式編寫錯誤，並提供相應的修正建議，幫助開發者提升程式碼品質。

透過這些功能，GitHub Copilot 不僅提升了程式碼編寫的速度，還有助於提升程式碼的整體品質和可維護性。開發者可以透過啟用或禁用這些建議，根據個人的工作流程和偏好訂製 GitHub Copilot 的協助方式。

2.4.2 程式碼理解

除了程式碼產生，GitHub Copilot 的另一個重要功能是程式碼理解，它幫助開發者更清楚掌握複雜的程式碼基底，這也是初學者得以自學編寫程式的重要條件之一。這個功能透過分析程式碼結構和邏輯，並提供詳細的解釋和文件連結，使開發者能夠快速掌握程式碼的工作原理和目的。以下是程式碼理解功能的幾個關鍵面向：

程式碼導覽

GitHub Copilot 可以幫助開發者在大型和複雜的程式碼基底中快速導覽。透過瞭解函式、類別和其他程式碼結構的關係，GitHub Copilot 可以推薦相關程式碼區段的位置，使開發者能夠快速找到和瞭解程式碼之間的相依性。

如果進入一個新的程式碼倉儲，而且即使有 README 檔案也不太清楚其內容或專案在做什麼，這時可以使用 GitHub Copilot 協助解釋該倉儲。只需按一下倉儲頁面右上角的 GitHub Copilot 圖示，即可詢問你想要瞭解的任何關於該倉儲的問題。在 GitHub.com 上，你可以向 GitHub Copilot 提出與軟體相關的一般性問題、專案上下文的問題、特定檔案的問題，或者檔案中特定程式行的問題（這些功能需要一個 GitHub Copilot Enterprise 計畫才能在 GitHub.com 網頁倉儲中使用這個功能）。透過這種方式，GitHub Copilot 可以幫助開發者瞭解程式碼的功能和程式碼區段之間的相依性，快速掌握程式碼基底的工作原理和結構。

此外，透過在編輯器中開啟相關檔案，GitHub Copilot 能夠分析更廣泛的上下文，進而產生更貼近需求的程式碼建議。這包括瞭解不同檔案之間的聯繫，以及它們是如何共同作用以實作程式碼基底的整體功能。

對程式碼檔案名和副檔名，GitHub Copilot 會自動辨識程式語言，而不需要我們明確指定。GitHub Copilot 會自動辨識各個檔案之間的引用關係，當你有額外的檔案處於開啟狀態時，它將告知傳回的建議。記住，如果檔案是關閉的，那麼 GitHub Copilot 在編輯器中無法看到該檔案的內容，這意味著它無法從這些關閉的檔案中取得上下文。

GitHub Copilot 查看編輯器中目前開啟的檔案，以分析上下文，然後建立一個發送到伺服器的提示，並傳回一個適當的建議。在編輯器中開啟幾個檔案，以便給 GitHub Copilot 提供專案的更大畫面。你也可以在 Visual Studio Code（VS Code）和 Visual Studio 中的聊天面板使用 #editor 來為 GitHub Copilot 提供關於目前開啟的檔案的額外上下文。

程式碼解釋

對於複雜的演算法或函式實作，GitHub Copilot 能提供步驟說明和邏輯流程的概述。這種解釋有助於開發者瞭解程式碼背後的思維和目的，特別是在處理不熟悉或高度專業化的程式碼時。

GitHub Copilot 能夠解釋程式碼中各個參數的作用和函式的傳回值，這對於瞭解和使用現有的程式碼基底尤為重要。釐清每個參數的功能與設計目的，有助於開發者正確使用函式和方法，避免常見的程式編寫錯誤。

對錯誤的解釋

當程式碼出現執行階段錯誤或邏輯錯誤時，GitHub Copilot 可以提供錯誤分析，幫助開發者瞭解錯誤發生的原因，並指出可能的解決方案。這不僅加快了偵錯過程，還提升了程式碼修復的準確性。

錯誤訊息通常可能會令人困惑。藉助 GitHub Copilot，你現在可以直接在終端機中獲得有關錯誤訊息的幫助。只需高亮顯示錯誤訊息，按一下滑鼠右鍵，然後在彈出的功能表中選擇「Explain with GitHub Copilot」（用 GitHub Copilot 解釋）命令。GitHub Copilot 會為你提供錯誤描述和建議的修復方法。

對錯誤的解釋不僅僅是辨識和修復問題的過程，它是瞭解程式碼深層工作原理的必經之路。錯誤和例外是編寫程式過程中的常見部分，它們提供了寶貴的學習機會。透過分析和解決這些錯誤，開發者可以更深入地瞭解程式碼的內部機制和潛在的脆弱點。錯誤的發生往往可以讓我們成長很快，原因在於它們迫使我們面對程式碼中未知或被忽略的面向。解決這些問題需要我們運用批判性思維和創造性解決問題的能力，這不僅增強了我們的技術技能，也增進我們對複雜系統的瞭解。此外，錯誤分析還有助於我們建立更加強固和可維護的程式碼，因為它們促使我們預見潛在的問題並提前規劃解決方案。GitHub Copilot 在這一過程中發揮著重要作用，它透過提供錯誤解釋和修復建議，加速了我們的學習曲線，使我們能夠快速克服障礙，同時加深了對編寫程式概念和程式碼基底的瞭解。

提供相關的文件連結和資源

GitHub Copilot 能夠提供相關的文件連結和資源，這些資源可以幫助開發者更深入地瞭解特定的程式編寫概念或函式庫的使用方法。這種直接連結到官方文件或其他教育資源的功能，為開發者提供了便捷的學習途徑。

在使用新的工具或函式庫時，直接查閱官方文件和社群論壇通常是最有效的解決問題的方式。這是因為：

1. 全新的工具或函式庫可能尚未被 GitHub Copilot 所使用的底層大型語言模型如 Codex 充分訓練和學習，導致 GitHub Copilot 對此瞭解有限。
2. 軟體工具尤其是一些流行的開源框架，其不斷修正改進和版本更新非常快。GitHub Copilot 所依賴的預訓練模型通常難以即時跟進這些變化。
3. 官方文件由專案維護者撰寫，社群論壇聚集了核心使用者，他們通常對該工具的原理、介面變化、常見問題等有著最全面和權威的瞭解。

需要特別指出的是，由於 GitHub Copilot 是根據截止到某個時間點的靜態資料訓練而成的，而非即時學習的模型，因此 GitHub Copilot 在回答一些即時性極強的問題時，其準確性可能有所欠缺。我們在參考其提供的資訊時，應保持謹慎與判斷力。

我們需要透過外部的知識瞭解內部的程式碼，尤其是在使用新工具或庫時，因為新工具或者函式庫的知識庫可能沒有被底層大型語言模型訓練過，又可能因為框架或者函式庫的更新非常快，沒有追蹤版本更新等問題，所以進入官方的文件或者論壇可以快速找到問題。這裡需要指出的是，由於 GitHub Copilot 並不是將所有即時發生的資料和事件記錄下來，所以其回答即時性的問題時經常是錯誤的。

提供文件連結（文件連結有時候也可能是錯誤的）的方式，其目的是讓我們更快到達工具或者函式庫的源頭，找到源頭資訊後，有助於加深我們對程式碼的理解。

2.4.3 程式碼測試

GitHub Copilot 在程式碼測試過程中的應用，能夠顯著提升開發效率和程式碼品質。以下是一些具體的方式，展示 GitHub Copilot 是如何進行程式碼測試的。

自動產生測試程式碼

GitHub Copilot 可以根據你的函式或方法的定義和行為，自動產生對應的單元測試程式碼。這不僅節省了編寫測試的時間，而且確保了測試能涵蓋更廣泛的場景，可能包括一些開發者未曾考慮到的邊界條件。

當然，如果你有一個 Python 函式，例如：

```python
def add(a, b):
    return a + b
```

我們可以為這個函式產生以下的單元測試程式碼：

```python
import unittest

def add(a, b):
    return a + b

class TestAdd(unittest.TestCase):
    def test_add(self):
        self.assertEqual(add(1, 2), 3)
        self.assertEqual(add(-1, -2), -3)

    def test_add_non_numbers(self):
        with self.assertRaises(TypeError):
            add('a', 1)
        with self.assertRaises(TypeError):
            add(1, 'b')

if __name__ == '__main__':
    unittest.main()
```

這個測試案例覆蓋了正常的數字相加情況，以及當提供非數字參數時應該拋出 TypeError 的情況。

提供測試案例建議

在編寫測試案例時，GitHub Copilot 可以提供用例設計的建議，例如，如何設定初始條件、如何呼叫被測試的方法，以及預期結果應該是什麼。這有助於開發者構思更全面的測試方案，進一步提升程式碼的強固性。

如果你有一個函式，它接收一個串列作為輸入，並傳回串列中的最大值，則 GitHub Copilot 可能會建議以下幾種測試案例：

1. 測試一個包含正數的串列
2. 測試一個包含負數的串列
3. 測試一個包含零和正數的串列
4. 測試一個包含零和負數的串列
5. 測試一個包含正數和負數的串列
6. 測試一個只包含零的串列
7. 測試一個空串列
8. 測試一個包含非數字元素的串列

對於每種情況，GitHub Copilot 都會建議：如何設定初始條件，如何呼叫被測試的方法，以及預期結果應該是什麼。例如，對於第一種情況，你可以建立一個包含正數的串列呼叫你的函式，然後檢查傳回的結果是否為串列中的最大值。對於第七種情況，你可以建立一個空串列呼叫你的函式，然後檢查是否拋出適當的例外。

發現並修復錯誤

GitHub Copilot 可以在程式碼編寫階段提示潛在的錯誤，如型別錯誤、邏輯錯誤等，甚至提供修復建議。這種即時回饋可以減少在後期測試階段發現問題的數量，加快開發週期。

當你在編寫程式碼時，GitHub Copilot 會分析你的程式碼並嘗試預測你接下來可能會寫什麼。在這個過程中，GitHub Copilot 也會檢查你的程式碼是否有錯誤。

例如，如果你在 Python 中寫下以下程式碼：

```
def add(a, b):
    return a - b
```

GitHub Copilot 會注意到你的函式名是 add，但你的函式實際上在執行減法操作，這可能是一個邏輯錯誤。GitHub Copilot 會建議你更改函式主體，使其與函式名一致：

```
def add(a, b):
    return a + b
```

或者，如果你在 JavaScript 中寫下以下程式碼：

```JavaScript
function add(a, b) {
    return a + b;
}

add('1', 2);
```

GitHub Copilot 會注意到你試圖將字串和數字相加，這可能不是你想要的，因為在 JavaScript 中，這將導致字元串連接，而不是數值加法。它會建議你將字串轉換為數字，然後再進行加法操作：

```
function add(a, b) {
    return Number(a) + Number(b);
}

add('1', 2);
```

這些即時回饋可以幫助你在程式碼編寫階段就發現並修復錯誤。

模擬和測試資料產生

產生測試資料往往是一個繁瑣的任務。GitHub Copilot 可以根據資料模型自動產生測試資料，或者建立複雜的使用者互動場景，幫助測試使用者介面或 API 的回應。

假設你正在編寫一個函式，該函式需要處理一個使用者物件，該物件有 name、email 和 age 屬性，則你可能需要建立多個這樣的物件來測試函式。GitHub Copilot 可以幫助你產生這樣的測試資料：

```
test_data = [
    {"name": "Alice", "email": "alice@example.com", "age": 30},
    {"name": "Bob", "email": "bob@example.com", "age": 20},
    {"name": "Charlie", "email": "charlie@example.com", "age": 25},
    # 更多測試資料 ...
]
```

對於更複雜的使用者互動場景，例如，你可能需要模擬一個使用者在網頁上填寫表單的過程。GitHub Copilot 可以幫助你產生模擬這種互動的程式碼：

```
from selenium import webdriver

def test_form_submission():
    driver = webdriver.Firefox()
    driver.get("http://www.yo**website.com/form")

    name_field = driver.find_element_by_name("name")
    name_field.send_keys("Alice")

    email_field = driver.find_element_by_name("email")
    email_field.send_keys("alice@example.com")

    age_field = driver.find_element_by_name("age")
    age_field.send_keys("30")

    submit_button = driver.find_element_by_name("submit")
    submit_button.click()

    # 檢查結果
```

這樣，你就可以自動化地測試使用者介面或 API 的回應，而不需要手動建立和輸入測試資料。

透過這些方法，GitHub Copilot 不僅幫助開發者減少手動編寫測試程式碼的工作量，還能提升測試的完整性和有效性，進而強化最終產品的品質。

2.4.4 聊天功能

伊隆‧馬斯克在談到教育的兩大核心時指出，一是建立知識的相關性，二是人們需要的是互動式學習體驗。學生必須實際參與其中，並獲得即時回饋。而 GitHub Copilot 的聊天功能（GitHub Copilot Chat）正是 GitHub Copilot 的核心功能之一，它提供了一個互動式學習編寫程式的環境，幫助我們更易於學習編寫程式。

這個功能目前被廣泛整合到 GitHub 的產品端，比如網頁和 IDE，以及 GitHub Mobile 應用程式的聊天面板中，使用者可以透過與 GitHub Copilot 進行對話來取得編寫程式方面的協助。這種對話模式使得學習編寫程式變得更加直觀和友善。正如 GitHub 所述：「透過 GitHub Copilot Chat，你可以用自然語言提出問題並獲得解釋和程式碼範例。」

這種互動式的學習體驗對初學者來說尤為重要。透過與 GitHub Copilot 對話，學生可以快速獲得問題的解答，瞭解編寫程式概念，並看到相關的程式碼範例。這種即時回饋有助於加深對知識點的瞭解，並將抽象的概念與實際的程式碼實作相結合。

此外，GitHub Copilot Chat 還提供了個性化的學習體驗。它可以根據提問和回饋，調整解釋的方式和深度，以滿足不同學習者的需求。這種有明確目的的指導，可以幫助學生更快地掌握編寫程式技能，並在遇到困難時獲得及時的幫助。個性化問題目前主要由聊天面板的推薦問題來完成。每次我們詢問一個問題時，會在聊天輸入框上方顯示推薦的問題。這些問題是相關性強且又在「最近學習區」範圍內的問題。

GitHub Copilot Chat 的另一個優勢在於，它為學生提供了一個安全、友善的學習環境。初學編寫程式時，許多人可能會對尋求幫助感到羞愧或不安。而與 GitHub Copilot 對話，學生可以放心地提出各種問題，而不用擔心被評論或嘲笑。這種無壓力的學習環境，有助於激發學生的好奇心和探索慾，讓學生更積極主動地學習編寫程式。

總之，GitHub Copilot Chat 透過提供互動式、個性化的學習體驗，幫助人們更愉悅地學習編寫程式。它的出現將為編寫程式教育帶來新的變革，讓更多人能夠跨越編寫程式學習的障礙，享受編寫程式的樂趣。

快速鍵或命令

要有效地使用 GitHub Copilot Chat，掌握一些基本的快速鍵或命令是非常重要的。這些快速鍵或命令可以大幅提升你與 GitHub Copilot 互動的效率和便捷性，如表 2-3 所示。

表 2-3

功能編號	功能名稱	快速鍵或命令	描述
1	聊天參與者	@ 後跟聊天參與者名稱	用於將提示限定到特定領域。例如，@workspace 可以幫助 GitHub Copilot 定位到目前工作目錄
2	斜線命令	/ 後跟斜線命令	用於簡化常見場景的提示。例如，/explain 可以產生選定程式碼的解釋
3	聊天變數	# 後跟聊天變數	在提示中加入特定的上下文時，像是 #selection、#file、#editor、#codebase、#git 等變數，可以幫助 GitHub Copilot 瞭解你的問題或請求的上下文，並提供更準確的回答。例如，當你詢問：「如何最佳化 #selection？」時，GitHub Copilot 會知道你是在詢問如何最佳化目前選取的程式碼片段
4	專案問題	@workspace 後跟有關專案的具體問題	可以向 GitHub Copilot 提問有關專案的具體問題。例如，你問：「@workspace 這個程式碼在做什麼？」那麼 GitHub Copilot 會瞭解你詢問的是目前的工作區域寫的程式碼的用途
5	新專案設定	/new 後跟專案類型	用於設定新專案。例如，/new react app with typescript 會建議目錄結構並建立建議的檔案和內容
6	程式碼修復	/fix	用於修復檔案中的錯誤。例如，/fix 可以請求 GitHub Copilot 修復使用中的檔案中的錯誤
7	編寫測試	/tests	用於為使用中的檔案或選定程式碼編寫測試
8	VS Code 問題	@vscode 後跟問題	用於向 GitHub Copilot 詢問有關 Visual Studio Code 的具體問題

功能編號	功能名稱	快速鍵或命令	描述
9	終端機問題	@terminal 後跟問題	用於向 GitHub Copilot 詢問有關命令列的具體問題。例如，@terminal 如何推送程式碼到 github 上
10	行內聊天	Command+i (macOS) / Ctrl+i (Windows/Linux)	直接在編輯器或整合終端中啟動行內聊天
11	快速聊天	Shift+Command+ (macOS) / Shift+Ctrl+i (Windows/Linux)	開啟快速聊天下拉式功能表。左側活動欄，按一下聊天泡泡圖示可以進入聊天面板。透過按一下聊天面板上的「+」符號，可以開始新的對話緒程，以便在不同話題上與 GitHub Copilot Chat 同時進行多個對話
12	智慧操作	上下文功能表或閃光圖示	透過上下文功能表或選擇程式行時出現的閃光圖示提交資訊。在 VS Code 中，留意「magic sparkles」（spark 標識（✨）），它們是快速存取 GitHub Copilot 功能的提示，例如在提交評論區按一下它們，可以產生提交資訊
13	清除對話	/clear	如果你需要清除目前的對話，那麼可以使用 /clear 命令

這些快速鍵或命令可以幫助你更快地與 GitHub Copilot 互動，無論是在編寫程式碼、產生文件、解釋錯誤訊息還是進行偵錯時。透過熟練使用這些快速鍵或命令，你可以更有效率地利用 GitHub Copilot 的強大功能。

清除對話（/clear）和開始新的對話緒程（聊天面板上的「+」符號）需要經常使用，有以下幾個理由：

1. **保持專注和相關性**。隨著時程進展，一個聊天串可能會涵蓋多個主題或問題。開始新的對話可以幫助保持焦點，確保每個聊天串都專注於一個特定的主題或問題，這樣可以提升效率並減少混淆。

2. **提高清晰度和準確性**。在長時間的對話中，先前的資訊可能會影響 GitHub Copilot 的目前回答，有時這可能導致不相關或不準確的建議。重新開始對話有助於確保 GitHub Copilot 提供的解決方案是根據最新和最相關的輸入，而不是根據之前可能已經解決或已經過時的上下文的。
3. **最佳化效能**。對於複雜的工具或系統，長時間的對話可能會累積大量的上下文資料，這可能影響效能。清除對話或重新開始可以幫助系統從乾淨的狀態開始，提升回應速度和效率。
4. **錯誤更正**。如果在對話過程中發生了誤解或錯誤累積，重新開始對話可以清除這些錯誤的上下文，允許使用者重新準確地表述他們的問題或需求。
5. **改進學習和回饋循環**。在開發和使用 AI 工具時，清除舊的對話並開始新的對話可以作為一種回饋機制，幫助開發者瞭解哪些類型的互動最有效，以及如何改進 AI 的回應。

因此，在使用 GitHub Copilot 或任何類似的互動式 AI 工具時，適時清除對話或開始新的聊天串是保持互動品質和效率的一個重要策略。這不僅有助於使用者獲得更準確的答案，也有助於維護和改進系統的整體效能。

2.5 GitHub Copilot 作為本書範例工具的原因

在目前 AI 輔助編寫程式工具蓬勃發展的大背景下，本書選擇 GitHub Copilot 作為主要的範例工具，是經過深思熟慮的決定。此選擇主要基於以下兩個層面的考量：

一方面，GitHub Copilot 擁有強大的技術和行業地位。作為由 OpenAI 和 GitHub 聯合開發的智慧編寫程式助手，GitHub Copilot 背後是卓越的 Codex 大型語言模型。Codex 經過在大量公共程式碼基底中的訓練，專門針對編寫程式碼任務進行了最佳化，能夠瞭解開發者的想法，並產生高品質、符合最佳實作的程式碼片段。同時，GitHub Copilot 背靠 OpenAI 和微軟兩大科技巨頭，在底層模型效能和不斷修正改進的更新速度上具備先天優勢，代表了 AI 輔助編寫程式技術的 先進水準。

另一方面，GitHub Copilot 與 GitHub 生態系統的深度融合。GitHub 上匯聚了大量的優質專案和編寫程式範例，為開發者提供了無縫銜接的使用體驗。GitHub

Copilot 正是根據 GitHub 上的開源程式碼基底進行訓練的，因此產生的程式碼不僅高度貼近實際專案的需求，而且融入了業界的最佳實作和程式碼編寫規範。

除了與 GitHub 的天然契合，GitHub Copilot 還提供了多種 IDE 外掛程式，支援 Visual Studio、IntelliJ IDEA、Visual Studio Code 等主流的整合開發環境。這意味著開發者無須改變既有的工作流和程式編寫習慣，就能輕鬆引入 GitHub Copilot 的強大功能，極大降低了學習成本和使用門檻。無論是編寫程式新手還是資深開發者都能快速上手，並從 GitHub Copilot 的智慧輔助中獲益。這種易用性和廣泛的相容性，進一步擴大了 GitHub Copilot 在開發者群體中的影響力。

與 GitHub Copilot 相關的開發工具還有 GitHub Copilot Workspace 和 GitHub Copilot 延伸模組。GitHub Copilot Workspace 讓開發流程變得前所未有的簡單。從提出問題開始，它能根據對程式碼基底的深入瞭解建立規範，然後產生一個計畫，最終生成整個儲存庫的程式碼。在這個過程中的每一個環節，開發者可以掌控全域，隨時編輯。這是一種全新的建構軟體的方式。GitHub Copilot 延伸模組指將其功能擴充到更廣泛的開發者工具和服務生態系統中。協力廠商服務如 Docker、Sentry 等都可以透過延伸模組來訂製 GitHub Copilot。微軟還推出了「GitHub Copilot for Azure」延伸模組，讓開發者能夠使用自然語言立即部署到 Azure，取得 Azure 資源資訊。

透過 GitHub Copilot、GitHub Copilot 延伸模組和 GitHub Copilot Workspace 的組合，開發者可以更專注於解決問題本身，而不是耗費精力在程式編寫之外的瑣事上。GitHub Copilot 正在為編寫程式帶來樂趣，提高生產力，重新定義軟體開發。

2.6 本章小結

本章介紹了 GitHub Copilot 的發展歷程、從產品經理的視角探索 GitHub Copilot、GitHub Copilot 的技術原理、GitHub Copilot 的功能介紹，以及 GitHub Copilot 作為本書範例工具的原因。這種宏觀的介紹，有助於我們更好地把握 GitHub Copilot 的使用方法和適用場景。透過瞭解 GitHub Copilot 的技術原理及功能，我們能夠更有效地與之配合，讓它更準確、更有效率地瞭解和產生我們需要的程式碼。

3 使用 GitHub Copilot 輔助編寫程式的實戰範例

儘管網際網路上有大量的資訊和資源,人們往往無法有效利用這些資源,因為他們不知道自己「不知道什麼」,因此無法形成有效的查詢。透過向 GitHub Copilot 提問,我們可以獲得結構化的指導和個性化的互動,避免在無目的的資訊海洋中迷失方向。另外,人類的認知資訊是有限的,如果一次處理過多資訊,學習效果會大打折扣。而 GitHub Copilot 也是幫助我們管理認知負荷的有力工具。

3.1 互動式學習

設想一個新手程式開發人員正在學習如何建構一個 Web 應用程式。如果他們一開始就嘗試瞭解整個應用程式的所有程式碼,那麼將會產生極高的認知負荷。相反,如果透過分解步驟引導,例如,首先學習如何設定伺服器,接下來是如何處理資料庫連接,再到如何實作前端互動,這種逐步介紹可以大幅降低每一步的認知負荷,使學習更有效率。

在使用 GitHub Copilot 的過程中,我們不僅要閱讀 AI 輔助編寫程式工具產生的程式碼,更要透過實作來加深瞭解。修改程式碼、嘗試不同的實作方式,這些都是建構知識的重要步驟。互動式學習方式並不輕鬆,需要專注和主觀積極性,全身心投入地提問和檢索答案,思考和瞭解程式碼,推理和確認程式碼執行的結果,每一步都不輕鬆。可以說,互動式學習是一門實作的藝術,是主動建構知識的過程。

更有趣的是,當我們為 GitHub Copilot 編寫註解時,我們實際上是在用自己的理解去「教」AI 如何有效地幫助我們。這種教 AI 的過程呈現了「教學相長」的理念,即教學者和學習者在互動中共同成長和進步。編寫的註解或者聊天詢問的問題都是我們對編寫程式任務的瞭解。在這個過程中，我們需要將複雜的程式編寫邏輯簡化為清晰的語言傳達給 AI。透過這樣的反思，我們可以更加清楚地瞭解編寫程式任務的核心要素和解決方案。比如，當我們編寫「# 尋找串列中的最大值」的註解時，我們不僅僅是在告訴 AI 要做什麼，還是在思考如何更清楚地描述這個任務。這種反思過程有助於我們加深對編寫程式概念的瞭解。

對初學者來說，這種互動式學習相比傳統的被動式學習更有幫助：

1. **提示互動**。透過提示詞註解，我們可以逐步探索新的概念。這種互動性有助於保持我們的興趣和積極性。
2. **即時回饋**。我們可以立即看到程式碼的效果和輸出，及時更正錯誤並瞭解正確的用法。
3. **動手實作**。透過親自動手寫程式碼，我們更容易瞭解和記住編寫程式概念。
4. **隨時提問**。我們可以在任何時候透過編寫新的註解或問題來尋求幫助或澄清疑惑，增強學習的自主性。

3.2 環境設定

在第 1 章，我們瞭解到環境設定是學習程式語言的一大障礙。許多初學者往往在安裝和設定開發工具時就遇到了困難，導致學習進度受阻，甚至可能因此放棄學習編寫程式。

在安裝和設定的過程中，我們將學習如何向 GitHub Copilot（在沒有安裝之前，我們使用免費的 Kimi 智慧助手〔編註：您也可以使用 Copilot 或 ChapGPT〕）提出清晰的問題，以獲得準確的答覆。同時，我們也會遇到一些問題，這時就需要學會描述問題，使用 AI 輔助編寫程式工具解決。

透過這樣一個完整的環境設定流程，我們不僅能夠順利搭建起 Python 開發環境，還能對程式語言的學習有一個初步的感知。我們將體會到，學習編寫程式並非一蹴而就，而是需要不斷試錯、偵錯、求助，這是每個程式開發人員的必經之路。

越來越多的人開始意識到，使用 AI 需要掌握如何提出有效的問題。因此閱讀了許多關於提示詞技巧的書籍和指南。這些資源當然具有參考價值，能幫助我們更順暢地與 AI 互動。然而，對於一個新手來說，提示詞技巧並不是最重要的。在親自嘗試了市面上大多數的提示詞技巧之後，筆者發現，教人使用 AI 的提示詞技巧往往被過度神化了。實際上，尤其對於新手來說，重要的是不斷地練習，保持連續不斷地使用 AI。透過頻繁使用，使用者可以自然地瞭解和掌握 AI 的運作方式，逐漸提高與 AI 的互動效率，而不是一味地依賴那些複雜的提示詞技巧。在環境設定流程的實際操作問題上，我們與 AI 的互動，建議使用簡單的提問方式，即像小學生一樣訴說自己遇到的問題。

比如，在日常生活中，小學生會遇到很多數學問題，他們會對 Kimi 這樣說話：

> 「我是小學四年級學生，現在已經學會了分數的概念，但是我遇到了二分之一加三分之一的問題，不會算。」

同樣地，我們就是用這個技巧來編寫提示詞，比如：

> 「我是 Windows 電腦，已經裝好 Python 了，但是遇到了不會裝 VS Code 的問題。怎麼裝？」

透過這種提問方式，我們可以簡單、直接地描述我們遇到的問題。使用這種提問方式關鍵在於：

1. 描述目前狀態：說明已經完成的步驟。「我是 Windows 電腦，已經裝好 Python 了。」
2. 明白問題：指出目前遇到的具體問題。「但是遇到了不會裝 VS Code 的問題。」
3. 表達願望：說明希望得到的幫助或解決方法。「怎麼裝？」

在這個過程中，我們像小學生一樣提問，不用擔心語法和錯別字，也不用擔心 Kimi 無法瞭解我們，更不用擔心問題是不是很幼稚。我們只要保持連續不斷地使用 Kimi，像小學生一樣去尋找答案。找到答案後，就開始在自己的電腦上操作。遇到問題，繼續發問，秉著打破砂鍋問到底的精神，必定可以搞定環境設定問題。

3.2.1 下載和安裝 Python 直譯器

在開始學習 Python 編寫程式之前，首先我們需要在自己的電腦上安裝 Python 直譯器。這一步雖然看似簡單，但對於程式編寫新手來說卻可能充滿困惑和挑戰。

不過別擔心，我們有很多 AI 工具可以幫助我們，它們會詳細地指導我們完成安裝過程。注意，此時我們還沒有安裝 GitHub Copilot，我們使用 Kimi 智慧助手來對話。（編註：使用 Copilot 或 ChapGPT 效果亦同。）

讓我們開啟 Kimi，開始我們的第一次對話：

> 我想學習 Python 編寫程式，請問應該如何下載和安裝 Python 直譯器呢？

> 你好！很高興你想學習 Python。根據你的作業系統，安裝 Python 直譯器的步驟如下：
>
> 1. 連上 Python 官網。
> 2. 在下載頁面中，選擇適合你作業系統的 Python 版本（通常推薦最新的穩定版）。
> 3. 下載安裝程式（例如，對於 Windows 系統，下載 python-3.x.x-amd64.exe）。
> 4. 執行安裝程式，務必勾選「Add Python to PATH」選項，這樣可以自動設定環境變數。
> 5. 按照安裝嚮導的提示，完成安裝過程。
>
> 安裝完成後，你可以開啟命令列終端機，輸入「python --version」，如果顯示出 Python 的版本序號，那就說明安裝成功了。
>
> 希望以上步驟對你有幫助，如果遇到任何問題，歡迎隨時問我。

> 謝謝你的指導！請問在安裝過程中，還有哪些地方需要特別注意的嗎？

> 你提出了一個好問題！在安裝 Python 直譯器時，有幾點需要特別注意：
>
> 1. 選擇版本：建議初學者安裝 新的 Python 3.x 版本，不要選擇已經過時的 Python 2.x 版本。
> 2. 設定環境變數：安裝程式通常會提供自動設定 PATH 環境變數的選項，請務必勾選。否則，你需要手動將 Python 的安裝路徑加到 PATH 中。
> 3. 自訂安裝路徑：預設情況下，Python 會安裝到 C:\PythonXX（XX 表示版本序號）目錄。如果你想安裝到其他位置，那麼可以在安裝過程中修改。但請確保安裝路徑中沒有中文、空格等特殊字元。

4. 第三方函式庫：Python 預設安裝時只包含標準函式庫，如果你需要使用第三方函式庫（如 NumPy、Pandas 等），那麼可能還需要單獨安裝。不過現在不用擔心，等到學習過程中用到這些函式庫時再說。

我們照著 Kimi 的指引，完成了 Python 直譯器的下載和安裝。在這個過程中，我們可以學習如何向 Kimi 提出具體、有明確目的的問題，以取得清晰、詳盡的解答。即使是看似簡單的安裝過程，也可能存在一些容易被忽視的細節和陷阱。多虧有 Kimi 的悉心指導，我們才能順利完成第一步。

接下來，讓我們學習如何安裝和設定 VS Code，請 Kimi 繼續為我們解惑吧。

3.2.2 安裝和設定 VS Code

有了 Python 直譯器，我們就可以編寫和執行 Python 程式了。但是，如果想要更專業地開發 Python 專案，我們還需要一個好用的整合開發環境（IDE）。IDE 就像是程式開發人員的瑞士刀，它集程式碼編輯、偵錯、執行等功能於一身，大幅提升開發效率。

市面上有很多優秀的 Python IDE，如 PyCharm、Visual Studio Code（簡稱「VS Code」）、Sublime Text 等。作為初學者，我們不妨先選擇一款簡單易用的 IDE，比如 VS Code。下面，讓我們請教 Kimi 如何安裝和設定 VS Code 吧。

> 嗨，Kimi，我已經安裝了 Python 直譯器，現在想要安裝一個合適的 IDE，你能推薦一下 VS Code 嗎？具體應該如何安裝和設定呢？

> VS Code 是一個非常棒的選擇！它是一款開源、跨平臺的編輯器，內建了對 Python 的強大支援。以下是安裝和設定 VS Code 的步驟：
> 1. 連上 VS Code 官網，下載適合你的作業系統的安裝程式。
> 2. 執行安裝程式，按照提示完成安裝。
> 3. 開啟 VS Code，按一下左側的延伸模組（Extensions）圖示，在搜尋框中輸入「Python」，然後安裝微軟官方的 Python 延伸模組。
> 4. 安裝完成後，建立一個新的 Python 檔案（以 .py 為副檔名），VS Code 會自動提示你選擇一個 Python 直譯器。如果自動檢測失敗，那麼你可以手動指定直譯器路徑。

> 5. 現在，你可以在 VS Code 中編寫 Python 程式碼，並使用 F5 鍵執行和偵錯工具。
>
> VS Code 還有許多實用的功能和外掛程式，建議你在使用過程中多探索、多嘗試。如果遇到任何問題，歡迎隨時問我。

現在，我們已經在 Kimi 的指導下成功安裝了 Python 直譯器和 VS Code，為編寫程式學習打下了基礎。在開始編寫我們的第一個 Python 程式之前，讓我們先解決一個可能影響學習體驗的問題——如何更改 VS Code 的語言介面。

3.2.3 安裝中文化延伸模組

你可能已經注意到，VS Code 的介面預設是全英文的。對於許多初學者來說，在學習編寫程式的同時還要應對大量的英文術語和功能表，可能會增加學習難度。

幸運的是，VS Code 提供了豐富的延伸模組，其中就包括各種語言的中文化套件。透過安裝中文化延伸模組，我們可以將 VS Code 的介面變成中文，讓你更專注於編寫程式的學習本身。那麼，我們應該如何安裝 VS Code 的中文化延伸模組呢？讓我們繼續請教 Kimi 指導我們完成這個過程。

> 嗨，Kimi，我想把 VS Code 的介面變成中文，應該怎麼操作呢？

> 將 VS Code 中文化非常簡單，你只需要安裝一個中文化延伸模組即可。以下是具體步驟：
>
> 1. 開啟 VS Code，按一下左側的延伸模組（Extensions）圖示。
> 2. 在搜尋框中輸入「Chinese」，找到「Chinese (Traditional) Language Pack for Visual Studio Code」延伸模組。
> 3. 按一下該延伸模組的「Install」按鈕，等待安裝完成。
> 4. 安裝完成後，VS Code 會提示你重啟 IDE，按一下「Restart」按鈕。
> 5. 重啟 VS Code 後，介面就變成了中文。
>
> 如果你想切換回英文介面，可以在延伸模組清單中找到「Chinese (Traditional) Language Pack for Visual Studio Code」，按一下「Uninstall」按鈕卸載該延伸模組，然後重啟 VS Code 即可。

> 希望透過中文化，你能更輕鬆、更愉快地學習 Python 編寫程式。如果你在使用中文化的過程中遇到任何問題，歡迎隨時問我。

> 太棒了！安裝完中文化延伸模組後，VS Code 的介面變得更加友善了。不過，我發現延伸模組清單中有好幾個中文化套件，它們有什麼區別嗎？

> 你問了一個好問題！VS Code 的擴充功能市集中確實有多個中文化套件，它們在功能上大同小異，主要區別在於翻譯的風格和完整度。
>
> 我推薦的「Chinese (Traditional) Language Pack for Visual Studio Code」是微軟官方提供的中文化套件，它的翻譯品質非常高，涵蓋了 VS Code 的絕大部分介面元素。而其他的中文化套件大多由社群貢獻者維護，翻譯風格可能各有不同，也可能存在遺漏或錯誤。
>
> 當然，這並不意味著其他中文化套件就不好。有些中文化套件可能採用了更加當地語系化的翻譯風格，更貼近中文程式開發人員的習慣。你可以根據自己的喜好，嘗試不同的中文化套件，選擇最適合自己的那一個。
>
> 總的來說，安裝任意一個可靠的中文化套件，都能夠顯著提升 VS Code 的易用性，讓你更專注於編寫程式本身。如果你對某個中文化套件的翻譯有任何建議或意見，也歡迎向相關的維護者反應。

在 Kimi 的指引下，我們順利地為 VS Code 安裝了中文化套件。整個過程非常簡單，只需要在延伸模組市集中搜尋「Chinese」，然後安裝官方提供的中文化套件即可。透過與 Kimi 對話，我們還瞭解到，市面上有多個中文化套件可供選擇，它們在翻譯風格和完整度上各有特點。Kimi 建議我們可以嘗試不同的中文化套件，找到最適合自己的那一個。

中文化套件的安裝，看似只是一個小小的功能改進，卻能夠大幅提升初學者的程式編寫體驗。有了中文介面的加持，我們就可以更輕鬆、更專注地投入 Python 程式編寫的學習。

至此，在 Kimi 的幫助下，我們已經完成了 Python 開發環境的全部設定工作。我們學會了如何向 Kimi 提出清晰、明確的問題，並獲得了詳盡、準確的解答。我們也體會到，有了 Kimi 這樣優秀的程式編寫助手，即使是程式編寫小白，也能夠快速擊敗環境設定這個絆腳石。

接下來，讓我們懷著滿滿的信心和熱情，正式安裝 GitHub Copilot 和 Chat 外掛程式吧。

3.2.4 安裝 GitHub Copilot 和 Chat 外掛程式

我們在學習過程中難免會遇到各種各樣的問題和挑戰，這時候我們就需要一個更加智慧、更加貼心的助手了。幸運的是，我們可以直接在 VS Code 中安裝 GitHub Copilot 和 Chat 外掛程式，隨時隨地與 GitHub Copilot 進行交流，以獲得編寫程式方面的建議和協助。那麼，具體應該如何安裝這兩個外掛程式呢？我們再次向 Kimi 求助吧！

> 嗨，Kimi，我想在 VS Code 中安裝 GitHub Copilot 和 Chat 外掛程式，應該怎麼操作呢？

> 非常好，安裝 GitHub Copilot 和 Chat 外掛程式可以讓我更有效地協助你的編寫程式學習。以下是在 VS Code 中安裝這兩個外掛程式的步驟：
>
> 1. 開啟 VS Code，按一下左側的延伸模組（Extensions）圖示。
> 2. 在搜尋框中輸入「GitHub Copilot」，找到「GitHub Copilot」延伸模組，按一下「Install」按鈕進行安裝。
> 3. 安裝完成後，VS Code 會提示你登入 GitHub 帳號並授權，請按照提示完成操作。
> 4. 接下來，在搜尋框中輸入「Chat」，找到「Chat with GitHub Copilot」延伸模組，按一下「Install」按鈕進行安裝。
> 5. 安裝完成後，你會在 VS Code 的側邊欄看到一個新的圖示，按一下它就可以開啟 Chat 視窗。
> 6. 在 Chat 視窗中，你可以直接提問。
>
> 需要注意的是，GitHub Copilot 外掛程式需要訂閱才能使用，但是 GitHub 為學生和教育工作者提供了免費的 GitHub Copilot 訂閱計畫。如果你是學生或教師，不妨申請一下。

至此，我們已經完成了 Python 開發環境的全部設定工作，並且成功地將 GitHub Copilot 和 Chat 外掛程式整合到了 VS Code 中。

3.2.5 GitHub 帳號註冊和訂閱 GitHub Copilot

在上一節中，我們成功地在 VS Code 中安裝了 GitHub Copilot 和 Chat 外掛程式。但是，當我們嘗試使用 GitHub Copilot 時，會發現它提示我們需要登入 GitHub 帳號並進行訂閱。因此，在真正使用 GitHub Copilot 之前，還需要完成一些必要的準備工作。

> 嗨，Kimi，我在嘗試使用你的功能時，發現需要登入 GitHub 帳號並訂閱 GitHub Copilot。請問你能詳細介紹一下具體的操作步驟嗎？

> 非常抱歉，我應該在你安裝外掛程式的時候就提醒你這一點的。沒錯，要使用 GitHub Copilot 的功能，你需要先註冊一個 GitHub 帳號，並訂閱 GitHub Copilot 服務。下面是詳細的操作步驟：
>
> 1. 存取 GitHub 官網，按一下頁面右上角的「Sign up」按鈕。
> 2. 輸入你的電子郵件信箱、密碼，並選擇一個獨特的使用者名稱。GitHub 會檢查使用者名稱的可用性。
> 3. 完成驗證碼挑戰，證明你不是機器人。
> 4. 選擇你的訂閱計畫。如果你是學生或教育工作者，可以申請免費的 GitHub Education 套餐，其中包括 GitHub Copilot 的使用權限。
> 5. 驗證你的電子郵件信箱地址。GitHub 會向你提供的電子郵件信箱發送一封驗證郵件，請按一下郵件中的連結完成驗證。
> 6. 登入你的 GitHub 帳號，連上 GitHub Copilot 的訂閱頁面。
> 7. 選擇適合你的訂閱計畫（月付或年付），並提供支付資訊。如果你是 GitHub Education 使用者，那麼可以直接申請使用 GitHub Copilot。
> 8. 訂閱完成後，回到 VS Code，使用你的 GitHub 帳號登入 GitHub Copilot 外掛程式。
> 9. 現在，你就可以開始使用 GitHub Copilot 的各種功能了！
>
> 希望這個詳細的指引能夠幫助你順利完成 GitHub 帳號的註冊和 GitHub Copilot 的訂閱。如果在操作過程中遇到任何問題，歡迎隨時向我提問。

> 非常感謝你的詳盡解釋！我已經成功註冊了 GitHub 帳號，並完成了 GitHub Copilot 的訂閱。不過，我有個小疑問，訂閱 GitHub Copilot 需要支付費用嗎？如果需要，具體是怎樣的收費標準？

> 很高興聽到你已經成功註冊了 GitHub 帳號並訂閱了 GitHub Copilot！關於 GitHub Copilot 的收費標準，我可以給你一些詳細的資訊：
>
> 1. GitHub Copilot 是一項付費服務，需要按月或按年訂閱。目前的收費標準是每月 10 美元或每年 100 美元。
> 2. 如果你是學生或教育工作者，則可以透過 GitHub Education 計畫免費使用 GitHub Copilot。你需要使用學校提供的電子郵件信箱位址申請 GitHub Education，並確認你的學生或教師身分。
> 3. GitHub Copilot 提供了 60 天的免費試用期。在試用期內，你可以免費使用 GitHub Copilot 的所有功能。試用期結束後，你需要選擇付費訂閱或取消服務。
> 4. 如果你是某些國家/地區的使用者，可能會有不同的價格或支付方式。你可以在訂閱頁面上查看適用於你所在地區的具體價格和支付選項。
>
> 雖然 GitHub Copilot 是一項付費服務，但我認為它提供的智慧編寫程式協助工具是物超所值的。GitHub Copilot 可以幫助你提高編寫程式的效率，減少錯誤，並在學習過程中提供及時的指導和建議。對於學生和教育工作者而言，GitHub Education 提供的免費使用權限更是一個非常好的福利。
>
> 如果你對 GitHub Copilot 的收費標準或 GitHub Education 計畫有任何其他疑問，歡迎隨時向我提問。我會盡我所知為你解答。

透過與 Kimi 的對話，我們瞭解到在正式使用 GitHub Copilot 之前，需要先註冊一個 GitHub 帳號，並訂閱 GitHub Copilot 服務。雖然 GitHub Copilot 是一項付費服務，但對於學生和教育工作者而言，可以透過 GitHub Education 計畫免費使用，這無疑是一個非常好的福利。

在整個交流過程中，我們學會了如何向 Kimi 提出清晰、明確的問題，以取得準確、詳盡的答覆。Kimi 不僅為我們提供了註冊和訂閱的操作步驟，還詳細解釋了 GitHub Copilot 的收費標準和優惠政策，讓我們對這項服務有了更全面的瞭解。

現在，我們已經完成了所有必要的準備工作，正式成為了一名 GitHub Copilot 使用者。

3.2.6 召喚 GitHub Copilot 的方式

經過一系列的環境設定，我們已經在 VS Code 中安裝了 GitHub Copilot 和 Chat 外掛程式，為接下來的 Python 程式編寫學習做好了充分準備。但是，在實際的程式編寫過程中，我們應該如何有效率地召喚 GitHub Copilot，並取得它的幫助呢？下面，讓我們一起來探索召喚 GitHub Copilot 的各種方式。

> 嗨，GitHub Copilot，我已經成功安裝了 GitHub Copilot 外掛程式，但是還不太清楚 GitHub Copilot 如何召喚。請問可以介紹一下召喚的方式嗎？

> 當然可以！我很高興你問了這個問題。以下是幾種常用的召喚的方式：
>
> 1. 在編輯器中自動完成程式碼：當你開始輸入程式碼時，GitHub Copilot 會自動提供相關的完成建議。你可以使用鍵盤上的方向鍵選擇建議，然後按 Enter 鍵或 Tab 鍵接受完成。
>
> 2. 使用快速鍵觸發程式碼完成：如果你想在任意位置觸發程式碼完成，可以使用快速鍵 Ctrl+Enter（Windows）或 Cmd+ Enter（macOS）。GitHub Copilot 會根據上下文提供相關的程式碼完成建議。
>
> 3. 在 Chat 視窗中與我對話：你可以按一下 VS Code 側邊欄上的 Chat 圖示，開啟 Chat 視窗。在這裡，你可以直接向 GitHub Copilot 提問，GitHub Copilot 會盡其所能為你提供幫助和建議。
>
> 4. 使用命令選擇區召喚：按快速鍵 Ctrl+Shift+P（Windows）或 Cmd+Shift+P（macOS）開啟命令選擇區，然後輸入「GitHub Copilot」，你會看到一系列與相關的命令，如 GitHub Copilot: Open Chat、GitHub Copilot: Enable/Disable 等。
>
> 這些都是召喚 GitHub Copilot 的常用方式，你可以根據自己的習慣和需求選擇合適的方式。當然，如果你有任何其他的問題或需求，隨時都可以在 Chat 視窗中向 GitHub Copilot 提問。GitHub Copilot 會一如既往地為你提供幫助和支援。

> 謝謝你的詳細介紹！我發現 VS Code 的狀態列上也有一個 GitHub Copilot 的圖示，這個圖示有什麼用途嗎？

很好的觀察！VS Code 狀態列上的 GitHub Copilot 圖示確實有一些特殊的用途。

1. 顯示 GitHub Copilot 的狀態：當 GitHub Copilot 處於活動狀態時，圖示會呈現為彩色；當 GitHub Copilot 被禁用時，圖示會變成灰色。透過觀察圖示的顏色，你可以快速瞭解 GitHub Copilot 的目前狀態。

2. 控制 GitHub Copilot 的啟用／禁用：按一下 GitHub Copilot 圖示，會彈出一個小功能表，其中包含「Enable GitHub Copilot」和「Disable GitHub Copilot」兩個選項。你可以透過這個功能表快速啟用或禁用 GitHub Copilot，而無須開啟設定或命令選擇區。

3. 存取 GitHub Copilot 的設定：在 GitHub Copilot 圖示的功能表中，還有一個「Open Settings」選項。按一下它，會直接跳到 VS Code 的設定頁面，並自動跳到 GitHub Copilot 相關的設定項目。透過這個頁面，你可以輕鬆調整 GitHub Copilot 的各種行為和偏好設定。

總的來說，VS Code 狀態列上的 GitHub Copilot 圖示提供了一種快速、直覺的方式管理 GitHub Copilot 的狀態和設定。建議你在日常使用中多留意這個圖示，並根據需要進行操作。如果你對 GitHub Copilot 的設定有任何疑問，也歡迎隨時向我提問。

至此，我們學會了多種召喚 GitHub Copilot 的方式，包括自動完成、快速鍵觸發、Chat 視窗對話、命令選擇區等。這些方式各有特點，可以根據不同的場景和需求進行選擇。我們還瞭解到，VS Code 狀態列上的 GitHub Copilot 圖示也有一些特殊的用途，如顯示 GitHub Copilot 的狀態、控制 GitHub Copilot 的啟用／禁用、存取 GitHub Copilot 的設定等。

GitHub Copilot 提供的這些召喚方式和管理功能，使得我們可以更加靈活、更有效率地使用它的服務。無論是在程式編寫過程中自動完成程式碼，還是在遇到問題時主動尋求幫助，GitHub Copilot 都能夠以適合的方式及時回應，為我們提供有明確目的的建議和支援。

3.2.7 編寫第一個 Python 程式

經過前面的步驟，我們已經成功安裝了 Python 直譯器、VS Code 整合開發環境和 GitHub Copilot。現在，是時候編寫我們的第一個 Python 程式了！這一刻，我們終於要從程式編寫小白變成真正的 Python 開發者了。

雖然編寫第一個程式看似簡單，但對於初學者來說，可能會有很多疑問：程式應該包含哪些內容？如何執行程式？出錯了應該如何偵錯？別擔心，我們可以向 GitHub Copilot 求助，它會一步一步教我們編寫和執行第一個 Python 程式。

> 嗨，GitHub Copilot，我想編寫第一個 Python 程式，可以列印出「Hello, World!」。請問應該怎麼做呢？

> 太好了，你已經邁出了編寫程式的第一步！要編寫一個列印「Hello, World!」的 Python 程式，非常簡單。
>
> 1. 開啟 VS Code，建立一個新檔案，將其命名為「hello.py」。
> 2. 在檔案中輸入以下程式碼。
>
>    ```
>    print('Hello, World!')
>    ```
>
> 3. 儲存檔案，然後按 F5 鍵或者選擇功能表列的「Run」→「Start Debugging」命令來執行程式。
> 4. 在 VS Code 的終端機中，你應該能看到輸出的「Hello, World!」。

就是這麼簡單！print() 函式是 Python 中常用的輸出函式，它可以將括號內的內容列印到主控台上。你可以嘗試列印其他內容，或者多列印幾行。記住，Python 中的字串需要用單引號或雙引號括起來。

在 GitHub Copilot 的指導下，我們輕鬆地完成了第一個 Python 程式的編寫和執行。我們學會了如何使用最基本的 print() 函式來列印內容。透過向 GitHub Copilot 提問，我們得到了清楚、全面的解答，並且還瞭解到 print() 函式還有更多用法等待我們去探索。

3.3 利用 GitHub Copilot 快速建構 Chrome 擴充功能

對於初學者或之前未涉足瀏覽器擴充功能開發的程式開發人員而言，建立一個實用的 Chrome 擴充功能，例如具有一鍵清除瀏覽資料功能的程式，絕非易事。這不僅需要學習 HTML、CSS 和 JavaScript，還要深入瞭解瀏覽器擴充功能的 API。有些開發者對 HTML、CSS 和 JavaScript 相當熟悉，但對瀏覽器擴充功能的 API 卻知之甚少，平時雖然常用瀏覽器擴充功能，卻從未嘗試自己開發。每當想到需要學習大量的瀏覽器特性和 API，以及在開發過程中可能遇到的種種問題，都會感到力不從心，因而一直未曾動手。然而，自從 GitHub Copilot 的出現，我們才發現開發一個瀏覽器擴充功能可能並不會佔用太多的時間。遇到難題時，GitHub Copilot 的輔助無疑可以大幅縮短解決問題的時間。

另外，從教學的角度看，如果初學者能夠在剛開始閱讀本書內容後，就能開發出一個瀏覽器擴充功能，這在沒有 GitHub Copilot 幫助的情況下，對大多數初學者來說幾乎是不可能完成的任務。但是 GitHub Copilot 的出現，降低了學習和實作的門檻，讓大多數初學者跟著步驟做，也能寫出瀏覽器擴充功能。

這個課程記錄了我們是如何使用 GitHub Copilot 快速建構 Chrome 擴充功能的。在這個課程中，我們將展示如何利用提示詞引導 GitHub Copilot 編寫程式碼，快速建構一個實用的 Chrome 擴充功能，用於一鍵清除各種時間範圍內的瀏覽資料。即便你是初學者，跟著步驟做，也能很快上手。

在開始之前，我們先簡單瞭解一下 Chrome 擴充功能的基礎知識：

- Chrome 擴充功能其實就是一個帶有特殊功能和權限的網頁，可以訂製瀏覽器的功能和行為。

- 每個擴充功能都必須包含一個 manifest.json 檔案，這是擴充功能的設定檔，即宣告了擴充功能的名稱、版本、需要的權限等資訊。

- 擴充功能的使用者介面可以是一個一般網頁（popup.html），也可以是一個按一下圖示後彈出的視窗。

- 擴充功能的後台邏輯由一個 service worker 腳本（background.js）控制，它可以監聽瀏覽器事件，呼叫擴充功能 API 執行任務。

- 在 Chrome 擴充功能的程式碼檔案中，我們可以加入註解格式的提示詞。因此瞭解在程式碼中如何寫註解很有必要。在 HTML 檔案中，註解是透過 <!-- 開始，以 --> 結束的。這種方式允許你加入不會被瀏覽器解析的註解內容。而在 JavaScript 檔案中，註解可以使用兩種方式：單行註解，使用 // 開頭；多行註解，使用 /* 開頭，以 */ 結束。在大多數程式語言中，產生註解的快速鍵通常是一樣的。對於單行註解，通常是 Ctrl + /（在 Windows/Linux 上）或 Cmd + /（在 macOS 上）。

瞭解了這些基礎知識後，我們就可以藉助 GitHub Copilot 的程式碼協助工具來實作擴充功能了。即使你不知道這些基礎知識，也可以詢問 GitHub Copilot。

第一步：建立專案目錄和 manifest.json 檔案

新建一個資料夾，命名為 build-a-browser-extension，作為擴充功能的根目錄。在 VS Code 中開啟 GitHub Copilot 的聊天面板。輸入以下問題：

> 如何建立 Chrome 擴充功能？檔案結構應該是什麼樣子的？

GitHub Copilot 將提供以下建議：

> 建立 Chrome 擴充功能需要以下幾個步驟：
>
> 1. 建立一個新的資料夾存放擴充功能的檔案。
> 2. 在這個資料夾中，建立一個名稱為 manifest.json 的檔案。
> 3. 建立 JavaScript 檔案來實作功能。
> 4. 建立 HTML 檔案作為使用者介面。
> 5. 加入 CSS 檔案以美化介面。
>
> 推薦的檔案結構：
>
> ```
> my_extension/
> ├── manifest.json
> ├── background.js
> ├── popup.html
> └── popup.js
> ```

範例 manifest.json 檔案內容：

```json
{
  "manifest_version": 3,
  "name": "My Extension",
  "version": "1.0",
  "description": "A simple Chrome Extension",
  "action": {
    "default_popup": "popup.html"
  },
  "permissions": ["activeTab", "storage"],
  "background": {
    "service_worker": "background.js"
  }
}
```

根據 GitHub Copilot 的建議，新建以下四個檔案：

```
├── manifest.json
├── background.js
├── popup.html
└── popup.js
```

開啟 manifest.json 檔案。在檔案最上方輸入以下內容，作為建立 Chrome 擴充功能的提示詞：

```
清除瀏覽器快取的 Chrome 擴充功能的 Manifest 檔案。

Manifest 版本：3

擴充功能的權限包括：storage（儲存）、tabs（標籤頁）、browsingData（瀏覽資料）
```

輸入一個空的大括號 {}，然後按 Enter 鍵，觸發 GitHub Copilot 產生符合提示的程式碼。

GitHub Copilot 建議的程式碼片段將以斜體顯示，按 Tab 鍵確認接受程式碼。最終的 manifest.json 檔案如下所示：

```json
{
  "manifest_version": 3,
  "name": "Clear Cache",
  "version": "1.0",
  "permissions": [
```

```
    "storage",
    "tabs",
    "browsingData"
  ],
  "action": {
    "default_popup": "popup.html"
  }
}
```

這段 JSON 宣告了擴充功能的基本資訊和所需的權限。刪除最上方的提示詞，僅保留從大括號開始的程式碼。

- storage：儲存資料。
- tabs：操作瀏覽器標籤頁。
- browsingData：清除瀏覽資料。

如果 VS Code 顯示了錯誤提示，例如出現了提示詞回報錯誤的紅色波浪線，那麼解決方法是刪除提示詞，只留下大括號開始的程式碼。

這樣，我們就完成了 Chrome 擴充功能的專案目錄和 manifest.json 檔案的建立。接下來，我們可以繼續建立 popup 頁面。

第二步：建立 popup 頁面

在 popup.html 檔案中，我們將使用一個多行註解來描述希望彈出的視窗的設定。此視窗是使用者按一下擴充圖示後會看到的介面。在檔案的最上方輸入以下多行註解，作為 GitHub Copilot 產生程式碼的提示：

```
<!--
用於清除瀏覽器快取的 Chrome 擴充功能的 HTML。連接到名稱為 popup.js 的 JavaScript 檔案和名稱為 style.css 的 CSS 檔案。將呈現以下帶有 ID 的按鈕：
-"All History"
-"Past Month"
-"Past Week"
-"Past Day"
-"Past Hour"
-"Past Minute"
將呈現一個帶有 ID "lastCleared" 的空段落
-->
```

在註解下方留一個空白行，然後按 Enter 鍵。此時，GitHub Copilot 會根據註解產生一個包含六個按鈕和一個段落的 HTML 頁面框架，並自動連結到 popup.js 和 style.css。GitHub Copilot 的程式碼建議會以斜體字顯示。

查看 GitHub Copilot 產生的程式碼建議，如果滿足需求，那麼可以透過按 Tab 鍵接受建議。這將自動填充整個 HTML 結構。完成後的程式碼如下所示：

```html
<!DOCTYPE html>
<html>
<head>
    <link rel="stylesheet" type="text/css" href="style.css">
</head>
<body>
    <button id="All History">All History</button>
    <button id="Past Month">Past Month</button>
    <button id="Past Week">Past Week</button>
    <button id="Past Day">Past Day</button>
    <button id="Past Hour">Past Hour</button>
    <button id="Past Minute">Past Minute</button>
    <p id="lastCleared"></p>
    <script src="popup.js"></script>
</body>
</html>
```

第三步：建立 background.js 腳本

在開發 Chrome 擴充功能時，background.js 腳本是管理和處理後台活動的核心部分。這一步我們將設定擴充功能的安裝和訊息接收處理。

開啟檔案命名為 background.js 的檔案。在檔案的起始處，我們將使用多行註解來描述擴充功能的工作內容。這些註解將作為 GitHub Copilot 產生程式碼的引導：

```
/*
服務工作緒程用於 Chrome 擴充功能
需處理擴充功能安裝時的情況
需處理接收到訊息時的情況
*/
```

在註解下方留一個空行，然後按 Enter 鍵。此時 GitHub Copilot 會根據註解產生程式碼。首先，它會建議加入一個監聽器完成擴充功能的安裝：

```
// When extension is installed
chrome.runtime.onInstalled.addListener(() => {
    console.log('Extension Installed');
});
```

接受這段程式碼後，再次按 Enter 鍵並接受 GitHub Copilot 建議的第二個監聽器，用於處理接收到的訊息：

```
// When message is received
chrome.runtime.onMessage.addListener((message, sender, sendResponse) => {
    console.log('Message Received');
    console.log(message);
    sendResponse('Message Received');
});
```

選取剛剛產生的兩個程式碼片段，按一下滑鼠右鍵在彈出的功能表中選擇「GitHub Copilot」→「對此進行解釋」命令，或者使用快速鍵 Ctrl+I 發起一個行內聊天，輸入斜線 /，選擇 /explain。GitHub Copilot 提供的解釋如下：

- chrome.runtime.onInstalled.addListener，這個事件監聽器在擴充功能安裝時觸發。
- chrome.runtime.onMessage.addListener，這個事件監聽器在擴充功能接收到訊息時觸發。

第四步：測試瀏覽器擴充功能

在這一步中，我們將載入並初步測試我們的 Chrome 擴充功能。

1. **開啟擴充功能頁面**。在 Chrome 瀏覽器中，輸入 chrome://extensions/ 並按 Enter 鍵開啟擴充功能管理頁面。
2. **啟用開發者模式**。在擴充功能管理頁面右上角有一個「開發者模式」開關，按一下將其開啟。
3. **載入擴充功能**。按一下左上角的「載入已解壓的擴充功能」按鈕，然後選擇包含你的 Chrome 擴充功能的資料夾進行上傳。

4. **測試擴充功能**。載入完畢後，在 Chrome 瀏覽器的功能表列右側，按一下拼圖樣式的擴充圖示，找到並按一下你的擴充功能圖示。嘗試按一下其中的按鈕。由於我們還沒有編寫任何互動性程式碼，所以不會看到任何變化。

5. **準備編寫互動邏輯**。在下一步，我們將使用 GitHub Copilot 加入互動邏輯。我們期望的互動是：使用者按一下不同的按鈕後，擴充功能將幫助清除瀏覽器資料。互動邏輯將定義使用者按一下後程式如何回應。

第五步：建立 popup 頁面的互動邏輯

當不確定應該在哪個檔案中編寫程式碼時，可以在 GitHub Copilot 的聊天面板詢問，例如：「我在開發一個瀏覽器擴充功能，想要做出 xx 功能。我的檔案結構如下⋯⋯我應該在哪個檔案中編寫程式碼？」

設定 popup.js。開啟 popup.js 檔案，在檔案起始處加入如下註解，以指導 GitHub Copilot 幫助我們編寫需要的程式碼。處理六個按鈕的按一下事件，同時產生兩個輔助函式，用於格式化時間戳記，以及在頁面上顯示清除成功的訊息。

```
/*
本程式是一個用於清除瀏覽器快取的 Chrome 擴充功能。

處理按鈕按一下事件：

-ID 為 "allHistory" 的按鈕用於清除所有快取歷史紀錄

-ID 為 "pastMonth" 的按鈕用於清除過去一個月的快取歷史紀錄

-ID 為 "pastWeek" 的按鈕用於清除過去一週的快取歷史紀錄

-ID 為 "pastDay" 的按鈕用於清除過去一天的快取歷史紀錄

-ID 為 "pastHour" 的按鈕用於清除過去一小時的快取歷史紀錄

-ID 為 "pastMinute" 的按鈕用於清除過去一分鐘的快取歷史紀錄

建立函式以完成：

- 將日期和時間轉換為人類可讀的格式

- 在 ID 為 "lastCleared" 的段落中加入 " 成功清除快取 " 及日期和時間
```

*/

完成程式碼編寫後，請確保儲存檔案。這樣，當使用者按一下不同的按鈕時，就會觸發相關的清除操作。這個擴充功能的核心功能依賴 Chrome 擴充功能的 browsingData API，它允許我們清除不同類型的瀏覽資料。

在程式碼編輯器中，在需要 GitHub Copilot 續寫程式碼的地方，插入一個空行。這個空行告訴 GitHub Copilot 從這裡開始產生新的程式碼。通常我們按兩次 Enter 鍵，啟動續寫程式碼功能。重複這個續寫過程，直到 GitHub Copilot 輸出「Path:build-a-browser- extension/manifest.json」，即表示目前任務已經完成。

```javascript
document.getElementById('allHistory').addEventListener('click', () => {
    chrome.browsingData.remove({}, {
        "appcache": true,
        "cache": true,
        "cookies": true,
        "downloads": true,
        "fileSystems": true,
        "formData": true,
        "history": true,
        "indexedDB": true,
        "localStorage": true,
        "pluginData": true,
        "passwords": true,
        "serviceWorkers": true,
        "webSQL": true
    }, () => {
        console.log('Cache Cleared');
        document.getElementById('lastCleared').innerHTML = 'Successfully cleared cache: ' + new Date().toLocaleString();
    });
});

// 與其他按鈕的事件監聽器程式碼類似，省略以節省空間

function humanReadableDate(date) {
    return date.toLocaleString();
}

function humanReadableTime(date) {
    return date.toLocaleTimeString();
}
```

```
function humanReadableDateTime(date) {
    return date.toLocaleString() + ' ' + date.toLocaleTimeString();
}

function humanReadableDateTimeParagraph(date) {
    return 'Successfully cleared cache: ' + humanReadableDateTime(date);
}
// Path: build-a-browser-extension/manifest.json
```

此時產生了六個按鈕的按一下事件處理函式，每個函式都會呼叫 chrome.browsingData.remove() 方法，傳入不同的時間參數來清除相關時間範圍內的資料。

當我們熟練掌握程式編寫後，碰到 GitHub Copilot 產生了不必要的函式或程式碼的情形，可以仔細檢查並刪除，確保程式碼簡潔且只包含完成功能所必需的部分。

第六步：美化 popup 頁面的樣式

如果想要讓按鈕看起來更美觀，怎麼辦呢？為了改善瀏覽器擴充功能的按鈕的外觀，我們需要對其樣式進行調整。

首先，繼續在原來的 GitHub Copilot 聊天面板詢問：「那我要怎麼美化我的按鈕呢？我該在哪個檔案寫程式碼？」如圖 3-1 所示。在開發程式的過程中，我們一直與 GitHub Copilot 保持在同一個聊天串，由於 GitHub Copilot 有連續對話的能力，它會記住我們最近的聊天紀錄，此時我們可以不給它加入上下文，它也能瞭解我們的問題。

根據 GitHub Copilot 回答的第一個步驟，首先開啟 styles.css。我們卻發現在目錄下沒有這個檔案？因為在新建目錄和檔案階段，我們的目錄結構中並沒有新建這個檔案。根據 GitHub Copilot 回答，在 popup.html 檔案中，透過標籤引入這個 CSS 檔案，但我們沒有這個檔案，那麼對於 popup.html 檔案來說，引用就是無效的。下面要解決這個問題，即新建一個 styles.css 檔案。

3.3 利用 GitHub Copilot 快速建構 Chrome 擴充功能

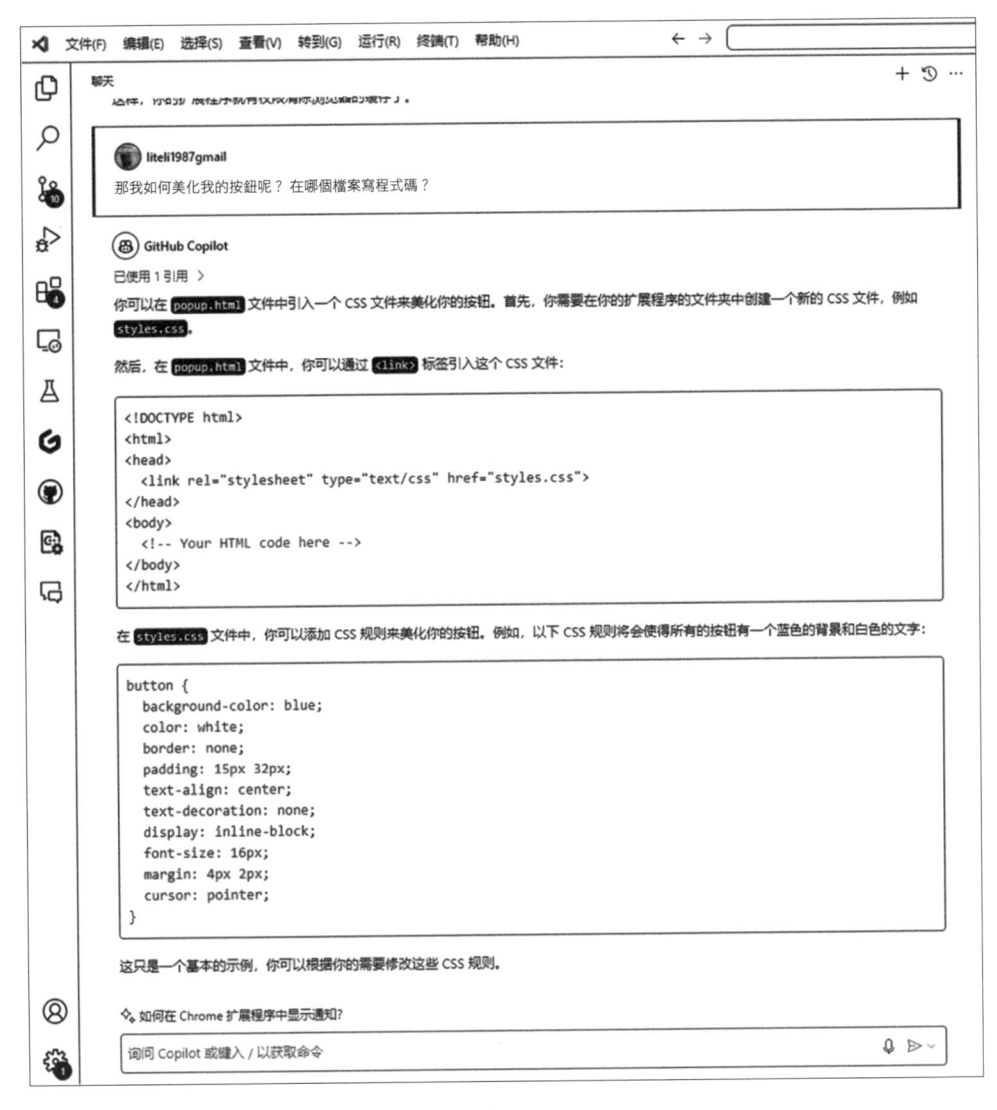

圖 3-1

在檔案起始處輸入包含提示詞的註解，描述所需的樣式。

```
/* 為 Chrome 擴充功能的快顯視窗設定更寬、更高的樣式

使用易於存取的顏色和字體

使 h1 元素易於閱讀

滑鼠指標停在按鈕上時進行高亮顯示
```

```
按一下按鈕時進行高亮顯示將按鈕排列成一列並居中對齊,但要均勻地分散它們

使段落加粗且易於閱讀

*/
```

接下來,GitHub Copilot 會根據你的描述,給整個視窗、標題、按鈕和文字產生合適的 CSS 規則。有些細節可以根據喜好自己調整。

但是按兩次 Enter 鍵後,什麼也沒有發生。這裡我們需要提示 GitHub Copilot,輸入「body」並繼續按 Tab 鍵,直到 GitHub Copilot 提供所有樣式的建議。body 標籤包含了網頁的所有內容,如段落、清單、連結、圖片、表格、表單等。

當我們輸入「body」並按空白鍵後,GitHub Copilot 開始寫入樣式程式碼。繼續重複按兩次 Enter 鍵,再按 Tab 鍵接受程式碼,直到 GitHub Copilot 顯示的建議中包含了此檔案名稱的註解時再停止。

這一步也可以直接複製 popup.html 的所有內容,在聊天面板讓 GitHub Copilot 幫助我們寫樣式,不用一步一步接受程式碼建議。

為了方便我們確認這些樣式是否已經生效,在 styles.css 中找到代表背景顏色的「background-color」,將背景顏色修改為喜歡的顏色。按一下色塊符號,出現調色盤,選擇顏色後,顏色程式碼會自動修改。這裡我們選擇的顏色是粉色。

此時我們迫不及待地想要去查看背景顏色是否生效了。我們繼續上傳至擴充功能,按一下拼圖圖示,彈出我們的程式。什麼都沒變,按一下也沒有任何反應。這一定是遇到了問題?但是問題是什麼?如何解決呢?

於是我們向 GitHub Copilot「抱怨」:「我剛剛按照你說的把這些檔案都建立了,但是現在樣式並沒有改變。」

GitHub Copilot 回答:

```
如果你的樣式沒有改變,那麼可能有以下幾個原因:

1. 確保你的 CSS 檔案名稱在 `popup.html` 檔案中正確引用。例如,如果你的 CSS 檔案名稱為
   `styles.css`,那麼在 `popup.html` 檔案中應該是 `<link rel="stylesheet" type="
   text/css" href="styles.css">`。
```

2. 確保你的 CSS 檔案和 `popup.html` 檔案在同一目錄下。如果不在同一目錄下，那麼你需要在 `href` 屬性中指定正確的路徑。

3. 確保你的 CSS 規則正確。例如，如果你想改變所有按鈕的背景顏色，那麼你應該使用 `button` 選擇器，而不是特定的 ID 或 class。

4. 確保已經重新載入了擴充功能。在 Chrome 中，你需要在擴充功能頁面按一下「更新」按鈕來重新載入擴充功能。

5. 如果你的擴充功能有錯誤，那麼 Chrome 會在擴充功能頁面顯示錯誤資訊。你可以檢查這些錯誤資訊，找出問題。

如果以上都沒有問題，那麼你的樣式應該可以正常工作。如果還有問題，則你可能需要檢查你的程式碼是否有其他錯誤。

檢查到第一步，我們就會發現原來 popup.html 檔案中引用的是 <link rel="stylesheet" type="text/css" href="style.css">，而我們的 CSS 檔案是 styles.css。此時，修改 popup.html 檔案中引用的檔案名稱 <link rel="stylesheet" type="text/css" href="styles.css"> 可解決該問題。這裡暴露出來使用 GitHub Copilot 的一個問題，由於大型語言模型（LLM）是採用數學統計的方式預測下一個字詞的，styles.css 和 style.css 都是大機率字詞，因此在預測的時候並沒有考慮我們目前檔案中真實存在的檔案名稱。

修改後再次上傳檔案至瀏覽器擴充功能。每次修改程式碼後需要重新上傳檔案。開啟查看後，背景顏色修改成功。

第七步：在瀏覽器中載入和測試擴充功能

當我們迫不及待地按一下按鈕，還是什麼都沒有發生。我們不是已經讓它寫了按一下事件了嗎？問題又出在哪裡了？

於是詢問 GitHub Copilot：

```
剛剛寫了按鈕的按一下事件，但是什麼都沒發生。其中一個按下事件是：
--- document.getElementById('allHistory').addEventListener('click', () => {
    chrome.browsingData.remove({}, {
        "appcache": true,
        "cache": true,
        "cookies": true,
        "downloads": true,
        "fileSystems": true,
```

```
      "formData": true,
      "history": true,
      "indexedDB": true,
      "localStorage": true,
      "pluginData": true,
      "passwords": true,
      "serviceWorkers": true,
      "webSQL": true
    }, () => {
      console.log('Cache Cleared');
      document.getElementById('lastCleared').innerHTML = 'Successfully cleared cache: ' + new Date().toLocaleString();
    });
});
---
```

在這個提示詞中，我們複製了第一個按鈕的按一下函式程式碼片段，這樣可以針對這個程式碼片段進行提問，使 GitHub Copilot 回答得更準確。如果提示詞包含的程式碼片段過多，超過最大的上下文長度，那麼我們將會得到 GitHub Copilot 的提醒資訊——「抱歉，此訊息太長。請嘗試較短的問題。」提示詞技巧在本書第 6 章會詳細介紹。

GitHub Copilot 的回答：

你的程式碼看起來是正確的，但是可能存在以下幾個問題：

1. 確保你的按鈕的 ID 在 HTML 檔案中正確設定。在你的 JavaScript 程式碼中，你使用 `document.getElementById('allHistory')` 來取得按鈕，所以你的按鈕的 ID 應該是 `allHistory`。在你的 HTML 檔案中，按鈕的 ID 應該是 `<button id="allHistory">All History</button>`。

2. 確保你的 JavaScript 檔案在 HTML 檔案中正確引用。你應該在 `popup.html` 檔案的底部，使用 `<script src="popup.js"></script>` 來引入你的 JavaScript 檔案。

3. 確保你的擴充功能有清除瀏覽器資料的權限。在你的 `manifest.json` 檔案中，你需要加入 `browsingData` 到 `permissions` 陣列中。

4. 確保你已經重新載入了擴充功能。在 Chrome 中，你需要在擴充功能頁面按一下「更新」按鈕來重新載入你的擴充功能。

5. 如果你的擴充功能有錯誤，那麼 Chrome 會在擴充功能頁面顯示錯誤資訊。你可以檢查這些錯誤訊息，找出問題。

如果以上都沒有問題，那麼你的按一下事件應該可以正常工作。如果還有問題，則你可能需要檢查你的程式碼是否有其他錯誤。

根據提示首先要確認按鈕的 ID 在 HTML 檔案中的設定。以第一個按鈕為例，在 popup.html 中尋找 ID，<button id="All History">All History</button>，而我們的 popup.js 第一個函式是 document.getElementById('allHistory')。問題在於沒有正確設定按鈕的 ID 值。

這個錯誤的原因，跟上一次錯誤相同，在這個上下文中「All History」和「allHistory」的出現機率相當，模型會根據這些機率和其他相關因素決定最終生成的語詞。結果是產生了兩個不同的語詞。與這兩次錯誤的交鋒，我們越來越熟悉 GitHub Copilot 在什麼情況下會犯錯，這對於我們獨立查出錯誤，至關重要。

找到問題後，我們修改這個問題。對按鈕的 ID 進行檢查和修改。繼續將該專案檔案上傳至擴充功能，按一下按鈕測試一下，整個程式就完成了。這裡提醒一下，不要每個按鈕都去測試，比如筆者按一下了第一個「刪除所有快取」的按鈕後，導致的結果是需要重新輸入網站的登入資訊才能登入，因為快取中的 Cookie 都被刪除了。

以上就是利用 GitHub Copilot 開發一個簡單的 Chrome 擴充功能的完整流程了。我們可以看到，得益於 GitHub Copilot 強大的程式碼產生和建議能力，即使是初學者也能在短時間內學會開發實用的擴充功能。

希望透過這個課程，你能體會到 GitHub Copilot 在 Chrome 擴充功能開發中的實際應用。以後你在開發自己的擴充功能時，也可以充分利用這一工具，提高開發效率，讓更多奇思妙想得以現實。

有興趣的讀者，可以繼續嘗試給擴充功能加入一個圖示，以及完成打包發布到 Chrome 商店的流程。完成後，可以分享給家人和朋友，這樣會讓程式更完整。

3.4 本章小結

本章介紹了 AI 輔助編寫程式工具透過提供即時程式碼產生、錯誤修正和即時回饋的互動式學習方式，幫助我們提升學習編寫程式的效率。本章詳細介紹了如何下載和安裝 Python 直譯器、安裝和設定 VS Code 等必備步驟，確保讀者快速建立起學習編寫程式所需的環境，並透過範例「利用 GitHub Copilot 快速建構 Chrome 擴充功能」，展示了如何用 GitHub Copilot 輔助編寫程式。

4 利用 GitHub Copilot 快速入門 Python

本章我們將介紹如何利用 GitHub Copilot 快速入門 Python。無論是初學者學習 Python，還是程式開發人員學習另外一門新的程式語言，這種學習方式都可以幫助到我們。經過測試，我們透過註解的方式向 GitHub Copilot 描述要學習的 Python 基礎概念和知識點，GitHub Copilot 負責產生相關的知識點解釋及可執行的範例程式碼，以幫助我們瞭解每行程式碼。

4.1 Python 真的那麼難學嗎？

Python 是一門簡單易學的程式語言，其最大的特點之一就是語法簡潔、程式碼可讀性強。對初學者而言，Python 並沒有想像中的那麼高深莫測。下面將示範如何在不深入研究的情況下利用 Python 進行程式編寫。

Python 之所以簡單易學，主要歸功於其簡潔的語法設計和直觀的程式碼結構。與其他一些程式語言相比，Python 的語法更加簡潔，程式碼結構也更加直觀。這使得初學者能夠快速上手，瞭解基本的程式編寫概念，並開始編寫自己的程式。

對程式編寫新手來說，筆者建議從零開始學習 Python。不需要擔心複雜的虛擬環境設定，只需直接安裝 Python（macOS 系統已經內建，無須安裝），然後就可以開始編寫程式碼了。在安裝過程中，會有一個提示詢問是否將 Python 加到系統路徑。這個步驟雖然簡單，但對初學者來說非常重要，因為它會簡化後續的程式編寫工作，讓你可以隨時隨地都能輕鬆執行 Python 程式。

Python 程式碼的可讀性非常強，幾乎就像是在閱讀英語一樣。這得益於 Python 語法的幾個特點：其一，Python 採用了簡潔的語法設計，用縮排表示程式碼區塊，用冒號表示程式碼區塊的開始，程式碼簡練且語意清晰；其二，Python 使用了非常直觀的關鍵字，如 and、or、not 等，這些詞彙的涵義與日常用語一致，讀起來就像自然語言，非常容易瞭解；其三，Python 提倡使用有意義的變數、函式名稱，這種命名風格可以明確表達出程式碼的功能和涵義。正是由於語意明確，Python 常被譽為「可執行的虛擬碼」，適合作為程式編寫入門語言。

除語法簡潔、可讀性強之外，Python 另一大優勢在於其生態系統非常豐富和完善。Python 擁有大量的第三方函式庫，涵蓋了資料分析、網路爬蟲、自動化運作維護、Web 開發等諸多領域。在人工智慧領域，Python 更是佔據了主導地位。目前，超過 50% 的機器學習和深度學習框架都是根據 Python 建構的。諸如 Numpy、Pandas、Matplotlib、TensorFlow、PyTorch 等知名庫都是 Python 陣營的重要成員。藉助 Python，開發者可以快速完成資料準備、演算法原型等關鍵步驟。

下面透過一個範例示範 Python 語言的可讀性：

```
students = ['Tom', 'Jack', 'Mary', 'Jerry']
for stu in students:
    if stu.startswith('J'):
        print(stu)
    else:
        print("name", stu, "does not start with J")
```

本書選擇使用 Python 作為教學語言，根據以下幾個原因：

1. Python 入門簡單，語法優雅，適合作為程式編寫入門語言。對於沒有程式編寫經驗的讀者，Python 是一個很好的起點。

2. Python 功能強大，生態豐富。Python 不僅是一門優秀的教學語言，其在工業界和科學研究領域也有廣泛應用。Python 擁有大量的第三方函式庫，涵蓋了資料處理、網路爬蟲、自動化運作維護、Web 開發等多個領域。藉助 Python，我們可以非常有效率地開發出各種實用程式。

3. Python 在人工智慧領域具有統治地位。目前，Python 是人工智慧、機器學習、深度學習等領域的主導語言。諸如 Numpy、Pandas、Matplotlib、Scikit-learn、TensorFlow、PyTorch 等知名函式庫，都是根據 Python 建構的。可以說，Python 已經成為 AI 開發者的必備技能。

4. Python 易學易用，是真正的通用型語言。與 R、Matlab 等主要以科學計算和資料分析為導向的程式編寫環境相比，Python 是一門真正的通用型語言，學習 Python 可以為進一步學習其他程式語言打下良好基礎。

綜上，Python 語法簡單、生態完善，在 AI 領域又具有絕對優勢，因此是入門程式語言的不二選擇。下面我們透過一個簡單的資料分析範例直觀感受 Python 的簡單之處，以及 AI 輔助程式編寫工具是如何輔助編寫 Python 程式的。假設我們有一個銷售資料的 CSV 檔案，現在要統計出銷售額最高的三名員工。使用類似 GitHub Copilot 的 AI 輔助程式編寫工具，我們只需輸入簡單的任務描述，如「讀取 CSV 檔案，傳回按銷售額降冪排列的前三名員工資訊」，AI 輔助程式編寫工具就可以自動產生完整的 Python 程式碼。即使是程式編寫新手，也能在短時間內完成資料分析等實用任務，極大降低了程式編寫學習的難度。

作為初學者，現在看不懂程式碼沒有關係，這個示範過程是讓大家看到我們只要把任務描述清楚，AI 輔助程式編寫工具就會幫助我們寫出 Python 程式碼。很多人不敢學習程式編寫是因為害怕數學計算，但是透過 AI 輔助程式編寫工具即使是涉及資料處理的任務，我們也可以透過語言表達進行程式編寫。

首先我們要瞭解以下知識。

- GitHub Copilot：GitHub Copilot 是 VS Code 中的一款外掛程式。這個外掛程式可以根據檔案中的註解，在游標處自動插入程式碼。它利用 AI 技術，根據上下文瞭解我們的需求並產生相關的程式碼。在這個範例中，我們並不編寫 Python 程式碼，僅僅輸入中文的註解，GitHub Copilot 就會自動辨識和瞭解註解，並自動產生程式碼。

- VS Code：VS Code（Visual Studio Code）是一種流行的程式碼編輯器，它支援多種程式語言和豐富的延伸模組功能，使編寫和偵錯程式碼變得更容易。

- 位址欄：在 VS Code 中，位址欄指的是視窗上方的路徑顯示區域，用於顯示和導覽目前編輯的檔案路徑。

- Python 直譯器：電腦在執行 Python 程式之前需要 Python 直譯器進行翻譯，將其翻譯成機器能讀懂的機器碼。Python 直譯器承擔了讀取並執行 Python 程式碼的程式的責任。VS Code 使用 Python 直譯器來執行 Python 程式碼，這個直譯器通常是我們已經在本機電腦上安裝的 Python 程式。

- 執行 .py 檔案：當我們編寫一個 Python 腳本（副檔名為 .py 檔案）時，可以使用 Python 直譯器執行這個腳本，以便程式執行並輸出結果。在 VS Code 中執行 Python 腳本（.py 檔案）非常簡單，開啟我們要執行的 .py 檔案，按一下右上角的「執行」按鈕，或使用快速鍵 Ctrl+F5 直接執行檔案。

假設我們在 VS Code 程式碼編輯器中新建了一個 ch4 資料夾，裡面有一個銷售資料的 CSV 檔案（sales_data.csv）。圖 4-1 展示了 CSV 檔案包含了每個銷售人員的姓名、銷售額等資訊，現在需要統計出銷售額最高的三名員工。

	A	B	C	D	E	F
1	Name	Sales				
2	李华	22300.5				
3	王强	11500.25				
4	张敏	13200.75				
5	刘涛	12950				
6	陈静	11850.4				
7	赵雷	12100.2				

圖 4-1

在使用 GitHub Copilot 之前，我們新建一個 4.1.py 檔案，只需輸入以下註解（三個引號包裹起來的文字區塊）：

```
"""
定義函式 top_3_salespeople，
讀取目前資料夾內 sales_data.csv 檔案，
傳回按銷售額降冪排列的前三名員工資訊。
列印結果舉例：1. 李華 - $22300.50
"""
```

然後按 Enter 鍵，GitHub Copilot 就會自動產生出完整的函式主體：

```python
# 讀取 CSV 檔案，傳回按銷售額降冪排列的前三名員工資訊
def top_3_salespeople():
    import csv
    with open('./sales_data.csv', 'r') as f:
        reader = csv.reader(f)
        header = next(reader)
        data = [row for row in reader]
    data = sorted(data, key=lambda x: float(x[1]), reverse=True)
    for i in range(3):
        print(f"{i+1}. {data[i][0]} - ${data[i][1]}")
```

可以看到，GitHub Copilot 自動幫我們完成了從 CSV 檔案讀取資料、將資料轉換為字典格式、按銷售額排序等步驟。

接下來，我們在函式下面空格一行後，輸入三個引號（"""）開始的一個多行註解，每一行表達一個意思：

```
"""
呼叫這個函式，列印銷售額前三名員工的姓名和銷售額。
"""
```

GitHub Copilot 再次提供了以下程式碼建議：

```
top_3_salespeople()
```

按一下 VS Code 的開啟檔案位址欄的三角形下拉選項，選擇「互動式執行檔案」命令，就可以在互動式視窗看到列印的銷售額最高的三名員工，包括姓名和具體銷售額。

```
1. 李華 - $22300.50
2. 張敏 - $13200.75
3. 劉濤 - $12950.00
```

從這個例子可以看出，藉助 GitHub Copilot 等 AI 輔助程式編寫工具，即使是 Python 程式編寫新手，也能在短時間內完成資料分析等實用任務。它大幅降低了程式編寫學習的難度，讓更多人可以享受到 Python 程式編寫的樂趣。

可以預見，未來 Python 仍將在 AI 應用開發領域佔據主導地位。精通 Python 是成為 AI 開發者的第一步。

4.2 如何利用 GitHub Copilot 學 Python

下面我們正式介紹如何利用 GitHub Copilot 進行互動式 Python 程式編寫學習。我們將透過實際的程式碼範例和解釋，示範初學者如何利用 GitHub Copilot 來加深對 Python 程式編寫概念的瞭解。

學習 Python 程式編寫是一個循序漸進的過程，透過使用 GitHub Copilot，我們可以更有效率地掌握 Python 基礎知識。

下面是一個推薦的學習流程，其可以幫助我們充分利用 GitHub Copilot 的功能：

1. 閱讀提示詞註解清單。首先，閱讀我們為 GitHub Copilot 編寫的提示詞註解清單，瞭解每個板塊的基本知識點。這個清單按照一定順序排列，是後續學習內容的基礎。自學者可以根據這個清單的提示詞註解，自行學習 Python 基礎知識。跟著本書的範例學習，可以對比自己的 GitHub Copilot 在編輯器中輸出的解釋和程式碼與本書展示的是否相同，這樣可以讓我們逐步加深印象，建立知識點網絡。

2. 輸入提示詞註解。自行輸入清單中的提示詞註解，注意，要以註解的方式寫入檔案中。寫完提示詞註解後，按 Enter 鍵，等待 GitHub Copilot 產生的程式碼建議。例如，我們在提示詞註解中寫道：「# 使用 if-else 陳述式進行條件判斷」，然後 GitHub Copilot 會產生相關的程式碼。

3. 閱讀、瞭解和執行程式碼。對於 GitHub Copilot 產生的建議，我們需要仔細閱讀並加以理解。同時，也要實際執行這些程式碼並觀察執行結果。例如，當 GitHub Copilot 產生了一段迴圈程式碼，我們可以執行它，觀察輸出，藉此更深入了解迴圈結構的工作原理。

4. 輸入下一個提示詞註解。在完成一個知識點的學習和實作後，我們需要回顧提示詞註解清單，逐步輸入新的提示詞註解以學習下一個知識點，不斷循環這個步驟，直至學完全部的知識點。

假設我們正在學習 Python 的條件陳述式，按照上述步驟操作：

1. 閱讀提示詞註解清單。所有清單中都包含一個初始註解，例如，以「請使用程式碼範例說明 Python 中的識別字命名規則，以 '''開始輸出。」為開始的註解。清單最上方這段初始註解是為了讓 GitHub Copilot 參照範例輸出，保證產生的結果一致性。注意這個範例的註解後面一定要有一個空行，在空行之後再輸入清單中的其他的提示詞註解。因為在使用 GitHub Copilot 時，空行也發揮了關鍵作用。空行可以將程式碼的不同部分分隔開，使程式碼更加整潔和易於閱讀，最重要的是空行可以協助 GitHub Copilot 更準確地瞭解程式碼的結構和邏輯。每當 GitHub Copilot 完成一個程式碼區塊，比如我們接受了它的一個函式程式碼建議，隨後按兩次 Enter 鍵，這樣做的結果是增加一個空行，並且讓 GitHub Copilot 意識到新任務的開始。如果不同功能程式碼區塊之間沒有空行的隔離會導致一些錯誤。

2. 輸入提示詞註解。在程式碼檔案中寫入初始註解，初始註解在每一個 .py 檔案開頭，有固定的格式：

```
"""
請使用程式碼範例說明 Python 中的識別字命名規則，以 ''' 開始輸出。
識別字可以是小寫字母（a 到 z）或大寫字母（A 到 Z）或數字（0 到 9）或底線（_）的組合。
識別字不能以數字開頭。
識別字是區分大小寫的。
範例：
variable = 10
Variable = 20
print(variable)  # 輸出：10
print(Variable)  # 輸出：20
"""
```

為什麼要在檔案開頭加入初始註解，這點我們會在後面進一步說明。現在你只要記得一定要加入這樣的一個註解即可。

我們在初始註解後面輸入一個空行後，再輸入新的提示詞註解：

```
# 請使用程式碼範例說明 Python 的 if-else 陳述式。
```

然後按 Enter 鍵，GitHub Copilot 會產生如下程式碼：

```
"""
    if-else 陳述式是用於控制程式的流程，根據條件判斷執行不同的程式碼區塊。

    語法：

    if 條件：
        程式碼區塊 1
    else:
        程式碼區塊 2

    範例：
    x = 0

    if x < 10:
        print("x is less than 10")
        print("Inside the if block")
```

```
    else:
        print("x is greater than or equal to 10")
"""
```

注意：使用多行註解（說明字串中）是為了使用程式碼續寫功能。通常在需要 GitHub Copilot 續寫程式碼的地方插入一個空行。這個空行告訴 GitHub Copilot 從這裡開始產生新的程式碼。另外，當複製範例的程式碼時，請務必注意程式碼的縮排設定，因為 Python 程式碼的執行嚴格係依賴正確的縮排。如果縮排不正確，則程式碼將無法正常執行。請遵循 Python 的語法規則，確保 if 和 else 陳述式下的程式碼區塊具有適當的縮排。在程式編寫中，按一次 Tab 鍵（輸入一個定位字元）通常等於代表輸入四個空格。

3. 閱讀、瞭解和執行程式碼。仔細閱讀 GitHub Copilot 產生的程式碼和解釋。然後，我們可以執行這段程式碼來觀察結果。在 VS Code 中，可以透過以下方式執行產生的程式碼。開啟想要執行的 .py 檔案，使用滑鼠按右鍵編輯器視窗，然後在彈出的功能表中選擇「在終端機中執行 Python 檔案」命令，或者在終端機中輸入「python filename.py」（替換「filename.py」為實際的檔案名）並按 Enter 鍵執行。還有一種更簡便的方式是按一下「執行」按鈕。在 VS Code 視窗上方，按一下「執行」按鈕（三角形圖示），或者按快速鍵 Ctrl+F5（Windows/Linux）或 Cmd+F5（macOS）。

```
x = 0

if x < 10:
    print("x is less than 10")
    print("Inside the if block")

else:
    print("x is greater than or equal to 10")
```

執行程式碼後，我們會看到輸出結果。例如，對於 x = 0 的情況，輸出會是：

```
>>> x = 0
>>> if x < 10:
...     print("x is less than 10")
...     print("Inside the if block")
... else:
...     print("x is greater than or equal to 10")
```

```
...
x is less than 10
Inside the if block
>>>
```

另外我們可以嘗試修改 x = 30，再次執行後列印的是：x is greater than or equal to 10。程式編寫是一個動態的學習過程，透過不斷測試，你更容易瞭解程式碼的工作原理和潛在的問題。

4. 輸入下一個提示詞註解。在瞭解了 if-else 陳述式的基本用法後，我們可以繼續學習更複雜的條件陳述式。例如，我們可以輸入下一個提示詞註解：

```
# 請解釋並舉例說明 Python 中的 if-elif-else 陳述式
```

下面，我們透過一個範例，示範如何利用 GitHub Copilot 學習 Python 程式編寫的基礎概念，這個範例包含了很多操作細節。

第一步：輸入初始註解。

首先，我們在程式碼編輯器中輸入初始註解（多行註解或稱說明字串），描述我們想要學習的 Python 概念，並提供相關的範例：

```
"""
請使用程式碼範例說明 Python 中的識別字命名規則，以 ''' 開始輸出。
識別字可以是小寫字母（a~z）或大寫字母（A~Z）或數字（0~9）或底線（_）的組合。
識別字不能以數字開頭。
識別字是區分大小寫的。
範例：
variable = 10
Variable = 20
print(variable)   # 輸出：10
print(Variable)   # 輸出：20
"""
```

在這個例子中，我們希望瞭解 Python 中識別字的命名規則。我們提供了一些關鍵資訊，如識別字的組成字元、是否區分大小寫等，並提供了範例。

第二步：輸入一個新的提示詞註解，產生程式碼建議。

接下來，我們可以在初始註解下方輸入一個新的提示詞註解（一定要使用空行與初始註解進行隔離），要求 GitHub Copilot 產生對於「請使用程式碼範例說明 Python 中的註解方法」的回答：

```
# 請使用程式碼範例說明 Python 中的註解方法。
```

當我們輸入這個註解後，按 Enter 鍵（GitHub Copilot 透過監聽我們按 Enter 鍵來啟動產生程式碼），GitHub Copilot 檢測到這個提示後，會自動產生相關的程式碼和解釋。我們可以逐行接受它的建議，直到產生完整的程式碼。由於 GitHub Copilot 的輸出並不是一定相同的，即使在初始註解的要求的約束下，它仍然會出現不一致的輸出。也就是同學 A 看到的內容跟同學 B 看到的內容並不一樣。這是由於大型語言模型（LLM）底層的演算法計算產生字詞的機率是不一樣的。

以下是 GitHub Copilot 可能產生的程式碼：

```
# 請使用程式碼範例說明 Python 中的註解方法。
"""
    Python 中的註解有單行註解和多行註解兩種方法。

    單行註解是指在程式碼中使用 "#" 符號對程式碼進行註解。

    多行註解是指在程式碼中使用三個單引號（'''）或三個雙引號（"""）對程式碼進行註解。

    範例：
    # 這是一個單行註解

    '''
    這是一個多行註解
    '''

    """
    這也是一個多行註解
    """
"""
```

從產生的程式碼中，我們可以看到 GitHub Copilot 提供了關於 Python 註解的詳細解釋和範例：

- 單行註解以 # 開頭。
- 多行註解有兩種方式：使用多個 # 號，或者使用三重引號（''' 或 """）。

第三步：繼續探索和提問。

在學習過程中，我們可以繼續向 GitHub Copilot 提出新的問題或要求更多的範例。例如，我們可以輸入提示詞註解：

```
# 請使用程式碼範例說明 Python 中的變數賦值和型別。
```

GitHub Copilot 會根據這個提示詞註解產生相關的程式碼和解釋，幫助我們深入瞭解 Python 中的變數賦值和型別。

```
# 請使用程式碼範例說明 Python 中的變數賦值和型別。
"""
    變數賦值

    變數賦值是透過指定運算子（=）來實作的。在 Python 中，變數是沒有型別的，變數可以引用任何型別的物件。

    語法：

    變數名稱 = 值

    範例：

    a = 10

    b = 20

    c = a + b

    print(c) # 輸出：30
"""
a = 10

b = 20

c = a + b

print(c) # 輸出：30
```

透過上述步驟，我們不僅能掌握 Python 的基礎知識，還能透過與 GitHub Copilot 的互動學習，提升實際程式編寫能力。這個過程可以幫助學習者逐步加深對知識點的印象，建立起穩固的知識網絡。

下面再次總結一下學習的步驟。首先，我們需要在編輯器中新建一個 Python 檔案（.py 副檔名的檔案），並在檔案起始處加入包含具體範例的提示詞註解（初始註解）。這些註解將指導 GitHub Copilot 產生相關的程式碼和解釋。

將以下初始註解加入至所有新建檔案的最上方：

```
"""
請使用程式碼範例說明 Python 中的識別字命名規則，以 ''' 開始輸出。
識別字可以是小寫字母（a~z）或大寫字母（A~Z）或數字（0~9）或底線（_）的組合。
識別字不能以數字開頭。
識別字是區分大小寫的。
範例：
variable = 10
Variable = 20
print(variable)    # 輸出：10
print(Variable)    # 輸出：20
"""
```

現在，是時候說明為什麼要在每個檔案的開頭加入這個初始註解了。該註解是一個完整的提示詞註解，完整的提示詞註解是指一個詳細、具體的描述，能夠清晰地表達我們希望 GitHub Copilot 幫助產生的程式碼或解釋內容。一個完整的提示詞註解通常包含以下元素：

● **目標**：「請使用程式碼範例說明 Python 中的識別字命名規則」明白了我們想要學習或示範的程式編寫概念。

● **規則或要求**：「以 ''' 開始輸出」具體描述該概念的規則或要求。

● **範例**：「variable = 10」提供實際的範例，以便 GitHub Copilot 瞭解並產生相關的程式碼。

如果沒有這樣的註解，GitHub Copilot 產生的內容會變得「奇形怪狀」，我們的目的是互動式學習，而不是忍受這些「奇形怪狀」。

在檔案開頭加入這個初始註解之後，我們再輸入需要學習的知識點的註解，比如在上一個範例中我們註解了「# 請使用程式碼範例說明 Python 中的變數賦值和型別」。

在檔案起始處加入初始註解之後，我們按照提示詞註解清單進行學習，每一個提示詞註解對應一個 Python 概念。透過這樣的步驟，我們可以逐步探索各個知識點。根據學習的主題，提示詞註解清單在每一節開始部分提供。格式如下：

```
# 請使用程式碼範例說明 Python 中的變數賦值和型別。
# 請使用程式碼範例說明 Python 縮排在程式碼區塊中的作用。
# 請使用程式碼範例說明 Python 中 " 一切皆物件 " 的涵義。
此處省略清單其他內容
```

透過這份清單，我們將逐步輸入提示詞註解，並讓 GitHub Copilot 為我們產生相關的程式碼建議。這種方式不僅能讓我們學習每個知識點，還能讓我們在實際操作中看到如何應用這些知識。清單的製作依據是 Python 基礎知識點的不同模組。

值得注意的是，由於 GitHub Copilot 具備的上下文感知能力，如果將這個清單的所有註解都放入一個檔案中，那麼可能會讓 GitHub Copilot 產生一些意想不到的問題，可以說是一下子給了 GitHub Copilot 太多內容，會讓它變得迷糊。為了控制學習進度，建議在一條註解執行完成後，再輸入另一條註解，逐步地學習。

當然，GitHub Copilot 並不能完全取代傳統的學習資源，如教學、書籍和課程。它更像是扮演著一個輔助者和引導者的角色，幫助讀者在學習過程中獲得即時的支援和啟發。這個過程展示了 GitHub Copilot 的互動式功能，透過你的提示詞註解，自動產生相關的程式碼建議。對初學者來說，這是一個非常有用的學習工具，可以讓其在編寫程式碼時隨時，即時獲得協助與回饋。

接下來，我們將 Python 程式編寫的基礎概念分為多個模組來學習，每個模組專注於 Python 的一個特定主題。每個主題的學習將結合 GitHub Copilot 來增強讀者的實際操作和瞭解能力。

學習路線圖

為了幫助讀者更清楚掌握學習進度，我們提供了一份路線圖（圖 4-2）。這份路線圖按照提示詞清單的順序，展示了每個知識點的學習路徑。

基本的 Python 概念和語言機制

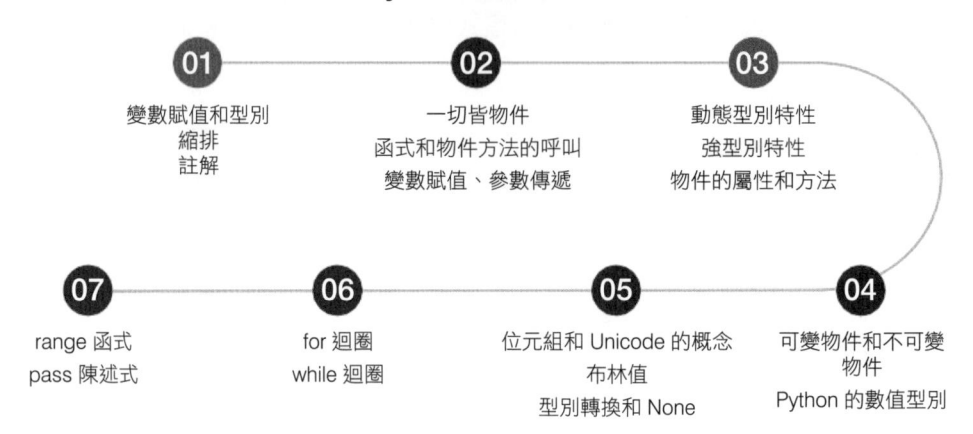

01 變數賦值和型別
縮排
註解

02 一切皆物件
函式和物件方法的呼叫
變數賦值、參數傳遞

03 動態型別特性
強型別特性
物件的屬性和方法

04 可變物件和不可變物件
Python 的數值型別

05 位元組和 Unicode 的概念
布林值
型別轉換和 None

06 for 迴圈
while 迴圈

07 range 函式
pass 陳述式

圖 4-2

在使用 GitHub Copilot 進行互動式學習時，請注意以下幾點：

- 觀察 GitHub Copilot 產生的結束標誌。當我們輸入一個提示詞註解要求 GitHub Copilot 產生程式碼建議時，通常會看到以不同的方式（如斜體和不同顏色）顯示的程式碼區塊。接受這個程式碼區塊後，它會變為正常顯示樣式。接著按 Enter 鍵插入一個空行，然後游標閃爍。如果出現新的斜體程式碼區塊，則表示 GitHub Copilot 還有更多建議。

- 辨識任務完成的訊號。GitHub Copilot 可能會透過特定的註解來表示目前任務已完成。這些註解通常包括：1）目前檔案路徑的註解；2）對目前檔案內容的總結性註解；3）重複之前的註解。這些類型的註解通常意味著 GitHub Copilot 認為目前任務已經完成。

- 處理多函式模組。在編寫包含多個函式的模組時（例如日期轉換格式模組），GitHub Copilot 的行為如下：1）它會持續提供新的函式建議；2）每次你接受一個建議（透過按 Tab 鍵），然後插入一個空行（透過按兩次 Enter 鍵），GitHub Copilot 就會在游標閃爍時提供下一個函式的建議；3）這個過程會持續進行，直到出現上述的任務完成的信號。

雖然你是按照書中的步驟進行操作，但是你的 GitHub Copilot 產生的程式碼建議可能會與本書中展示的略有不同。例如，程式碼中的具體數值、變數名稱、註解文字等可能會有所變化。然而，這些細微的不同並不會影響你的學習效果。

重要的是，我們應該留意以下幾點：

- **瞭解核心概念**。不論 GitHub Copilot 產生的程式碼建議如何變化，其核心的程式編寫概念和邏輯是不會變的。我們的目標是瞭解這些核心概念。
- **對照本書知識點**。在使用 GitHub Copilot 產生的程式碼時，請與本書的知識點進行對照，確保產生的內容與本書的解釋和範例在本質上沒有重大出入。
- **學習和改進**。對比產生的程式碼和本書中的程式碼，可以幫助我們更清楚理解不同的程式編寫方式和風格。利用這種差異，我們可以學習新的程式編寫技巧和方法。
- **大型語言模型（LLM）的可靠性**。由於我們學習的是 Python 的基礎知識，而這些內容在大型語言模型（LLM）的訓練過程中已經被準確地學習和內化。因此，GitHub Copilot 對這些問題的回答通常是可靠和準確的。

以下是一些在 GitHub Copilot 產生的程式碼建議中可能會出現的不同，以及如何處理這些差異的建議：

```
# 請舉例說明 Python 中的變數賦值和型別
x = 10
y = "hello"
z = 3.14
print(x, y, z)
```

GitHub Copilot 可能產生的程式碼建議：

```
# 請舉例說明 Python 中的變數賦值和型別
a = 42
b = "world"
c = 2.718
print(a, b, c)
```

雖然變數名稱和具體的值不同，但核心概念——變數賦值和型別是一致的。

透過這種方式，我們可以最大化 GitHub Copilot 的輔助作用，同時確保我們的學習方向和本書的內容保持一致。請在學習過程中保持靈活和開放的心態，對產生的程式碼建議進行深入的瞭解和探討。最終，我們的目標是掌握 Python 的基礎知識，並能夠應用這些知識進行程式編寫。

4.3 Python 的基本概念和語言機制

Python 以其簡潔易讀的語法和清晰的設計哲學著稱,這使得它在程式開發社群中廣受歡迎。Python 的設計者 Guido van Rossum 的目標是創造一種易於瞭解和編寫的程式語言。由於 Python 的語法簡潔且接近自然語言,它常被稱為「可執行的虛擬碼」。這是因為 Python 程式碼讀起來像是描述問題解決方案的虛擬碼,但它實際上是可以直接執行的程式。

Python 在設計上注重可讀性、簡潔性和清晰性,其中涉及的一些原則包括:

- **明瞭勝於晦澀**。清晰、直接的程式碼比晦澀、複雜的程式碼更受歡迎。
- **簡單勝於複雜**。簡單的程式碼比複雜的程式碼更易於維護和瞭解。
- **顯式勝於隱式**。優先選擇顯式的表達方式,而非隱含的寫法。

這些原則將會幫助我們瞭解 Python 概念和語言機制。

Python 被稱為「可執行的虛擬碼」,這凸顯了其設計哲學的簡潔、簡單、類似人類自然語言。但它實際是程式語言,是使用 Python 直譯器來執行的程式碼。

在接下來的學習過程中我們會使用很多用中文表達的虛擬碼:這種虛擬碼通常使用自然語言(如中文)描述演算法的邏輯和步驟,不具備直接的可執行性。它更像是一種演算法描述的方式,著重於清晰地表達思想,而不是具體的語法規範。

用中文表達的虛擬碼,在 Python 中以註解形式出現。它會被 Python 直譯器忽視,對程式不會有影響。在我們與 GitHub Copilot 互動學習程式編寫的過程中,會經常用到中文表達的虛擬碼,比如「變數名稱 = 值」。對初學者來說,這樣的虛擬碼一看就懂,對有程式編寫基礎經驗的人來說,更加需要虛擬碼表達自己的思想。

可執行的虛擬碼和用中文表達的虛擬碼的主要區別在於它們的實際可執行性和表達方式。

可執行性

- 可執行的虛擬碼。這種虛擬碼通常採用類似程式語言的語法和結構,可以被直譯器或編譯器直接執行。它更接近於實際程式語言,可以用於快速確認演算法的正確性和效能。

- 用中文表達的虛擬碼。這種虛擬碼通常使用自然語言（如中文）描述演算法的邏輯和步驟，不具備直接的可執行性。它更像是一種演算法描述的方式，著重於清晰地表達演算法的思維，而不是具體的語法規範。

表達方式

- 可執行的虛擬碼。這種虛擬碼採用類似程式語言的語法結構，例如，使用變數、條件陳述式、迴圈結構等，並且常常使用英文單字或縮寫來表示各種操作和邏輯，這裡特指的是 Python 程式碼。
- 用中文表達的虛擬碼。這種虛擬碼使用中文語言來描述演算法的邏輯和步驟，通常不涉及具體的程式編寫語法和細節，更注重演算法的描述清晰度和易懂性。你可以一點都不懂 Python 語法，比如比較兩個整數值的大小，用 Python 語法表示是「a==b」，中文表達的虛擬碼則可以是「如果 a = b」或者「a 等於 b 的話」。

舉例來說，對於一個簡單的演算法，比如求一個串列中所有元素的和，可執行的虛擬碼可能會寫成類似程式語言的語法（Python 程式碼），例如：

```
sum = 0
for each element in the list:
    sum = sum + element
return sum
```

用中文表達的虛擬碼則可能是這樣描述的：

```
1. 初始化和為 0
2. 遍歷串列中的每個元素：
    - 將目前元素加到和上
3. 傳回和
```

總的來說，中文表達的虛擬碼表達了我們對程式的瞭解和任務的描述。

4.3.1 縮排和註解

因為提示詞註解是互動式學習的主要方式，所以我們需要認真學習註解語法。而初學者很容易犯錯的地方是縮排問題，先認識和辨識縮排錯誤，可以幫助我們應對更難的知識點。

縮排

在 Python 中，縮排非常重要，它決定了程式碼的層級和區塊的範圍，不像其他語言使用大括號 {} 來定義程式碼區塊（如 JavaScript）。

我們將使用 GitHub Copilot 互動學習 Python 中的縮排、冒號和分號的用法。透過具體的範例程式碼和實際操作，我們將瞭解到這些概念的實際應用。

● 提示詞註解清單。

在學習過程中，將依次使用以下提示詞註解來引導我們的學習和操作：

```
# 如何在 Python 中使用縮排組織程式碼？舉例示範：
# Python 中的 for 迴圈如何使用縮排組織程式碼？舉例示範：
```

我們將輸入提示詞註解，然後讓 GitHub Copilot 產生相關的程式碼和解釋，透過實際操作來確認和瞭解這些概念。

● 互動式學習步驟。

首先，我們需要明白 Python 中使用縮排組織程式碼的概念：Python 使用空白字元來組織程式碼區塊，推薦使用四個空格作為預設縮排。在編輯器中輸入清單中的第一個註解，引導 GitHub Copilot 回答。

```
# 如何在 Python 中使用縮排組織程式碼？舉例示範：

"""

縮排是 Python 中的程式碼區塊識別字，用於組織程式碼。

Python 使用縮排而不是大括號來標識程式碼區塊。

範例：

if True:

    print('True')

else:

    print('False')

"""
```

在編輯器中輸入範例程式碼，並執行程式碼來查看輸出結果。縮排是 Python 語法的一部分，缺少縮排或縮排不一致會導致 IndentationError（縮排錯誤）。在這個範例中，縮排的用法如下：

- if True: 和 else: 在同一級縮排（沒有縮排）。
- print('True') 和 print('False') 分別屬於 if 和 else 陳述式的程式碼區塊，需要縮排。

在 Python 中，縮排的使用就像是在一場對話中明白不同發言者的發言內容。冒號（:）就像是宣佈某個人開始發言的標記，冒號後面的所有縮排相同的程式就像是這個人的發言稿。透過這種方式，Python 直譯器可以清楚地知道每個程式碼區塊是屬於哪個條件或迴圈的。冒號表示即將開始一個新的程式碼區塊（某個人開始說話）。縮排表示這個程式碼區塊內的所有程式屬於同一個控制結構（同一個人的發言內容）。這樣，透過縮排來組織程式碼，就像透過清晰的發言順序來組織對話，使得 Python 直譯器可以正確瞭解並執行程式碼。

```
>>>if True:
...    print('True')
...else:
...    print('False')
...
True
>>>
```

接下來，我們學習 Python 中的 for 迴圈如何使用縮排組織程式碼：使用冒號標示程式碼區塊的開始，縮排表示從屬關係。在編輯器中輸入清單中第二個註解，引導 GitHub Copilot 回答。

```
# Python 中的 for 迴圈如何使用縮排組織程式碼？舉例示範：

"""

for 迴圈是一個迭代器，可以遍歷任何可迭代物件，例如串列、元組、字典、字串等。

語法：

for 變數 in 可迭代物件：

    程式碼區塊

範例：
```

```
for i in range(5):

    print(i)

"""
```

在編輯器中輸入範例程式碼,並執行程式碼來查看輸出結果。

```
>>> for i in range(5):
...     print(i)
...
0
1
2
3
4
>>>
```

我們可以反覆嘗試輸入各種數字,比如 range(10),查看執行程式碼的結果,以加深印象。或者故意不縮排,看看是不是會出現 IndentationError。

```
IndentationError: expected an indented block after 'for' statement on line 1
>>> print(i)
4
>>>
>>>
```

註解

註解是程式碼中的重要部分,它們不會被 Python 直譯器執行,而是被用來解釋和記錄程式碼。註解有助於讓程式碼更易於瞭解和維護。從行數來說,註解分單行和多行,單行指的是僅有一行文字,多行則意味著可以有多行文字。

任何前面帶有井號(#)的文字都會被 Python 直譯器忽略。有時,你會想排除一段程式碼,但並不刪除,簡便的方法就是將其加入為註解。

就單行註解來說,一些人習慣在程式碼之前加入註解,一些人習慣在程式碼之後加入單行註解(最常見的是在陳述式後直接加有井號(#)的文字註解),這兩種方式都可行。

有時，我們需要註解多行文字。Python 支援使用三個單引號（'''）或三個雙引號（"""）包圍的內容作為多行註解。這些多行註解也被稱為「說明字串」（docstring）。多行註解通常用於說明字串，尤其是在函式、類別和模組的定義中用來描述它們的功能。

在使用 GitHub Copilot 進行互動式學習時，多行註解尤其重要。我們可以使用多行註解來編寫提示詞，引導 GitHub Copilot 產生相關的程式碼。這些提示詞是詳細的描述，需要符合提示詞工程所宣導的原則，每一行表達一個意思才能幫助 GitHub Copilot 瞭解我們希望完成的功能。

我們將使用 GitHub Copilot 互動學習 Python 中的註解使用方法，瞭解註解的重要性。透過具體的範例程式碼和實際操作，我們將瞭解到這些概念的實際應用。

● 提示詞註解清單。

在學習過程中，將依次使用以下提示詞註解來引導我們的學習和操作：

```
# 什麼是 Python 中的註解？舉例示範：
# 在 Python 中如何使用多行註解？舉例示範：
```

我們將輸入提示詞註解，然後讓 GitHub Copilot 產生相關的程式碼和解釋，透過實際操作來確認和瞭解這些概念。

● 互動式學習步驟。

首先，我們需要明白單行註解的使用方法：任何前面帶有井號（#）的文字都會被 Python 直譯器忽略，其常用於解釋程式碼。在編輯器中輸入清單中第一個註解，引導 GitHub Copilot 回答。

```
# 什麼是 Python 中的註解？舉例示範：

"""

註解是用於解釋程式碼的文字，不會被直譯器執行。

Python 中的註解以 # 開頭，直到行尾結束。

範例：
```

```python
# 這是一個註解

print('Hello, World!')

"""
```

在編輯器中輸入範例程式碼，並執行程式碼來查看輸出結果。

接下來，我們學習如何使用多行註解：透過在程式碼區塊前後使用三個引號（""" 或 '''）可以做到多行註解。在編輯器中輸入清單中第二個註解，引導 GitHub Copilot 回答。

```python
# 在 Python 中如何使用多行註解？舉例示範：

"""
多行註解是用於解釋程式碼的文字，不會被直譯器執行。

Python 中的多行註解以 ''' 開頭和結尾。

範例：



'''

這是一個多行註解

'''

print('Hello, World!')

"""
```

在編輯器中輸入範例程式碼，並執行程式碼來查看輸出結果，由於 Python 直譯器會直接忽略註解，註解裡面雖然包含了列印陳述式，但是終端機什麼都沒有顯示。經過這次互動式學習之後，我們學到的是：

- **單行註解**。任何前面帶有井號（#）的文字都會被 Python 直譯器忽略，常用於解釋程式碼。

- **註解程式碼**。透過將一段程式碼改為註解格式可以在不刪除其內容的情況下排除其執行。
- **行內註解**。可以在程式碼後加入註解來解釋特定行的功能,但要避免過度使用以免影響程式碼可讀性。

值得注意的是,如果我們經常在相同的檔案中不斷地使用註解或者行內對話的方式讓 GitHub Copilot 產生程式碼建議,那麼會增加 GitHub Copilot 中的快取資料。當快取資料過多的時候,GitHub Copilot 產生的程式碼品質堪憂。所以,在實作的時候,每一節使用一個 Python 檔案,比如原始碼倉儲使用的是 ch4/4.3.1.py 檔案結構,ch4 代表第 4 章的資料夾,4.3.1.py 則是 4.3.1 節的 .py 檔案。

4.3.2 一切皆物件、鴨子型別

初學者在閱讀和理解 Python 程式碼時,最大的障礙之一就是缺乏對「隱含背景」的清楚認識。就像閱讀一本書,要瞭解某個章節的內容,可能需要先瞭解前面幾章的資訊才能真正把握全局。同樣地,要瞭解一段 Python 程式碼,也需要先掌握一些語言特性和程式編寫典範,比如「一切皆物件」、「鴨子型別」。

一切皆物件

我們先看「一切皆物件」。在 Python 中,一切資料型別如字串、數值、串列、字典,以及函式、模組等都被當作物件來處理。每個物件都有它的型別、內部資料和一組可用的方法。

瞭解 Python 中「一切皆物件」的理念對初學者來說至關重要,原因如下:

首先,Python 的設計哲學之一就是簡化程式編寫,其透過將所有資料型別和結構統一為物件,使得學習和使用變得更加直觀和容易。初學者只需要瞭解物件的基本概念,就能將其應用到所有的資料型別上。這種統一的程式編寫模型減少了需要記憶的特例和語法規則,簡化了學習曲線。

其次,Python 的靈活性和強大功能部分歸功於其「一切皆物件」的設計。由於所有東西都是物件,Python 支援動態型別系統,這意味著變數可以隨時指向不同型別的物件。這種靈活性大幅提高了程式編寫效率和程式碼的可維護性。每個物件型別都有一組豐富的內建方法,可以被直接呼叫和使用,比如字串物件的 split() 和

replace() 方法，串列物件的 append() 和 sort() 方法，掌握這些內建方法能夠顯著提高程式編寫效率。

此外，Python 的物件導向程式設計（OOP）概念是建立在「一切皆物件」的基礎上的。物件和類別的概念是 OOP 的核心，瞭解這一點使得初學者能夠更容易地掌握類別的建立、使用、繼承等高階程式編寫技巧。物件導向程式設計提供了一個結構化的程式碼組織方式，使得程式碼更具可讀性和可維護性，也便於重用和擴充。偵錯和瞭解錯誤資訊也變得更加容易，因為在 Python 中所有的東西都是物件。錯誤資訊通常會具體指向物件和方法，幫助初學者更快速地找到問題並瞭解問題。此外，透過內建函式和方法，初學者也能更有效率地進行偵錯和測試。

最後，瞭解「一切皆物件」有助於初學者更靈活利用和擴充 Python 的模組和套件。模組和套件在 Python 中也是物件，這使得模組化程式編寫和擴充功能變得更加簡單和自然。大量的第三方函式庫也是以物件的概念為基礎所建構，瞭解這一點能夠幫助初學者更有效地使用和整合這些函式庫，實作出更複雜的功能。

所以，瞭解「一切皆物件」不僅是掌握 Python 程式語言的基礎，也是提高程式編寫效率和品質的重要途徑。這一理念幫助初學者建立了一個清晰的程式編寫思維模式。

我們將使用 GitHub Copilot 互動學習 Python 中的物件模型、函式作為物件的使用方式，以及物件的型別和內部資料表示方法。透過具體的範例程式碼和實際操作，我們將瞭解到這些概念的實際應用。

● 提示詞註解清單。

在學習過程中，將使用以下提示詞註解來引導我們的學習和操作：

```
# 什麼是 Python 中的物件？舉例示範：
```

我們將輸入提示詞註解，然後讓 GitHub Copilot 產生相關的程式碼和解釋，透過實際操作來確認和瞭解這些概念。

● 互動式學習步驟。

我們需要明白瞭解 Python 中的物件概念：Python 中的所有元素都是物件，包括數字、字串、串列、元組、字典、函式等。在編輯器中輸入清單中的註解，引導 GitHub Copilot 回答。

```
# 什麼是 Python 中的物件？舉例示範：

"""
物件是 Python 中的資料抽象，所有資料都是透過物件或物件之間的關係來表示的。

Python 中的所有元素都是物件，包括數字、字串、串列、元組、字典、函式等。

範例：
a = 10

b = 'hello'

c = [1, 2, 3]

d = (4, 5, 6)

e = {'name': 'Tom', 'age': 20}

def func():

    pass

print(type(a)) # 輸出：<class 'int'>

print(type(b)) # 輸出：<class 'str'>

print(type(c)) # 輸出：<class 'list'>

print(type(d)) # 輸出：<class 'tuple'>

print(type(e)) # 輸出：<class 'dict'>

print(type(func)) # 輸出：<class 'function'>

"""
```

在編輯器中輸入範例程式碼，並執行程式碼來查看輸出結果。對於 GitHub Copilot 的回答我們需要留意一些細節：

- **萬物皆物件**。Python 中的所有元素都是物件，包括數字、字串、資料結構、函式、類別、模組等。比如：「輸出：<class 'str'>」表示字串物件（class）。
- **函式作為物件**。函式可以像其他物件一樣使用，例如，傳遞給其他函式或儲存在資料結構中。
- **物件的型別和內部資料**。每個物件都有特定的型別和內部資料，這使得 Python 非常靈活。

透過實際操作和反覆練習，希望初學者能牢固掌握這些基本概念，並能在以後的程式編寫中靈活運用。

鴨子型別

瞭解「鴨子型別」對初學者來說非常重要，因為它強調的是物件的行為和功能，而不是物件的具體型別。在 Python 中，「鴨子型別」的理念是「走起來像鴨子、叫起來像鴨子，那麼它就是鴨子」。這意味著我們不需要關心一個物件的型別（一切皆物件），只需關心它是否具有我們需要的方法或屬性。

對初學者來說，「鴨子型別」有幾個好處。首先，它簡化了程式碼。我們可以編寫更通用的函式和方法，只要物件具備所需的行為，就可以將其傳遞給這些函式。其次，它鼓勵更靈活和動態的程式編寫風格，使得程式碼更加易讀和可維護。最後，這種思維方式可以幫助初學者更深入理解並善用 Python 的動態型別系統，培養適應不同程式編寫場景的能力。就像兒童與 AI 聊天時不關心對方是否是真人，只要對方能夠提供自然的對話和情感支援，兒童就能愉快地與其互動。瞭解並應用「鴨子型別」，能使初學者更有效率地編寫靈活且強大的 Python 程式碼。

我們將使用 GitHub Copilot 互動學習「鴨子型別」，判斷可迭代物件。透過具體的範例程式碼和實際操作，我們將瞭解到這些概念的實際應用。

- 提示詞註解清單。

在學習過程中，將依次使用以下提示詞註解來引導我們的學習和操作：

```
# 什麼是 Python 中的鴨子型別？舉例示範：
# 如何判斷一個物件是否是可迭代的？舉例示範：
```

我們將輸入提示詞註解，然後讓 GitHub Copilot 產生相關的程式碼和解釋，透過實際操作來確認和瞭解這些概念。

● 互動式學習步驟。

首先，我們需要明白「鴨子型別」：在 Python 中，「鴨子型別」意味著只關心物件是否具有某些方法或用途，而不關心物件的具體型別。在編輯器中輸入清單中第一個註解，引導 GitHub Copilot 回答。

```python
# 什麼是 Python 中的鴨子型別？舉例示範：
class Duck:

    def quack(self):
        print('Quack, quack')

class Person:
    def quack(self):
        print('I am quacking like a duck')

def in_the_forest(duck):

    duck.quack()



duck = Duck()

person = Person()

in_the_forest(duck) # 輸出：Quack, quack

in_the_forest(person) # 輸出：I am quacking like a duck
```

在編輯器中輸入範例程式碼，並執行程式碼來查看輸出結果，就可以看到屬性和方法的實際效果。

接下來，我們學習如何判斷一個物件是否是可迭代的。瞭解如何判斷一個物件是否是可迭代對初學者來說是很有幫助的。Python 中的可迭代物件是一種常見的資料型別，包括串列、元組、字典、字串等。學習如何判斷一個物件是否是可迭代的，首先讓初學者明白可迭代的概念，並且能夠在編寫程式碼時清楚地判斷物件的型別。使用 iter() 函式判斷物件是否是可迭代的，可以透過截獲 TypeError 例外來完成，這種方法簡單直接。初學者可以透過這種方式，在編寫程式碼時快速確認物件是否可以使用迭代器進行遍歷，進而更充分地利用 Python 提供的迭代特性來處理資料。

迭代是指重複執行相同操作的過程。在程式編寫中，迭代通常指的是對一個集合（如串列、字典、字串等）中的每個元素依次進行處理或操作的過程。

在編輯器中輸入清單中第二個註解，引導 GitHub Copilot 回答。

```python
# 如何判斷一個物件是否是可迭代的？舉例示範：
from collections.abc import Iterable

print(isinstance([], Iterable))  # 輸出：True

print(isinstance({}, Iterable))  # 輸出：True

print(isinstance((), Iterable))  # 輸出：True

print(isinstance('', Iterable))  # 輸出：True

print(isinstance(1, Iterable))  # 輸出：False
```

在編輯器中輸入範例程式碼，並執行程式碼來查看輸出結果。串列 []、字典 {}、元組 ()、字串都是可迭代物件，可以被用於在 for 迴圈中進行迭代。而最後一個整數 1 則不能被迭代。

4.3.3 主要概念

下面我們透過 GitHub Copilot 學習 Python 中的主要概念。

可變與不可變物件

我們將使用 GitHub Copilot 互動學習可變與不可變物件的概念，以及如何修改一個串列中的元素。透過具體的範例程式碼和實際操作，我們將瞭解到這些概念的實際應用。

● 提示詞註解清單。

在學習過程中,將依次使用以下提示詞註解來引導我們的學習和操作:

```
# 什麼是 Python 中的可變與不可變物件?舉例示範:
# 如何修改一個串列中的元素?舉例示範:
```

我們將輸入提示詞註解,然後讓 GitHub Copilot 產生相關的程式碼和解釋,透過實際操作來確認和瞭解這些概念。

● 互動式學習步驟。

首先,我們需要明白可變物件:Python 中的大多數物件,比如串列、字典、集合和使用者定義的型別(類別)都是可變的,這意味著這些物件或包含的值可以被修改。在編輯器中輸入清單中第一個註解,引導 GitHub Copilot 回答。

```python
# 什麼是 Python 中的可變與不可變物件?舉例示範:

"""

# 請使用程式碼範例說明 Python 中的可變與不可變物件。

# Python 中的不可變物件包括:整數、浮點數、字串、元組。

# Python 中的可變物件包括:串列、字典、集合、使用者定義的型別(類別)。

# 範例:

# 不可變物件

a = 10

b = a

a = 20

print(a)  # 輸出:20

print(b)  # 輸出:10
```

在編輯器中輸入範例程式碼,並執行程式碼來查看輸出結果。你將看到屬性和方法的實際效果。

接下來,我們學習如何修改一個串列中的元素,透過範例程式碼示範如何修改串列中的元素。在編輯器中輸入串列中第二個註解,引導 GitHub Copilot 回答。

```python
# 如何修改一個串列中的元素？舉例示範：
"""
# 請使用程式碼範例說明如何修改一個串列中的元素。
# 可以透過索引來修改串列中的元素。
# 範例：
list1 = [1, 2, 3, 4]
list1[0] = 10
print(list1) # 輸出：[10, 2, 3, 4]
"""
```

在編輯器中輸入範例程式碼，並執行程式碼來查看輸出結果。

可變物件和不可變物件之間的差異，對於偵錯函式來說至關重要。不可變物件一旦被建立就不能被修改。這意味著，當我們把這些物件作為函式的參數時，函式內部是無法修改原始物件的狀態的。也就是說，函式不會對參數產生任何「副作用」。這讓我們在測試函式時，可以更加確信輸出結果是由輸入決定的，而不會受到其他因素的干擾。

相反，如果把可變物件作為函式的參數，那麼函式內部就有可能會改變原始物件的狀態。這就意味著，輸出結果不僅依賴輸入，還可能受到函式內部操作的影響。

在偵錯函式時，我們需要特別留意參數的這種特性。如果我們測試一個函式，發現輸出結果與預期不符，那麼很可能是因為在函式內部修改了參數物件的狀態造成的。要找到問題，就需要仔細分析函式內部的邏輯，看看是否存在對參數的意外修改。

總之，瞭解可變物件和不可變物件的區別，能為我們偵錯函式提供良好的理論基礎。讓我們在測試時更加注重輸入和輸出的關係，而不會被函式內部的狀態變化所干擾。有助於我們寫出更加可靠和可預測的程式碼。

Python 中的數值型別

我們將使用 GitHub Copilot 互動學習 Python 中的數值型別和整除運算。透過具體的範例程式碼和實際操作,我們將瞭解到這些概念的實際應用。

● 提示詞註解清單。

在學習過程中,將依次使用以下提示詞註解來引導我們的學習和操作:

```
# 什麼是 Python 中的數值型別?舉例示範:
# 如何進行整除運算?舉例示範:
```

我們將輸入提示詞註解,然後讓 GitHub Copilot 產生相關的程式碼和解釋,透過實際操作來確認和瞭解這些概念。

● 互動式學習步驟。

首先,我們需要明白數值型別:Python 的主要數值型別是 int 和 float。int 可以儲存任意大的數,而 float 表示倍精度(64 位元)浮點數,支援科學記號法標記法。Python 中還有其他一些數值型別,如布林值(bool)、十進位數字(decimal)、分數(fractions)等。對初學者來說,向其介紹更多的數值型別可能會使他們感到不知所措。因此,在介紹 Python 中的數值型別時,通常會聚焦於最常見和最基本的型別,以便初學者能夠更容易地瞭解和掌握。Python 中常見的數學運算子和操作包括加法(+)、減法(-)、乘法(*)、除法(/)、取餘數(%)、整除(//)等。這些是初學者在編寫 Python 程式時最常用到的運算,這些運算子跟數學符號一樣,所見即所得。

在編輯器中輸入清單中第一個註解,引導 GitHub Copilot 回答。

```
# 什麼是 Python 中的數值型別?舉例示範:
"""
# 請使用程式碼範例說明 Python 中的數值型別。
# Python 中的數值型別包括:整數、浮點數等。
# 範例:
# 整數
```

```
a = 10
# 浮點數
b = 10.5
"""
```

在編輯器中輸入範例程式碼,並執行程式碼來查看輸出結果。

接下來,我們學習如何進行整除運算:使用 // 運算子可以進行 C 語言風格的整除運算,即去掉小數部分的除法運算。在編輯器中輸入清單中第二個註解,引導 GitHub Copilot 回答。

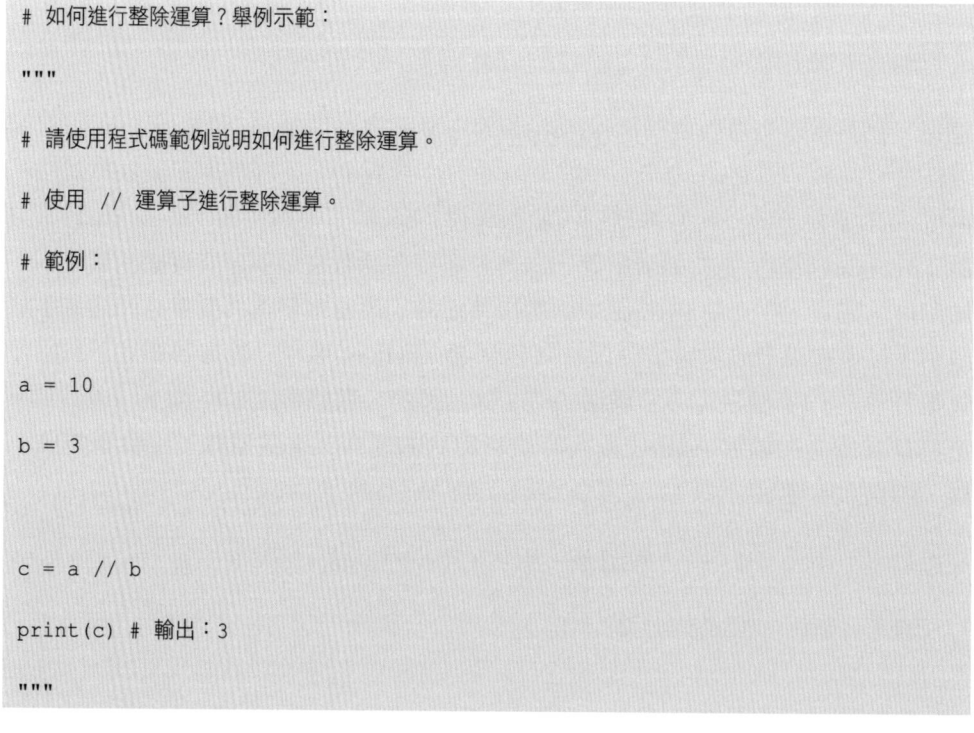

```
# 如何進行整除運算?舉例示範:
"""
# 請使用程式碼範例説明如何進行整除運算。
# 使用 // 運算子進行整除運算。
# 範例:

a = 10
b = 3


c = a // b
print(c) # 輸出:3
"""
```

我們可以得到以下結論:

- **數值型別**。Python 的主要數值型別是 int 和 float。int 可以儲存任意大的數,而 float 表示倍精度(64 位元)浮點數,支援用科學記號表示。

● **整除運算**。使用 // 運算子可以進行整除運算，即去掉小數部分的除法運算。

透過這幾個例子，我們已經掌握了 Python 中兩種主要數值型別 int 和 float 的使用方法。GitHub Copilot 精準地展示了它們的定義、運算方式及一些常見的應用，幫助我們更深入理解並靈活運用這些概念。利用互動式學習有助於加深我們對這些基礎知識的瞭解。

字串處理

我們將使用 GitHub Copilot 互動學習字串。透過具體的範例程式碼和實際操作，我們將瞭解到如何定義和操作字串。

● 提示詞註解清單。

在學習過程中，將依次使用以下提示詞註解來引導我們的學習和操作：

```
# 如何在 Python 中建立一個字串？舉例示範：
# 在 Python 中如何進行字串拼接？舉例示範：
```

我們將輸入提示詞註解，然後讓 GitHub Copilot 產生相關的程式碼和解釋，透過實際操作來確認和瞭解這些概念。

● 互動式學習步驟。

首先，我們需要知道如何建立字串。在編輯器中輸入清單中第一個註解，引導 GitHub Copilot 回答。

```
# 如何在 Python 中建立一個字串？舉例示範：

"""
# 請使用程式碼範例說明如何在 Python 中建立一個字串。

# 使用單引號或雙引號來建立字串。

# 範例：


str1 = 'hello'

str2 = "world"
```

```
print(str1)  # 輸出：hello

print(str2)  # 輸出：world

"""
```

在編輯器中輸入範例程式碼，並執行程式碼來查看輸出結果。

接下來，我們學習如何進行字串拼接。在編輯器中輸入清單中第二個註解，引導 GitHub Copilot 回答。

```
# 在 Python 中如何進行字串拼接？舉例示範：

"""

# 請使用程式碼範例說明如何在 Python 中進行字串拼接。

# 使用 + 運算子進行字串拼接。

# 範例：
str1 = 'hello'

str2 = 'world'

str3 = str1 + ' ' + str2

print(str3)  # 輸出：hello world

"""
```

在編輯器中輸入範例程式碼，並執行程式碼來查看輸出結果。

字串處理細節是非常重要的，尤其是對初學者和那些希望深入瞭解程式語言特性的人來說。下面補充介紹一些字串的細節。這不僅對於初學者有幫助，對於有經驗的程式開發人員也是一種很好的複習和參考。

字串處理細節要點

1. 字串的定義。

    在 Python 中，字串是一種用於表示文字的資料型別。可以使用單引號 ' 或雙引號 " 來定義字串：

```
single_quote_str = '這是一個字串'
double_quote_str = "這也是一個字串"
```

對於多行字串，可以使用三引號，既可以是三重單引號 '''，也可以是三重雙引號 """：

```
multi_line_str1 = '''這是一個
多行字串'''
multi_line_str2 = """這也是一個
多行字串"""
```

2. 字串的不可變性。

   字串在 Python 中是不可變的，這意味著一旦建立，字串的內容就不能被改變。任何對字串的操作都會產生一個新的字串：

   ```
   original_str = "Hello"
   new_str = original_str + " World"
   print(original_str)   # 輸出：Hello
   print(new_str)        # 輸出：Hello World
   ```

   在上面的例子中，original_str 保持不變，而 new_str 是一個新的字串。

3. 字串方法。

   Python 提供了許多內建方法來操作字串。常用的方法包括：

   - count(substring)：計算子字串在字串中出現的次數。
   - replace(old, new)：替換字串中的舊子字串為新子字串。

   範例如下：

   ```
   example_str = "hello world"
   print(example_str.count('l'))    # 輸出：3
   print(example_str.replace('world', 'Python'))   # 輸出：hello Python
   ```

   還可以使用 str 函式將其他型別轉換為字串：

   ```
   num = 123
   num_str = str(num)
   print(type(num_str))    # 輸出：<class 'str'>
   ```

4. 字串切片。

    字串切片允許我們透過指定開始和結束索引來提取子字串。語法為 s[start:stop]。

    ```
    s = "Hello, world!"
    print(s[0:5])   # 輸出：Hello
    print(s[7:])    # 輸出：world!
    print(s[:5])    # 輸出：Hello
    print(s[-6:])   # 輸出：world!
    ```

5. 逸出字元與原始字串。

    反斜線 \ 用於逸出特殊字元，例如新行符號 \n 和定位字元 \t：

    ```
    escaped_str = "Hello\nWorld"
    print(escaped_str)
    # 輸出：
    # Hello
    # World
    ```

    如果不希望逸出字元生效，則可以在字串前加 r，表示原始字串：

    ```
    raw_str = r"Hello\nWorld"
    print(raw_str)   # 輸出：Hello\nWorld
    ```

6. 字串拼接。

    可以使用 + 運算子或 join 方法進行字串拼接：

    ```
    str1 = "Hello"
    str2 = "World"
    concatenated_str = str1 + " " + str2
    print(concatenated_str)   # 輸出：Hello World

    str_list = ["Hello", "World"]
    joined_str = " ".join(str_list)
    print(joined_str)   # 輸出：Hello World
    ```

7. 字串格式化。

    Python 提供了多種字串格式化方法，包括 format 方法和 f-strings（Python 3.6 及以上版本）：

```
name = "Alice"
age = 30

# 使用 format 方法
formatted_str1 = "Name: {}, Age: {}".format(name, age)
print(formatted_str1)   # 輸出：Name: Alice, Age: 30

# 使用 f-strings
formatted_str2 = f"Name: {name}, Age: {age}"
print(formatted_str2)   # 輸出：Name: Alice, Age: 30
```

透過瞭解字串處理細節要點，我們可以靈活地處理和操作文字資料。

位元組和 Unicode 的概念

我們將使用 GitHub Copilot 互動學習 Python 字串的編碼和解碼。將字串編碼為位元組物件在許多實際應用中都是必要的操作。

明確指定編碼（如 UTF-8）不僅是一個良好的程式編寫習慣，還能確保程式碼在不同環境下的可攜性。原因在於不同作業系統和執行環境的預設編碼可能不同，檔案的實際編碼也可能與系統的預設編碼不相符。如果不明確指定編碼，那麼 Python 在讀取檔案時可能會使用錯誤的預設編碼，導致解碼錯誤或檔案內容亂碼。透過明確指定編碼，可以避免這些問題，確保檔案內容被正確解碼和處理。

一旦瞭解了檔案內容實際上是位元組資料，就會知道明確指定編碼的必要性。檔案內容在實體儲存介質（磁碟、記憶體等）中都是以位元組（byte）形式被儲存的。encoding='utf-8' 在讀取和寫入檔案時發揮作用。具體來說，當讀取檔案時，Python 會使用指定的編碼將檔案中的位元組資料解碼為字串物件；而在寫入檔案時，Python 會將字串物件編碼為位元組資料，然後寫入檔案。這確保了檔案內容能夠被正確解碼和編碼，避免因編碼不相符導致的錯誤和亂碼問題。

例如，在檔案讀寫時，GitHub Copilot 產生的函式經常執行出錯。比如任務是開啟一個記事本檔案，其中的內容是中文的，GitHub Copilot 產生的函式不會將字串編碼為 UTF-8，執行程式碼後，會回報錯誤且程式中斷。在網路通訊、檔案讀寫、資料庫儲存、加密和雜湊，以及與低階 API 互動等這些應用場景下，我們可以在提示詞中加入「指定編碼為 UTF-8」，這樣 GitHub Copilot 產生的函式會主動指定 encoding='utf-8'。

● 提示詞註解清單。

在學習過程中，將依次使用以下提示詞註解來引導我們的學習和操作：

```
# 什麼是位元組和 Unicode？舉例示範：
# 如何將字串編碼為 UTF-8？舉例示範：
```

我們將輸入提示詞註解，然後讓 GitHub Copilot 產生相關的程式碼和解釋，透過實際操作來確認和瞭解這些概念。

● 互動式學習步驟。

首先，我們需要明白 Unicode 在 Python 3 中的重要性。

● 在 Python 3 及以上版本中，字串預設使用 Unicode 編碼，這使得處理各種文字更加一致。在 Python 2 中，字串是位元組型別，不使用 Unicode 編碼。

● 可以使用 encode 方法將 Unicode 字串編碼為指定的位元組編碼（例如 UTF-8）。可以使用 decode 方法將指定編碼的位元組物件解碼回 Unicode 字串。

在編輯器中輸入清單中第一個註解，引導 GitHub Copilot 回答。

```
# 什麼是位元組和 Unicode？舉例示範：
"""
# 位元組是 Python 中的資料型別，表示一個位元組的資料。
# Unicode 是 Python 中的資料型別，表示一個 Unicode 字元。
# 範例：
# 位元組
b = b'hello'
# Unicode
u = 'hello'
"""
```

在編輯器中輸入範例程式碼，並執行程式碼來查看輸出結果。

接下來，我們學習如何將字串編碼為 UTF-8。在編輯器中輸入清單中第二個註解，引導 GitHub Copilot 回答。

```
# 如何將字串編碼為 UTF-8 ? 舉例示範:

"""
# 請使用程式碼範例說明如何將字串編碼為 UTF-8。
# 使用 encode 方法將字串編碼為 UTF-8。
# 範例:

s = 'hello'

b = s.encode('utf-8')

print(b)  # 輸出：b'hello'
"""
```

在編輯器中輸入範例程式碼，並執行程式碼來查看輸出結果。

在下面的範例中，檔案 test.txt 將以 UTF-8 編碼進行讀取。這樣可以確保檔案中的所有字元都能夠被正確解碼，並且在列印時不會出現亂碼。

```
with open('test.txt', 'r', encoding='utf-8') as f:

    s = f.read()

    print(s)
```

布林值、型別轉換和 None

首先在編輯器輸入註解：`# python boolean operations`。

```
print(True and True)    # 輸出：True
print(True and False)   # 輸出：False
print(False or True)    # 輸出：True
print(not False)        # 輸出：True
```

此處 GitHub Copilot 展示了布林值 True 和 False 在邏輯 and、or、not 運算中的用法。

接下來輸入註解：# python type conversion。

```
x = "3.14"
y = float(x)      # 將字串轉換為浮點數
print(y)          # 輸出：3.14

z = int(y)        # 將浮點數轉換為整數
print(z)          # 輸出：3

bool_val = bool(z)    # 非 0 值轉換為 True
print(bool_val)       # 輸出：True
```

int()、float()、bool() 等型別轉換函式可用在不同資料型別之間做轉換。

最後輸入註解：# python none example。

```
def divide(x, y):
    if y == 0:
        return None
    else:
        return x / y

result = divide(10, 2)
print(result)     # 輸出：5.0

none_result = divide(5, 0)
print(none_result is None)   # 輸出：True
```

這個 divide 函式在 y 為 0 時傳回 None，否則傳回 x/y 的計算結果。None 常作為佔位符或無資料的標記使用。

透過這幾個例子，我們瞭解了布林值的基本運算、型別轉換函式的使用，以及 None 值的作用。GitHub Copilot 產生的程式碼建議可以幫助我們瞭解和運用這些概念。掌握好它們能讓我們編寫出更加可讀、穩健的 Python 程式碼。

4.3.4 函式呼叫、參數傳遞及引用機制

我們將使用 GitHub Copilot 互動學習 Python 中的函式呼叫、參數傳遞及引用機制。透過具體的範例程式碼和實際操作，我們將瞭解到這些概念的實際應用。

● 提示詞註解清單。

4.3 Python 的基本概念和語言機制

在學習過程中,將依次使用以下提示詞註解來引導我們的學習和操作:

```
# 如何在 Python 中呼叫函式?舉例示範:
# 在 Python 中如何傳遞參數?舉例示範:
# 什麼是 Python 中的引用?舉例示範:
```

我們將輸入提示詞註解,然後讓 GitHub Copilot 產生相關的程式碼和解釋,透過實際操作來確認和瞭解這些概念。

● 互動式學習步驟。

首先,我們需要明白函式呼叫的使用方法:使用圓括號呼叫函式,可以不傳遞參數或傳遞多個參數,並將傳回值指派給一個變數。在編輯器中輸入清單中第一個註解,引導 GitHub Copilot 回答。

```
# 如何在 Python 中呼叫函式?舉例示範:
"""
函式是一組陳述式,用於執行特定的任務。在 Python 中,使用 def 關鍵字定義函式。
語法:
def 函式名 ( 參數 ):
    程式碼區塊
範例:

def hello():
    print('Hello, World!')

hello()    # 輸出:Hello, World!
"""
```

在編輯器中輸入範例程式碼,並執行程式碼來查看輸出結果。

接下來,我們學習在 Python 中如何參數傳遞:函式可以使用位置和關鍵字參數進行呼叫。在編輯器中輸入清單中第二個註解,引導 GitHub Copilot 回答。

```
# 在 Python 中如何傳遞參數?舉例示範:
"""
函式可以接受參數,參數是呼叫函式時傳遞給函式的值。在 Python 中,函式參數可以是關鍵字參數、預設參數和可變參數。
範例:

def hello(name):
    print('Hello, ' + name + '!')
```

```
hello('World')    # 輸出：Hello, World!

def hello(name='World'):
    print('Hello, ' + name + '!')

hello()    # 輸出：Hello, World!

def hello(*names):
    for name in names:
        print('Hello, ' + name + '!')

hello('World', 'Python')    # 輸出：Hello, World! Hello, Python!

def hello(**names):
    for key, value in names.items():
        print(key + ': ' + value)

hello(name='World', language='Python')    # 輸出：name: World language: Python
"""
```

在編輯器中輸入範例程式碼，並執行程式碼來查看輸出結果。

最後，我們學習引用機制：變數賦值實際上是建立對物件的引用，而不是複製物件。當將物件作為參數傳遞給函式時，傳遞的是引用，而不是物件的副本，函式內的修改會影響到外部的物件。在編輯器中輸入清單中第三個註解，引導 GitHub Copilot 使用註解的方式解釋「什麼是 Python 中的引用」。

```
# 什麼是 Python 中的引用？舉例示範：
"""
引用是一個物件的別名。在 Python 中，變數是引用，變數名稱是物件的別名。
範例：

a = 10
b = a
print(b)    # 輸出：10
"""
```

在編輯器中輸入範例程式碼，並執行程式碼來查看輸出結果。以下是一些需要注意的細節。

- **函式呼叫**：使用圓括號呼叫函式，可以不傳遞參數或傳遞多個參數，並將傳回值指派給一個變數。

- **方法呼叫**：幾乎每個 Python 物件都有方法，可以用來操作和存取物件的內容。
- **參數傳遞**：函式可以使用位置和關鍵字參數進行呼叫。
- **變數賦值和引用**：變數賦值實際上是建立對物件的引用，而不是複製物件。
- **參數傳遞的引用**：在將物件作為參數傳遞給函式時，傳遞的是引用，而不是物件的副本，函式內的修改會影響到外部的物件。

4.3.5 Python 中的物件

由於 Python 中的物件引用不包含附屬的型別，所以 Python 中的變數可以在執行時被賦予不同型別的物件。但是在許多編譯語言（如 Java 和 C++）中，這種動態型別的行為是有問題的。

動態引用、強型別、型別檢查和型別轉換

我們將使用 GitHub Copilot 互動學習 Python 中的動態引用、強型別、型別檢查和型別轉換。透過具體的範例程式碼和實際操作，我們將瞭解到這些概念的實際應用。

- 提示詞註解清單。

在學習過程中，將依次使用以下提示詞註解來引導我們的學習和操作：

```
# 什麼是 Python 中的動態引用和強型別？舉例示範：
# 如何在 Python 中使用 isinstance 函式檢查變數型別？舉例示範：
# 如何在 Python 中進行型別轉換？舉例示範：
```

我們輸入提示詞註解，然後讓 GitHub Copilot 產生相關的程式碼和解釋，透過實際操作來確認和瞭解這些概念。

- 互動式學習步驟。

首先，我們需要明白動態引用和強型別的概念：在 Python 中，變數引用不包含型別，可以在不重新宣告的情況下改變變數型別。Python 是強型別語言，不會暗自轉換不相容的型別（也就是不會「隱式轉換」），在操作時需確認型別。在編輯器中輸入清單中第一個註解，引導 GitHub Copilot 回答。

```
# 什麼是 Python 中的動態引用和強型別？舉例示範：

"""
Python 是一種動態引用和強型別的程式語言。
動態引用：變數的型別是在執行時確定的，而不是在編譯時確定的。
強型別：變數的型別是固定的，不能暗自轉換。

範例：
a = 10
print(a) # 輸出：10
a = 'Hello, World!'
print(a) # 輸出：Hello, World!
"""
```

在編輯器中輸入範例程式碼，並執行程式碼來查看輸出結果。

接下來，我們學習如何使用 isinstance 函式檢查變數型別：使用 isinstance 函式檢查物件的型別，可以檢查單一型別或多個型別。在編輯器中輸入清單中第二個註解，引導 GitHub Copilot 回答。

```
# 如何在 Python 中使用 isinstance 函式檢查變數型別？舉例示範：

"""
isinstance() 函式用於檢查變數是否是指定的型別。

語法：

isinstance(變數, 型別)
範例：

a = 10
print(isinstance(a, int)) # 輸出：True

a = 'Hello, World!'
print(isinstance(a, str)) # 輸出：True

"""
```

在編輯器中輸入範例程式碼，並執行程式碼來查看輸出結果。

最後，我們學習型別轉換：瞭解何時需要明確進行型別轉換（也就是「顯式轉換」），避免型別錯誤。在編輯器中輸入清單中第三個註解，引導 GitHub Copilot 回答。

```
# 如何在 Python 中進行型別轉換？舉例示範：

"""

型別轉換是將一個資料型別轉換為另一個資料型別。

Python 中的內建函式可以用於型別轉換。

範例：

a = 10
b = float(a)
print(b) # 輸出：10.0

a = '10'
b = int(a)
print(b) # 輸出：10

"""
```

在編輯器中輸入範例程式碼，並執行程式碼來查看輸出結果。

- **動態引用**：在上個範例程式碼中，我們看到了變數 a 從整數 10 變為字串 '10'。

- **強型別及型別轉換**：例如，當你嘗試將一個字串與一個整數相加時，Python 會拋出 TypeError。假設有一個變數 a 是字串 '3'，另一個變數 b 是整數 4，直接執行 a + b 會導致錯誤。為了解決這個問題，需要明確地將字串轉換為整數（也是就是必須執行「顯式轉換」），即使用 int(a) + b，這樣才能正確地進行相加操作。

- **型別檢查**：例如，如果有一個變數 x，並想檢查它是否是整數，那麼可以使用 isinstance(x,int)。如果需要檢查 x 是否是整數或浮點數，那麼可以使用 isinstance(x,(int,float))。這種型別檢查在編寫函式或處理多種可能型別的變數時非常有用。

透過實際操作和反覆練習，可以看到 GitHub Copilot 產生的程式碼示範了 Python 中變數可以在執行時被賦予不同型別的物件。這種動態型別繫結使得 Python 程式碼變得非常靈活。所以在 Python 中知道物件的型別很重要，最好能讓函式可以處理多種型別的輸入，尤其是在表單輸入類型的功能中，我們不知道使用者會輸入什麼。可以用 isinstance 函式檢查物件是某個型別的實例：

```
def process_input(data):
    if isinstance(data, str):
        return data.upper()
    elif isinstance(data, list):
        return [element 2 for element in data]
    elif isinstance(data, int):
        return data + 10
    else:
        return "Unsupported type"

print(process_input("hello"))    # 輸出：HELLO
print(process_input([1, 2, 3]))  # 輸出：[2, 4, 6]
print(process_input(5))          # 輸出：15
print(process_input(3.5))        # 輸出：Unsupported type
```

在這個程式碼中,我們定義一個函式,該函式可以處理字串、串列和整數的輸入,並根據輸入型別執行不同的操作。

Python 物件的屬性和方法

Python 物件通常都有屬性(其他儲存在物件內部的 Python 物件)和方法(物件的附屬函式可以存取物件的內部資料)。我們可以使用「物件名稱 . 方法名 ()」的方式存取屬性和方法。

下面透過具體的範例程式碼和實際操作,我們將瞭解到如何定義和存取物件的屬性和方法,並掌握使用 getattr 函式進行動態存取的方法。

● 提示詞註解清單。

在學習過程中,將依次使用以下提示詞註解來引導我們的學習和操作:

```
# 什麼是 Python 物件的屬性和方法?舉例示範:
# 如何使用 getattr 函式存取物件的屬性和方法?舉例示範:
```

我們將輸入提示詞註解,然後讓 GitHub Copilot 產生相關的程式碼和解釋,透過實際操作來確認和瞭解這些概念。

● 互動式學習步驟。

首先,我們需要明白什麼是 Python 物件的屬性和方法。在編輯器中輸入清單中第一個註解,引導 GitHub Copilot 回答。

```python
# 什麼是 Python 物件的屬性和方法？舉例示範：

"""

    Python 物件的屬性是物件的特徵，Python 物件的方法是物件的行為。
    Python 物件的屬性和方法是透過點號（.）來存取的。

    範例：

    class Person:
        def __init__(self, name, age):
            self.name = name
            self.age = age

        def say_hello(self):
            print(f'Hello, my name is {self.name}')

    person = Person('Alice', 20)
    print(person.name)  # 輸出：Alice
    person.say_hello()  # 輸出：Hello, my name is Alice

"""
```

在編輯器中輸入範例程式碼，並執行程式碼查看輸出結果。你將看到屬性和方法的實際效果。

接下來，我們將學習如何使用 getattr 函式存取物件的屬性和方法。在編輯器中輸入清單中第二個註解，引導 GitHub Copilot 回答。

```python
# 如何使用 getattr 函式存取物件的屬性和方法？舉例示範：

"""

    使用 getattr 函式可以存取物件的屬性和方法。

    範例：

    class Person:

        def __init__(self, name, age):
            self.name = name
            self.age = age

        def say_hello(self):
            print(f'Hello, my name is {self.name}')
```

```
person = Person('Alice', 20)

print(getattr(person, 'name'))  # 輸出：Alice

getattr(person, 'say_hello')()  # 輸出：Hello, my name is Alice
"""
```

在編輯器中輸入範例程式碼，並執行程式碼查看輸出結果。在這個例子中，我們使用 getattr 函式來取得物件的屬性 name 和方法 say_hello，並進行呼叫。

屬性和方法是 Python 物件的核心組成部分。屬性是物件內部儲存的其他 Python 物件，而方法是物件的附屬函式，可以存取物件的內部資料。我們可以使用 obj.attribute_name 存取屬性和方法。此外，使用 getattr 函式可以透過名稱動態地存取物件的屬性和方法。這種存取物件內部屬性和方法的方式在其他語言中通常稱為「反射」。

4.3.6 Python 中的模組和運算

引入和使用模組是 Python 程式編寫中的重要概念。模組允許我們組織和重複使用程式碼，提高開發效率和程式碼可維護性。在本節中，我們將探討如何在 Python 中引入和使用模組，以及常見的運算子。

引入和使用模組

我們將使用 GitHub Copilot 互動學習引入和使用模組。

● 提示詞註解清單。

在學習過程中，將依次使用以下提示詞註解來引導我們的學習和操作：

```
# 如何在 Python 中引入和使用模組？舉例示範：
# 如何使用 as 關鍵字，給引入起不同的變數名？
```

我們將輸入提示詞註解，然後讓 GitHub Copilot 產生相關的程式碼和解釋，透過實際操作來確認和瞭解這些概念。

● 互動式學習步驟。

首先，我們需要明白引入模組：在 Python 中，模組是一個包含 Python 程式碼的檔案，通常以 .py 為副檔名。在編輯器中輸入清單中第一個註解，引導 GitHub Copilot 回答。

```python
# 如何在 Python 中引入和使用模組？舉例示範：

"""

# 請使用程式碼範例說明 Python 中引入和使用模組的方法。

# 使用 import 關鍵字引入模組，使用 . 運算子存取模組中的屬性和方法。

# 範例：
import math

print(math.pi)  # 輸出：3.141592653589793

"""
```

在編輯器中輸入範例程式碼，並執行程式碼查看輸出結果。我們將看到屬性和方法的實際效果。

接下來，我們學習如何使用 as 關鍵字替引入模組另取不同的變數名稱。在編輯器中輸入清單中第二個註解，引導 GitHub Copilot 回答。

```python
# 如何使用 as 關鍵字，給引入起不同的變數名？

"""

# 請使用程式碼範例說明 Python 中使用 as 關鍵字給引入起不同的變數名。

# 使用 as 關鍵字給引入起不同的變數名。

# 範例：

import math as m

print(m.pi)  # 輸出：3.141592653589793

"""
```

回顧一下本節的知識點。

- **引入模組**：在 Python 中，模組是一個包含 Python 程式碼的檔案，通常以 .py 為副檔名。
- **使用模組**：透過 import 陳述式可以在其他檔案中存取模組中定義的變數和函式。
- **使用 as 關鍵字**：可以替引入模組另取不同的變數名稱。

二元運算子和比較運算子

我們將使用 GitHub Copilot 互動學習二元運算子和比較運算子，以及判斷物件是否相同。透過具體的範例程式碼和實際操作，我們將瞭解到這些概念的實際應用。

- 提示詞註解清單。

在學習過程中，將依次使用以下提示詞註解來引導我們的學習和操作：

```
# 什麼是 Python 中的二元運算子和比較運算子？舉例示範：
# 如何判斷兩個物件是否相同？舉例示範：
```

我們將輸入提示詞註解，然後讓 GitHub Copilot 產生相關的程式碼和解釋，透過實際操作來確認和瞭解這些概念。

- 互動式學習步驟。

首先，我們需要明白二元運算子和比較運算子：對於大多數二元運算和比較運算子都不難想到，常見的有加法、減法、乘法、除法，以及大小比較等。在編輯器中輸入清單中的第一個註解，引導 GitHub Copilot 回答。

```
# 什麼是 Python 中的二元運算子和比較運算子？舉例示範：
"""
    Python 中的二元運算子是需要兩個運算元來進行運算的運算子，如加法運算子（+）、減法運算子（-）等。

    Python 中的比較運算子是用來比較兩個值的運算子，如等於運算子（==）、大於運算子（>）等。

    範例：
```

```
a = 10

b = 20

c = a + b

print(c)  # 輸出：30

print(a == b)  # 輸出：False
"""
```

在編輯器中輸入範例程式碼，並執行程式碼查看輸出結果。

接下來，我們學習如何判斷兩個物件是否相同：使用 is 和 is not 可以判斷兩個引用是否指向同一個物件，這與使用 == 判斷物件內容是否相同不同。is 常用於判斷變數是否為 None。在編輯器中輸入清單中第二個註解，引導 GitHub Copilot 回答。

```
# 如何判斷兩個物件是否相同？舉例示範：
"""
    在 Python 中可以使用 "==" 運算子來判斷兩個物件的值是否相同，可以使用 "is" 運算子來判斷兩個物件的引用是否相同。

    範例：

    a = 10

    b = 10

    print(a == b)  # 輸出：True

    print(a is b)  # 輸出：True
"""
a = 10

b = 10

print(a == b)  # 輸出：True

print(a is b)  # 輸出：True
```

在編輯器中輸入範例程式碼,並執行程式碼查看輸出結果。

- **二元運算子和比較運算子**:大多數二元運算子和比較運算子都不難想到,常見的有加法、減法、乘法、除法,以及大小比較等。

- **判斷物件是否相同**:使用 is 和 is not 可以判斷兩個引用是否指向同一個物件,這與使用 == 判斷物件內容是否相同不同。is 常用於判斷變數是否為 None。

其他的二元運算子如表 4-1 所示。

表 4-1

運算子	說明
a + b	a 加 b
a − b	a 減 b
a * b	a 乘以 b
a / b	a 除以 b
a // b	a 整除 b,結果取整數部分
a ** b	a 的 b 次冪
a == b	a 等於 b,結果為 True
a != b	a 不等於 b,結果為 True
a < b	a 小於 b,結果為 True
a <= b	a 小於或等於 b,結果為 True
a > b	a 大於 b,結果為 True
a >= b	a 大於或等於 b,結果為 True
a is b	a 和 b 引用同一個 Python 物件,結果為 True
a is not b	a 和 b 引用不同的 Python 物件,結果為 True

4.3.7 控制流程

Python 的控制流程是 Python 程式編寫的重要組成部分，它透過若干內建的關鍵字來實作條件邏輯、迴圈和其他控制流程運作。對初學者和中級程式開發人員來說，掌握這些控制流程結構是至關重要的。

if、elif 和 else

提示詞註解清單如下：

```
# 請使用程式碼範例說明 Python if 範例。
# 請使用程式碼範例說明 Python and or 條件。
# 請使用程式碼範例說明 Python 巢狀條件。
```

首先在編輯器中輸入第一個註解。

```python
# 請使用程式碼範例說明 Python if 範例。
x = 3

if x > 0:
    print("x is positive")
elif x < 0:
    print("x is negative")
else:
    print("x is zero")

# 輸出：x is positive
```

這個例子示範了 if...elif...else 陳述式的基本用法。根據不同的值，程式碼區塊會有不同的執行路徑。

接下來輸入第二個註解。

```python
# 請使用程式碼範例說明 Python and or 條件。
a = 5
b = 7
c = 4
d = 5

if a > 0 and b > c:    # 兩個條件都為 True 才執行
    print("Python and")

if c > 0 or d < 0:    # 至少一個條件為 True 就執行
    print("Python or")
```

```
# 輸出：
# Python and
# Python or
```

這裡 GitHub Copilot 示範了如何使用 and 和 or 在 if 陳述式中建構複合條件運算式。

最後輸入第三個註解。

```
# 請使用程式碼範例說明 Python 巢狀條件。
age = 24
isStudent = True

if age < 30:
    if isStudent:
        print("Young student")
    else:
        print("Young working professional")
else:
    print("Not so young")

# 輸出：Young student
```

if 陳述式可以無限巢狀，實作更加複雜的邏輯判斷。

for 迴圈

我們將使用 GitHub Copilot 互動學習 Python 中的 for 迴圈。透過具體的範例程式碼和實際操作，我們將瞭解到如何使用 for 迴圈，以及如何在 for 迴圈中使用 continue 和 break。

● 提示詞註解清單。

在學習過程中，將依次使用以下提示詞註解來引導我們的學習和操作：

```
# 請解釋什麼是 for 迴圈？舉例示範：
# 如何在 for 迴圈中使用 continue 和 break？舉例示範：
```

我們將輸入提示詞註解，然後讓 GitHub Copilot 產生相關的程式碼和解釋，透過實際操作來確認和瞭解這些概念。

● 互動式學習步驟。

首先，我們需要明白 for 迴圈的語法和使用方法。在編輯器中輸入清單中第一個註解，引導 GitHub Copilot 回答。

```
# 請解釋什麼是 for 迴圈？舉例示範：

"""

for 迴圈是一個迭代器，可以遍歷任何可迭代物件，例如串列、元組、字典、字串等。

語法：

for 變數 in 可迭代物件：

    程式碼區塊

範例：

    for i in range(5):
        print(i)
"""
```

在編輯器中輸入範例程式碼，並執行程式碼查看輸出結果。

接下來，我們學習如何在 for 迴圈中使用 continue 和 break。在編輯器中輸入清單中第二個註解，引導 GitHub Copilot 回答。

```
# 如何在 for 迴圈中使用 continue 和 break？舉例示範：

"""

# 請使用程式碼範例說明如何在 for 迴圈中使用 continue 和 break。

# 使用 continue 和 break 關鍵字控制迴圈。

# 範例：
for i in range(5):
    if i == 3:
        continue
    print(i)

for i in range(5):
    if i == 3:
        break
```

```
    print(i)
"""
```

在編輯器中輸入範例程式碼，並執行程式碼查看輸出結果。我們總結一下知識點：

- for 迴圈可以遍歷集合（串列、元組）並使用迴圈對每個元素執行操作。
- for 迴圈中使用 continue 和 break: continue 跳過當前迭代的剩餘部分，在有 for 迴圈巢狀的條件下，break 只中斷 for 迴圈的最內層，其餘的 for 迴圈仍會執行。
- for 迴圈可以巢狀使用，形成雙重或多層迴圈結構。

while 迴圈

首先，在編輯器中輸入以下註解。

```
# 請使用程式碼範例說明 Python while 迴圈。
count = 0
while count < 5:
    print(f"Count is {count}")
    count += 1

# 輸出：
# Count is 0
# Count is 1
# Count is 2
# Count is 3
# Count is 4
```

這是一個基本的 while 迴圈範例，它會重複執行迴圈主體直到 count 等於 5 為止。

接下來，輸入以下註解。

```
# 請使用程式碼範例說明 Python while 迴圈中的 break。
n = 10
while True:
    if n % 7 == 0:
        print(f"{n} is divisible by 7")
        break
    n += 1

# 輸出：14 is divisible by 7
```

這個例子使用了 True 作為 while 迴圈的條件，迴圈將一直執行直到 break 陳述式被觸發。break 可用於提前退出迴圈。

最後，輸入以下註解。

```
# 請使用程式碼範例說明 Python while 迴圈與 continue。
i = 0
while i < 10:
    i += 1
    if i % 2 == 0:
        continue
    print(f"{i} is odd")

# 輸出：
# 1 is odd
# 3 is odd
# 5 is odd
# 7 is odd
# 9 is odd
```

continue 陳述式可以跳過當前迭代進入下一次迴圈。這裡的 while 迴圈只列印出奇數值。

三元運算式

Python 中的三元運算式，也叫條件運算式，是一種簡潔的 if-else 陳述式形式。它的基本語法是：

```
result = '真' if 條件成立 else 假
```

這相當於更冗長的 if-else 陳述式：

```
if 條件成立:
    return '真'
else:
    return '假'
```

我們將使用 GitHub Copilot 互動學習 Python 中的三元運算式，以及二元運算子和比較運算子。透過具體的範例程式碼和實際操作，我們將瞭解到這些概念的實際應用。

● 提示詞註解清單。

在學習過程中，使用以下提示詞註解來引導我們的學習和操作：

```
# 如何使用 Python 中的三元運算式？舉例示範：
```

我們將輸入提示詞註解，然後讓 GitHub Copilot 產生相關的程式碼和解釋，透過實際操作來確認和瞭解這些概念。

● 互動式學習步驟。

我們需要明白三元運算式的概念：將 if-else 陳述式簡化為一行，只執行 True 分支中的程式碼。在編輯器中輸入清單中的註解，引導 GitHub Copilot 回答。

```
# 如何使用 Python 中的三元運算式？舉例示範：
"""
三元運算式是一種條件運算式，可以用一行程式碼達到 if-else 陳述式。
語法：
x if condition else y
範例：

a = 10
b = 20
max = a if a > b else b
print(max)    # 輸出：20
"""
```

在編輯器中輸入範例程式碼，並執行程式碼查看輸出結果。

我們學習三元運算式是因為它可以使程式碼更簡潔，有時也更易讀。然而，由於三元運算式的緊湊形式和在一行中可以組合多個運算子，不僅可以用於簡單的條件判斷，還可以結合迭代器和函式計算使用。

例如，我們有一個串列，需要根據某個條件對串列中的元素進行處理，那麼可以使用三元運算式和串列綜合運算結合迭代器來完成：

```
numbers = [1, 2, 3, 4, 5]

result = [x*2 if x % 2 == 0 else x*3 for x in numbers]
```

對初學者來說，這些程式碼瞭解起來可能會比較困難，進而降低程式碼的可讀性。尤其是當我們使用 GitHub Copilot 來編寫程式碼時，根據提示詞註解產生的程式碼中往往包含大量的三元運算巢狀（筆者測試發現 GitHub Copilot 產生的複雜的函式內部都包含這種巢狀使用的程式碼）。這對初學者來說非常難以瞭解。

我們的目的是使用 GitHub Copilot 幫助我們產生程式碼、完成任務，但學習的樂趣仍然在於瞭解它產生的程式碼、弄清楚程式碼在做什麼、知道何時該停下，以及知道錯誤發生在哪裡，因此，我們需要更深入掌握三元運算式的用法。

總之，三元運算式提供了一種簡潔的條件指定語法，可以使程式碼更加緊湊，但需要平衡可讀性，不建議過度使用或巢狀使用。總的來說，熟練掌握三元運算式能增強我們閱讀複雜函式程式碼的能力。

Python 的 range 函式與 pass 佔位符

由於篇幅的限制，下面簡單介紹一下在控制結構中，常見的 range 函式與 pass 佔位符。在 GitHub Copilot 產生的程式碼中經常包含它們。就理解難度來說 range 函式與 pass 佔位符並不難，只要按照英文的字面理解即可。

range 函式通常與 for 迴圈一起使用，用於產生一系列數字，進一步控制迴圈的次數。下面是一個使用 for 迴圈和 range 函式的範例：

```
# 使用 for 迴圈和 range 函式列印 0~4
for i in range(5):
    print(i)
```

在這個範例中，range(5) 產生一個 0~4 的整數序列，然後 for 迴圈依次迭代這個序列，並列印每個數字。

在 Python 中，pass 陳述式是一個佔位符，用於在語法上需要一個陳述式但實際上不執行任何操作的地方。pass 常用於定義佔位函式、迴圈或條件陳述式，以便稍後填上實際的程式碼。以下是一個使用 pass 的範例：

```
# 定義一個佔位函式
def my_function():
    pass

# 使用 while 迴圈和 pass
```

```
while True:
    # 暫時什麼也不做,避免無限迴圈
    pass

# 使用 if 條件和 pass
if some_condition:
    pass
else:
    print("Condition not met")
```

在這個範例中,我們定義了一個佔位函式 my_function,它目前不執行任何操作。while 迴圈中的 pass 防止了迴圈主體為空導致的語法錯誤。if 條件中的 pass 也是類似的用法,用於暫時佔位,以便以後加入實際的操作程式碼。

4.4　本章小結

本章詳細說明了如何利用 GitHub Copilot 快速入門 Python。我們學習了如何有效掌握程式編寫技能,充分利用 GitHub Copilot 的智慧提示和程式碼完成功能,以提升學習效率。本章還介紹了善用 GitHub Copilot 學習程式編寫的方法,提供了系統的學習步驟和路徑圖,幫助初學者逐步掌握 Python 的各種基礎知識。

本章還深入探討了 Python 的基本概念和語言機制。從縮排和區塊結構的基本規則,到 Python 中萬物皆物件的理念,再到主要資料型別及其操作方法,全面涵蓋了 Python 程式編寫所需的核心知識。此外,本章詳細講解了函式呼叫、參數傳遞及引用機制,幫助初學者瞭解如何定義和使用函式。本章還介紹了 Python 中物件的角色、模組的使用及其運算操作,確保初學者對 Python 的基本操作有全面瞭解。最後,本章討論了控制流程的使用,包括條件判斷和迴圈結構,幫助初學者掌握程式編寫中的邏輯控制。

透過本章的學習,初學者應能更清楚理解 Python 的基本概念和語言機制,並善用 GitHub Copilot 提高學習和程式編寫效率。這將為後續更深入的 Python 學習和應用打下穩固的基礎。

5 利用 GitHub Copilot 深入瞭解 Python 函式

Python 函式是這樣的：少量核心概念，一定量的基礎操作規則，千變萬化的實際應用場景。

所以，函式的學習需要牢牢抓住少量核心概念。程式碼不會寫，程式不會做，其實原因還是沒有瞭解函式核心概念。函式是 Python 學習概念上的重大飛躍，也是很多初學者的難點。那麼，要如何在生活中瞭解函式的核心概念呢？我們從具體的學習方法出發，探討如何更有效率地掌握函式。

我們先瞭解如何利用 GitHub Copilot 在 VS Code 中學習 Python 函式基礎知識，再從函式的基礎知識入手，瞭解如何定義和呼叫函式，掌握區域變數與全域變數的區別，學習遞迴和迭代的使用技巧，並探索高階函式與匿名函式的奧祕。掌握了這些核心基礎知識後，我們才能真正讀懂並理解函式的內部機制，進而更有效地利用函式來簡化程式編寫過程。

之後，我們將深入探究函式的內部結構。函式內部可能包含各式各樣的運算式和控制結構，這就使函式變得更加複雜。我們將學習如何辨識和分析這些結構，瞭解它們在函式中的作用，同時，會介紹一些常見的錯誤類型，並分析可能導致這些錯誤的原因。希望這些內容能夠幫助大家更清楚辨識並修正自己的程式編寫錯誤，提高處理錯誤的能力，不再因為遇到錯誤而畏懼和困惑。

最後，我們將學習如何清晰描述函式的功能，確定整個程式所需的功能，並利用 GitHub Copilot 編寫函式。這將為大家在實際程式編寫中提供強有力的支援，讓大家能夠更加自信地編寫高品質的程式碼。

5.1 利用 GitHub Copilot 學習 Python 函式基礎

程式語言主要有三個用途：程式編寫、考試、面試。我們之前透過實際的程式編寫小主題學習了 Python 的基礎知識，現在我們從考試和面試的角度，談一談如何學習 Python 函式。實際上，這兩種方式會集中考核 Python 函式的基礎內容。

這一節我們主要展示如何利用 GitHub Copilot 在 VS Code 中學習 Python 函式。這樣的學習方式，可以讓我們更多地使用不同的提示詞註解來產生程式碼。每次輸入新的提示詞，GitHub Copilot 都會產生相關的程式碼範例，這不僅增加了我們的實作機會，還能幫助我們瞭解不同的解決方案和程式編寫風格。多練習使用不同的提示詞，可以讓我們對掌握程式語言的語法和常用的程式編寫模式更熟練。

除了向 GitHub Copilot 提問，我們還需要執行產生的程式碼。瞭解每一行程式碼的功能和作用是學習程式編寫的重要步驟。透過實際執行程式碼，我們可以看到每行程式碼的執行結果，並瞭解其背後的邏輯。這種動手實驗的過程，可以幫助我們加深對程式編寫概念的瞭解，並提升我們解決實際問題的能力。

下面展示一些考試和面試中常見的題目，提供提示詞和 GitHub Copilot 的結果，讓我們置身「題海」之中。這種「刷題」方式作為一種輔助手段，可以讓我們動手寫提示詞、產生程式碼和執行程式碼，最終達到學習 Python 函式的目的。而且，這種「刷題」方式是可以無限產生知識的，即使你離開書本後忘記了如何解決一個遞迴問題，也仍然可以使用提示詞取得這些知識。這種方式是具有互動性和生成性的。

第一步：模仿。開啟或建立一個新的 Python 檔案（例如 learning_functions.py）。在檔案中輸入提示詞註解，引導 GitHub Copilot 產生相關的解釋和程式碼範例。我們透過提示詞註解向 GitHub Copilot 提問，提示詞的內容都是常見的 Python 函式基礎考核題目。在這裡，我們需要模仿寫作提示詞並執行這些範例程式碼，達到瞭解程式碼的目的。

範例 1：遞迴和迴圈

在 Python 檔案中輸入以下提示詞註解：

```
# 請解釋 Python 函式的遞迴和迴圈的定義和範例
```

GitHub Copilot 會自動產生相關解釋和程式碼範例：

```python
# 遞迴是指函式呼叫自身的過程。遞迴函式是一個在函式定義中引用自身的函式。遞迴函式通常具有兩
部分：基本情況和遞迴情況。基本情況是指函式不再呼叫自身的情況，遞迴情況是指函式呼叫自身的情
況。遞迴函式通常用於解決可以被分解為相同問題的子問題的問題，例如計算階乘、費氏數列等。

# 遞迴函式的範例：
def factorial(n):
    if n == 0:
        return 1
    return n * factorial(n - 1)

print(factorial(5))  # 輸出 120

# 迴圈是指在一定條件下重複執行某段程式碼的過程。迴圈通常有三種：for 迴圈、while 迴圈和
do...while 迴圈。迴圈通常用於處理需要重複執行的任務，例如遍歷串列、計算總和等。

# 迴圈的範例：
total = 0
for i in range(1, 6):
    total += i

print(total)  # 輸出 15

# 遞迴和迴圈都可以用於解決重複性問題，但它們的實作方式和適用場景有所不同。遞迴通常用於解決
可以被分解為相同問題的子問題的問題，而迴圈通常用於處理需要重複執行的任務。在選擇使用遞迴還
是迴圈時，需要根據具體問題的特點和性質來決定。

# 遞迴和迴圈的選擇取決於問題的性質和解決方案的複雜性。有些問題更適合使用遞迴，因為它們可以
被自然地分解為子問題；而有些問題更適合使用迴圈，因為它們可以透過迭代來解決。在實際程式編寫
中，需要根據具體問題的特點和解決方案的複雜性來選擇適當的方法。
```

範例 2：字串操作

輸入以下提示詞註解：

```python
# 請解釋如何反轉一個字串，並提供範例
```

GitHub Copilot 會產生相關內容：

```python
# 反轉字串是指將字串的字元順序從後向前翻轉。可以使用 Python 中的切片操作來完成這一點。反轉
字串的操作可以用於各種場景，例如檢查回文字串等。

# 反轉字串的範例：
def reverse_string(s):
    return s[::-1]
```

```
print(reverse_string("hello"))   # 輸出 "olleh"
```

範例 3：串列操作

輸入以下提示詞註解：

```
# 請解釋如何計算串列中所有元素的和，並提供範例
```

GitHub Copilot 會產生相關內容：

```
# 計算串列中所有元素的和可以使用迴圈遍歷串列中的每個元素並累加到總和變數中。可以使用 for 迴
圈或者 Python 內建的 sum 函式來完成。

# 使用 for 迴圈計算串列元素和的範例：
def sum_of_list(lst):
    total = 0
    for num in lst:
        total += num
    return total

print(sum_of_list([1, 2, 3, 4, 5]))   # 輸出 15

# 使用內建函式 sum 計算串列元素和的範例：
print(sum([1, 2, 3, 4, 5]))   # 輸出 15
```

第二步是超越。按照以上方法，嘗試對以下 Python 基礎考題編寫提示詞，引導 GitHub Copilot 產生解釋和範例程式碼。

1. 遞迴與迴圈

   - Factorial：計算一個非負整數的階乘。
   - Fibonacci：計算費氏數列中的指定項。
   - is_prime：判斷一個數字是否為質數。

2. 字串操作

   - reverse_string：將字串中的字元順序顛倒。
   - count_vowels：計算字串中母音字母的個數。
   - palindrome：判斷一個字串是否為回文。

3. 串列操作

    - sort_list：對串列中的元素進行排序。
    - sum_of_list：計算串列中所有元素的和。
    - find_max：在串列中找到最大值。

4. 字典操作

    - merge_dicts：將兩個字典合併成一個新的字典。

當我們使用 GitHub Copilot 編寫函式時，不僅要留意程式碼的產生，還要深入瞭解這些函式的邏輯。瞭解每個函式的程式碼是關鍵步驟，因為這不僅能幫助我們掌握程式編寫技巧，還能確保我們在面對錯誤時迅速偵錯和修復問題。讓 GitHub Copilot 產生程式碼，即使是沒有程式編寫經驗的人也能透過清晰地描述需求、提供虛擬碼範例及預期的輸入和輸出，有效地與 GitHub Copilot 溝通。這樣的程式碼不僅可執行，而且其中每個函式都是建構大型程式的基礎。這些函式就像磚瓦一樣，逐一搭建，最終解決像「建房子」那樣更大的問題。

透過這些提示詞產生的函式，GitHub Copilot 能夠幫助我們迅速寫出可執行的程式碼。然而，我們的任務並不止於此。我們必須仔細閱讀和瞭解每一行程式碼，弄清楚其背後的邏輯和用途。這樣，當 GitHub Copilot 產生的程式碼出現錯誤時，我們就能夠迅速辨識並修正錯誤，確保程式的正確性和穩定性。

因此，使用 GitHub Copilot 產生程式碼只是開始，瞭解和偵錯函式才是關鍵。只有透過這種方式，我們才能真正掌握程式編寫的精髓，確保專案在任何情況下都能順利進行。這種全面的瞭解和掌握，不僅提高了我們的程式編寫能力，也讓我們能夠在未來應對更複雜的程式編寫挑戰。

5.2 Python 函式的核心概念

函式是 Python 程式編寫的重要概念，它允許我們將一系列指令組織成可重複使用的程式碼區塊。透過使用函式，我們可以提高程式碼的可讀性、可維護性和再使用性。

5.2.1 函式定義與呼叫

核心概念：函式定義、函式呼叫、參數、傳回值

瞭解方法：函式是程式碼的基本建構區塊，透過定義函式，我們可以將一段程式碼封裝起來，並在需要時呼叫它。函式的定義和呼叫是瞭解其他高階概念的基礎。瞭解函式的參數和傳回值非常重要，它們決定了函式的輸入和輸出。瞭解函式的基本語法，學會定義和呼叫函式，並掌握參數傳遞和傳回值的使用，編寫函式就不會有太大障礙。

想像一下，你在家裡做飯。你可以把「做飯」看作一個函式，這個函式需要一些「參數」（食材），如蔬菜、肉類和調味料。當你呼叫這個函式時，會按照特定的步驟來處理食材（函式主體），最終得到一盤美味的菜餚（傳回值）。這個過程可以用以下方式表示：

```
def 做飯 ( 蔬菜 , 肉類 , 調味料 ):
    # 處理食材的步驟
    return 菜餚
```

在生活中，我們經常會遇到類似的情況，例如：

- **早晨起床的例行程式**：你有一套固定的步驟（刷牙、洗臉、吃早餐），每一步都可以看作一個函式。把這些步驟組合在一起，你就完成了早晨的準備工作。
- **整理房間**：你可能有一個固定的整理步驟，如先整理床鋪，再整理桌子，最後清理地板，每一步都可以看作一個函式。把這些步驟組合在一起，你就完成了整個房間的整理工作。

參數和傳回值的重要性

瞭解函式的參數和傳回值非常重要，它們決定了函式的輸入和輸出。

參數：就像你在做飯時需要使用各種食材，不同的食材會影響菜餚的味道，函式的參數決定了函式的輸入。

傳回值：就像做飯的結果是最終的菜餚，函式的傳回值是函式執行的結果。

在練習中，多定義一些簡單的函式，反覆練習呼叫，就像多做幾次飯一樣。例如，定義一個計算兩數之和的函式（以下是中文虛擬碼，程式是無法執行的）：

```
定義 加法函式 ( 參數 a, 參數 b):
    傳回 參數 a + 參數 b
```

然後,透過呼叫這個函式進行計算:

```
結果 = 呼叫加法函式 ( 參數 a=3, 參數 b=5)
print( 結果 )   # 輸出:8
```

以上我們瞭解了函式的定義、呼叫方式、參數、傳回值等核心概念,並且使用中文虛擬碼描述了在一個具體的加法函式中如何使用這些概念。現在我們利用這些概念,組合出一個提示詞,在 VS Code 的 5.2.1.py 檔案中以多行註解的方式寫入提示詞,讓 GitHub Copilot 幫助我們完成這個函式。GitHub Copilot 產生的程式碼如下:

```
"""
定義一個 add 函式,傳參 a,b,傳回它們的和。
使用 3 和 5 作為參數,呼叫這個函式,
列印結果
"""

def add(a, b):
    return a + b

result = add(3, 5)
print(result)   # 輸出:8
```

透過這樣的練習,我們瞭解了如何用自己的語言來描述一個函式的行為。函式的行為由函式的定義、呼叫、參數、傳回值組成。瞭解了核心概念後,我們就能寫提示詞註解,GitHub Copilot 就會幫助我們完成程式碼。不斷重複這樣的過程,就像多次做飯後,發現自己已經掌握整個過程,並能夠根據不同的食材做出美味的菜餚一樣──可以寫出優美的函式程式碼。

強調學習函式的重要性,永不過時。為什麼學習函式這麼重要?因為它不僅是一個程式編寫技術概念,更是一種思維方式。透過封裝和呼叫函式,我們學會了如何將複雜的問題分解成一個個小問題並逐一解決。這種思維方式在生活中同樣非常實用,它能幫助我們更有條理地組織和處理各種事務,進而提升效率、得到更好的結果。

5.2.2 區域變數與全域變數

核心概念：區域變數、全域變數、作用範圍

瞭解方法：在程式編寫中，變數的作用範圍決定了變數的可見性和生命週期。瞭解區域變數和全域變數的區別是編寫穩定程式碼的關鍵。函式內部定義的變數稱為區域變數，它們只在函式內部可見。全域變數則是在整個程式中都可見的變數。瞭解變數的作用範圍也是編寫穩定程式碼的關鍵。需要區分區域變數和全域變數的使用方法，避免因變數名稱衝突而發生錯誤。

想像一下，你家裡有一個私人日記本，只有你自己能看到和使用。這個日記本就像一個區域變數，只在你的私人空間（函式內部）可見。而你家裡的公佈欄，所有家庭成員都可以看到和使用。這個公佈欄就像一個全域變數，在整個家庭範圍內（整個程式中）都可見。

區域變數的作用

區域變數是在函式內部定義的變數，只在函式內部可見。就像你在私人日記本上寫的內容，只有你自己能看到。函式執行完畢，區域變數就會消失，就像你闔上日記本後，其他人無法直接看到裡面的內容。

先以中文虛擬碼為例：

```
def 函式():
    區域變數 = "我是區域變數"
    print(區域變數)

函式()  # 輸出：我是區域變數
print(區域變數)   # 這行程式碼會回報錯誤，因為區域變數在函式外不可見
```

在這個例子中，區域變數只在函式內部存在，函式執行完畢它就不可見了。

全域變數的作用

全域變數是在函式外部定義的變數，在整個程式中都可見。就像家裡的公佈欄，所有家庭成員都可以看到和使用。

```
全域變數 = "我是全域變數"

def 函式():
```

```
    print(全域變數)

函式()            # 輸出：我是全域變數
print(全域變數)   # 輸出：我是全域變數
```

在這個例子中，全域變數在函式內部和外部都可見。

避免變數名稱衝突

瞭解區域變數和全域變數的作用範圍非常重要，因為它有助於避免變數名稱衝突導致的錯誤。如果在函式內部定義了一個與全域變數同名的變數，那麼這個區域變數會遮蔽全域變數，導致潛在的錯誤。

```
變數 = "我是全域變數"

def 函式():
    變數 = "我是區域變數"
    print(變數)

函式()          # 輸出：我是區域變數
print(變數)     # 輸出：我是全域變數
```

在這個例子中，函式內部的變數是區域變數，它遮蔽了全域變數，但在函式外部，全域變數仍然存在。作用範圍和變數遮蔽是程式編寫中常見的問題，尤其是在大型專案中或初學者程式編寫時。計數器的更新是一個常見的錯誤場景。假設我們有一個全域計數器，用於追蹤某個事件發生的次數，還有一個函式，期望在每次呼叫時增加計數器的值。由於區域變數遮蔽全域變數，計數器的值沒有按預期更新。

```
# 全域變數
counter = 0

def update_counter():
    counter = 0  # 誤以為在更新全域變數，但實際上建立了一個區域變數
    counter += 1
    print(f"Inside function, counter: {counter}")

# 呼叫函式
update_counter()
print(f"Outside function, counter: {counter}")  # 期望輸出 1，但實際輸出 0
```

為了避免變數遮蔽造成的問題和潛在錯誤，可以採用以下策略。

- **使用不同的變數名稱**：確保區域變數和全域變數使用不同的名稱。
- **使用全域變數**：如果確實需要在函式內部修改全域變數，可以使用 global 關鍵字。

瞭解了區域變數、全域變數、作用範圍的概念，就可以利用這些概念，組合出一個具體的提示詞。在 VS Code 的一個 5.2.2.py 檔案中，以多行註解的方式寫入提示詞，讓 GitHub Copilot 幫助我們完成一個計數器函式。GitHub Copilot 產生的程式碼如下：

```
"""
定義一個計數器函式，
使用全域變數 counter 初始化為 0，
定義一個更新計數器的函式 update_counter，
函式裡面使用 global 關鍵字，更新全域變數 counter。
呼叫 update_counter，
列印現在的計數數字。
"""
counter = 0

def update_counter():
    global counter
    counter += 1

update_counter()
print(counter)   # 輸出：1
```

執行這個計數器函式後，終端機列印了正確結果：

```
>>> counter = 0
>>> def update_counter():
...     global counter
...     counter += 1
...
>>> update_counter()
>>> print(counter)   # 輸出：1
1
>>>
```

5.2.3 遞迴與迭代

核心概念：遞迴、迭代、分治問題

瞭解方法：遞迴是一種函式呼叫自身的程式編寫技巧，常用於解決分治問題。迭代則是透過迴圈來解決問題。瞭解遞迴和迭代的區別和用法，可以幫助我們在選擇合適的解決問題的方法時更精準。

遞迴函式在初學時可能比較難瞭解，但只要掌握了基本思維，即函式呼叫自身並逐步縮小問題規模，遞迴就變得簡單了。想像一下，你站在一面鏡子前，鏡子裡面的你再拿著一面鏡子，這樣就會形成無限的鏡像，這種自我重複的現象就是遞迴。

遞迴的關鍵在於：

基準情況（終止條件）：決定遞迴什麼時候停止。

遞迴步驟：函式呼叫自身，並逐步縮小問題的規模。

舉個例子，在 5.2.3.py 檔案中，以註解的形式寫入「# 計算整數的階乘（例如，5! = 5 × 4 × 3 × 2 × 1）」，GitHub Copilot 產生的程式碼如下：

```python
# 計算整數的階乘（例如，5! = 5 × 4 × 3 × 2 × 1）
def factorial(n):
    if n == 0:
        return 1
    else:
        return n * factorial(n-1)

print(factorial(5))   # 輸出：120
```

透過這個例子可以看出，遞迴是一種函式呼叫自身的方法。這個 factorial 函式示範了遞迴的概念。當 n 大於 1 時，函式會呼叫自身，即 factorial(n-1)。這種自我呼叫會持續進行，直到觸及基準情況（也稱為遞迴的終止條件），即 n == 0。基準情況是遞迴函式得以終止的條件。在以上程式碼中，當 n 等於 1 時，函式傳回 1，避免了無限遞迴的發生。

經典的遞迴例子──費氏數列

有一對小兔子，牠們每個月都會生出一對新的小兔子。這些新的小兔子在出生後的第二個月也會開始生小兔子。那麼，兔子的數量會以怎樣的形式增加呢？費氏數列就是這樣一個簡單而神奇的數字序列，它告訴我們如何計算兔子的數量：某個月的兔子數量等於前兩個月的兔子數量之和。

```
1, 1, 2, 3, 5, 8, 13, 21, 34, 55...
```

在 5.2.3.py 檔案中，以註解的形式寫入：「# 計算一個數的費氏數列：每個數是前兩個數之和（例如，F(0)=0, F(1)=1, F(n)=F(n-1)+F(n-2)）。」GitHub Copilot 產生的程式碼如下：

```
# 計算一個數的費氏數列：每個數是前兩個數之和（例如，F(0)=0, F(1)=1, F(n)=F(n-1)+F(n-2)）。
def fibonacci(n):
    if n <= 0:
        return 0
    elif n == 1:
        return 1
    else:
        return fibonacci(n-1) + fibonacci(n-2)

print(fibonacci(5))    # 輸出：5
print(fibonacci(6))    # 輸出：8
print(fibonacci(7))    # 輸出：13
```

迭代的基本思維

迭代是一種透過重複某一過程來逐步逼近結果的方法。與遞迴不同，迭代通常使用迴圈結構（如 for 或 while 迴圈）來完成。在計算階乘的過程中，函式使用了遞迴，同樣的功能也可以透過迭代來完成。例如，使用一個迴圈變數和累積乘積的方式來計算階乘值。

在 5.2.3.py 檔案中，以註解的形式寫入「# 使用一個迴圈變數和累積乘積的方式來計算階乘值」，GitHub Copilot 產生的程式碼如下：

```Python
# 使用一個迴圈變數和累積乘積的方式來計算階乘值
def factorial(n):
    result = 1
    for i in range(1, n + 1):
        result *= i
    return result

print(factorial(5))    # 輸出：120
```

瞭解遞迴與迭代的區別

遞迴：通常更適合分治問題和樹狀結構問題，程式碼更簡潔，但可能導致較高的記憶體消耗。

迭代：通常更有效率，適合線性問題，程式碼可能稍微冗長，但更節省記憶體。

透過編寫一些經典的遞迴例子，如費氏數列、階乘計算等，逐步掌握遞迴思維。同時，嘗試將這些遞迴問題轉化為迭代解決方法，瞭解兩者的優缺點。

分治是一種程式編寫和演算法設計策略，它將一個複雜的問題分解成兩個或更多的相同或相似的子問題，直到子問題可以簡單地直接求解。原問題的解即子問題的解的合併。這是一種自上而下解決問題的方法，適用於問題的規模縮小後更容易解決的情況。

5.2.4 高階函式與匿名函式

核心概念：高階函式、匿名函式（lambda）、函式作為參數傳遞

瞭解方法：高階函式是指可以接受其他函式作為參數的函式，或者傳回一個函式作為結果。匿名函式是沒有名字的簡短函式，常用於需要快速定義簡單函式的場景。瞭解高階函式和匿名函式有助於掌握 Python 的函數式程式編寫風格。初學者重點要掌握的是 Python 內建的高階函式，這並不是說要自己去建立高階函式，而是要利用內建的高階函式。

高階函式的概念源於函數式程式設計，強調函式可以像資料一樣被操作。高階函式可以接受一個或多個函式作為參數，也可以傳回一個函式作為結果。這種靈活性使得程式碼更加簡潔和易於維護。

map 和 filter 是 Python 內建的高階函式。

map 函式對可迭代物件的每個元素套用一個函式，並傳回一個新的迭代器。在 5.2.4.py 檔案中，以註解的形式寫入「# 一個使用 map() 函式的例子」，GitHub Copilot 產生的程式碼如下：

```
# 一個使用 map() 函式的例子
def square(n):
```

```
    return n ** 2

numbers = [1, 2, 3, 4, 5]
squares = map(square, numbers)

print(list(squares))    # 輸出：[1, 4, 9, 16, 25]
```

filter 函式對可迭代物件的每個元素套用一個函式，根據函式的傳回值是 True 還是 False 來過濾元素。在 5.2.4.py 檔案中，以註解的形式寫入「# 一個使用 filter() 函式的例子」，GitHub Copilot 產生的程式碼如下：

```
# 一個使用 filter() 函式的例子
def is_even(n):
    return n % 2 == 0

numbers = [1, 2, 3, 4, 5]
even_numbers = filter(is_even, numbers)

print(list(even_numbers))    # 輸出：[2, 4]
```

常見的高階函式

高階函式是指能夠接受函式作為參數或者傳回函式的函式。Python 中有許多內建的高階函式，它們可以大幅簡化程式碼並提高程式編寫效率。表 5-1 展示了常見的高階函式及其用途。

表 5-1

高階函式	用途
map	對串列中的每個元素進行操作，傳回結果並組成新串列
filter	根據給定的條件函式，過濾串列中的元素，並將滿足條件的元素組成新串列傳回
reduce	接受一個二元函式作為參數，用於對序列中的元素逐一進行計算，從左到右迭代減少元素直到只剩一個
sorted	接受一個串列作為參數，將串列中的元素排序後傳回

匿名函式

匿名函式（lambda 函式）是沒有名字的簡短函式，通常用於需要快速定義簡單函式的場景。lambda 函式的語法非常簡潔：

```
lambda 參數1, 參數2: 運算式
```

在 5.2.4.py 檔案中，以註解的形式寫入「# 一個使用 lambda 函式的例子」，GitHub Copilot 產生的程式碼如下：

```
# 一個使用 lambda 函式的例子
numbers = [1, 2, 3, 4, 5]
squares = map(lambda x: x ** 2, numbers)

print(list(squares))   # 輸出：[1, 4, 9, 16, 25]
```

高階函式與匿名函式的結合

高階函式和匿名函式常常結合使用，使程式碼更加簡潔。在 5.2.4.py 檔案中，以註解的形式寫入「# 一個使用高階函式與匿名函式的結合的例子」，GitHub Copilot 產生的程式碼如下：

```
# 一個使用高階函式與匿名函式的結合的例子
numbers = [1, 2, 3, 4, 5]
squares = map(lambda x: x ** 2, numbers)

print(list(squares))   # 輸出：[1, 4, 9, 16, 25]
```

在這個例子中，因為 sort() 函式接受另一個函式作為參數，所以是一個高階函式。lambda 函式是一個匿名函式，它接受一個參數 s（代表一個學生），並傳回 s 的第三個元素（學生的年齡）。sort() 函式將這個 lambda 函式作為排序的關鍵字，按照學生的年齡排序。

透過這些練習，你會逐步瞭解並熟練掌握高階函式和匿名函式的用法，對函式有更深的瞭解。

5.3 會說話就會寫函式

我們模擬一個真實的對話場景。你需要編寫一個計算學生成績的程式,該程式可以將任務分解為輸入資料、計算平均分和輸出結果。但你不會寫函式,只會用語言來表達,你該如何告訴程式開發人員朋友,讓他幫你寫好整個程式?此時的我們,剛剛學習了 Python 的基礎概念和核心概念,需要用清晰的文字來表達我們的需求。GitHub Copilot 會為我們寫出好的程式碼,我們現在躍躍欲試了。可是,在這個對話場景中,我們很茫然——字都能看懂,但是不會寫函式,不會寫程式。

編寫函式的過程不同於學習 HTML。在學習 HTML 的過程中,我們會使用各種標籤來建構網頁。例如,使用標籤來編寫段落,使用標籤來建立文章標題。透過掌握這些基礎知識,我們能夠建立結構良好的網頁。同樣,在學習 Python 的過程中,我們首先需要掌握基礎概念,如變數、資料型別和控制結構。這些知識構成了程式編寫的基礎,使我們能夠編寫基本的 Python 陳述式,但我們依然不會編寫函式去解決具體的問題。

從基礎知識到函式的過渡是一個自然的過程。一旦我們對 Python 的基礎概念有了扎實的瞭解,下一步自然就是學習如何編寫函式。函式在程式編寫中扮演著類似於 HTML 標籤在網頁建構中的角色——幫助我們組織和管理程式碼。透過定義函式,我們可以將複雜的任務分解為小的、易於管理的模組。這不僅提高了程式碼的可讀性和可維護性,還使我們能夠在不同的專案中重複使用程式碼片段。

所以,使用函式解決實際應用問題是我們的目標。但是在達到這個目標之前,我們要學會描述任務的細節,讓「GitHub Copilot 搭配編寫程式夥伴」,能看懂、聽懂的細節。

現實中的程式開發人員編寫程式之前,會由產品經理來規劃功能、設定步驟。產品經理負責把這些細節整理好,如是否使用標題格式,程式開發人員照著執行即可。但如果我們現在沒有產品經理,無法清楚地講出可以讓程式設計師直接執行的需求,我們可能只會說「你把成績計算出來就好了」。但是程式開發人員需要的不是這樣一句話,他需要一張地圖,一張像為路人指路那樣清晰的指引,你必須對目前所處的位置與周遭環境非常熟悉。

總結來說，我們不僅需要一幅地圖，還要對地圖上的座標、地標都很熟悉，達到可以清晰地為路人指路那樣的水準。

作為 Python 初學者，我們剛剛學會了一些基本詞彙和短句，但無法為別人指路，該怎麼辦？

如果我們把這個燙手的山芋扔給 GitHub Copilot，它會如何解決呢？我們將這個問題拋到 GitHub Copilot 的聊天介面，有了以下對話。

> 如果你需要編寫一個計算學生成績的程式，可以將任務分解為輸入資料、計算平均分數和輸出結果。但你不會寫函式，你會說話，你如何告訴你的程式開發人員朋友幫你寫好整個程式。

GitHub Copilot 的回答：

> 我會這樣描述這個程式的建構過程：
> 首先，我們需要一個函式來輸入學生的成績。這個函式可以接受一個學生的名字和他們的成績，然後將這些資訊儲存在一個字典中。學生的名字將作為鍵，他們的成績將作為值。
> 接下來，我們需要一個函式來計算學生的平均成績。這個函式應該接受上一步建立的字典作為輸入，然後遍歷字典，將所有的成績加起來，然後除以成績的數量，得到平均成績。
> 最後，我們需要一個函式來輸出結果。這個函式應該接受平均成績作為輸入，然後列印出一個訊息，告訴我們學生的平均成績是多少。請隨時告訴我，我會盡力解釋。

是不是看到了 GitHub Copilot 的解決方案？雖然我們沒有地圖、不認識程式編寫世界的路標，但是 GitHub Copilot 可以進行清晰的描述。

這個對話是一個非常好的例子，說明了如何將一個現實世界的問題轉化為可以透過程式編寫來完成的任務。透過清晰地描述需求、提供虛擬碼範例和預期的輸入／輸出，即使是沒有程式編寫經驗的人也能夠有效地與程式開發人員溝通。

我們將 GitHub Copilot 的回答複製到 5.3.py 檔案中，並使用說明字串（由一對三引號包裹）來標識。說明字串不會影響程式的執行，它只是作為註解存在。記得刪除「請隨時告訴我，我會盡力解釋」這樣的內容。

GitHub Copilot 會讀取整個說明字串並將其當作提示，根據提示開始產生程式碼。輸入完整的說明字串後，我們可以按 Enter 鍵另起一行，隨後 GitHub Copilot 會以斜體的方式展示建議程式碼。我們只需反覆按 Tab 鍵接受建議，按 Enter 鍵另起一行接受新的建議，直到沒有更多建議為止，這樣整個商業邏輯就編寫完成了。如果產生速度太慢或者沒有產生程式碼，可以直接按 Ctrl+I 快速鍵，開啟行內聊天，將註解複製到輸入框中。行內聊天產生的程式碼會提示我們是否接受建議程式碼，如果接受，程式碼將被直接插入檔案。

```
"""
首先，我們需要一個函式來輸入學生的成績。
這個函式可以接受一個學生的名字和他們的成績，
然後將這些資訊儲存在一個字典中。
學生的名字將作為鍵，他們的成績將作為值。
接下來，我們需要一個函式來計算學生的平均成績。
這個函式應該接受上一步建立的字典作為輸入，
然後遍歷字典，將所有的成績加起來，
然後除以成績的數量，得到平均成績。
最後，我們需要一個函式來輸出結果。
這個函式應該接受平均成績作為輸入，
然後列印出一個訊息，告訴我們學生的平均成績是多少。

"""

def input_grades():
    grades = {}
    while True:
        name = input("Enter student name (or 'q' to quit): ")
        if name == 'q':
            break
        score = float(input("Enter student score: "))
        grades[name] = score
    return grades

def calculate_average(grades):
    total = sum(grades.values())
    average = total / len(grades)
    return average

def output_result(average):
    print("The average grade is:", average)

# Example usage:
grades = input_grades()
average_grade = calculate_average(grades)
output_result(average_grade)
```

我們執行這個檔案的 Python 程式碼後，輸入測試程式碼提供的分數，終端機將按照預期輸出學生的平均成績。此時，我們用 GitHub Copilot 寫的程式碼完全正確。正因為有如此清晰的「地圖」指引，GitHub Copilot 才能順利完成這個任務。

```
Enter student name (or 'q' to quit): 韓梅梅
Enter student score: 99
Enter student name (or 'q' to quit): 李明
Enter student score: 88
Enter student name (or 'q' to quit): 馬進
Enter student score: 12
Enter student name (or 'q' to quit): q
The average grade is: 66.33333333333333
```

這種表達需求的方式不僅有助於 AI 輔助程式編寫工具瞭解任務，還能夠促進合作。透過提供詳細的需求描述，AI 輔助程式編寫工具更容易瞭解任務的目標和期望的結果。同時，透過提供虛擬碼和範例，AI 輔助程式編寫工具可以更快地瞭解任務的邏輯和流程，進而更有效率地編寫程式碼。

此外，這種表達需求的方式展現了一種解決問題的思維。透過將複雜的任務分解為小的、易管理的子任務，如輸入資料、計算平均分和輸出結果，我們更容易瞭解和處理問題。這種分解問題的能力是非常重要的程式編寫技能，可以幫助我們更有條理地組織和管理程式碼，提升程式碼的可讀性和可維護性。

5.4 函式錯誤類型及原因

在使用 GitHub Copilot 輔助程式編寫時，出現頻率最高的場景是編寫函式。對於真實場景中的商業任務來說，程式非常複雜，我們無法透過幾句話讓 GitHub Copilot 寫完整個程式，所以，都是由人分解任務後，由 GitHub Copilot 以產生函式的方式完成這些任務。這就意味著，函式是 GitHub Copilot 犯錯最多的地方，函式的內部是否正常執行，是衡量它產生的程式碼品質的首要標準。

在學習 Python 基礎概念時，我們認識了運算式和控制結構。運算式，如指定運算式、算術運算式等，在函式內部發揮操作資料的作用，所有的運算式最終都儲存為一個值。控制結構則包括條件結構、迴圈結構和跳轉結構（例如：goto），決定了函式執行的順序及是否重複執行某些陳述式。

正是由於函式的內部結構包含了各種運算式和控制結構，出錯的機率很大，所以，在使用 GitHub Copilot 輔助程式編寫的工作流程中，我們的任務發生了變化，從編寫函式轉移到提出需求、審查程式碼和測試函式程式碼上。

1. 明白需求：在程式編寫之前，明白想要完成的功能。這將幫助 GitHub Copilot 瞭解我們的需求並產生相關的程式碼。
2. 程式碼審查：當 GitHub Copilot 產生程式碼時，應該審查它以確保它滿足需求。如果程式碼有問題，可以修改它或者向 GitHub Copilot 提出問題。
3. 測試除錯程式碼：程式碼產生後，應編寫測試案例來測試它。如果發現錯誤，可以修復它或者向 GitHub Copilot 詢問如何修復。

由於人類程式開發人員任務的轉變，我們需要的能力是辨識錯誤、分析錯誤及向 GitHub Copilot 提出問題並讓它解決問題。在上一節，我們介紹了如何使用 GitHub Copilot 來幫助我們表達需求。在這一節，我們將繼續學習程式碼審查，以確保程式碼滿足需求並找出錯誤的原因。

1. 語法錯誤

問題描述：程式碼未遵循 Python 的語法規則，導致直譯器無法正確解析。

常見錯誤：

- 缺少冒號：例如在定義函式或條件陳述式時。
- 缺少縮排：程式碼區塊未正確縮排。
- 括號不一致：例如缺少結束的括號、中括號或大括號。

範例：

```
def my_function(x)    # 缺少冒號
    if x > 0
    return x    # 缺少縮排
    else:
        return -x
```

2. 邏輯錯誤

問題描述：程式碼語法正確，但邏輯不符合預期，導致程式不能按預期執行。

常見錯誤：

- 條件判斷錯誤：例如使用了錯誤的比較運算子。

- 迴圈控制錯誤：例如迴圈終止條件錯誤，導致無限迴圈或迴圈未執行。
- 變數初始化或更新錯誤。

範例：

```
# 這個迴圈應該列印從 0 到 9 的數字
i = 0
while i < 10:
    print(i)
    # 忘記更新 i，導致 i 一直為 0，迴圈永遠不會終止
    # i += 1
```

在這個例子中，因為 i += 1 這一行被註解掉了，所以 i 的值永遠不會改變。這將導致迴圈一直執行，列印無數個 0。

3. 參數傳遞錯誤

問題描述：函式參數傳遞不正確，導致函式無法正常執行。

常見錯誤：

- 參數數量不一致：函式定義的參數和呼叫時傳遞的參數數量不一致。
- 參數型別不一致：傳遞的參數型別不符合函式預期。

範例：

```
def add(a, b):
    return a + b

result = add(5)   # 參數數量不一致
```

4. 傳回值錯誤

問題描述：函式傳回的值不符合預期，導致呼叫函式的程式碼無法正確處理結果。

常見錯誤：

- 忘記傳回值：函式未使用 return 陳述式。
- 傳回值型別錯誤：傳回值型別不符合預期。

範例：

```
def calculate_sum(a, b):
    sum = a + b
    # 忘記使用 return 陳述式
```

5. 作用範圍錯誤

問題描述：變數在函式內部或外部的作用範圍使用不當，導致變數未定義或值不正確。

常見錯誤：

- 區域變數和全域變數混淆。
- 未使用 global 宣告修改全域變數。

範例：

```
x = 10

def modify_x():
    x = 20   # 實際上是定義了一個新的區域變數 x

modify_x()
print(x)   # 輸出 10，而不是預期的 20
```

6. 呼叫錯誤

問題描述：函式呼叫不正確，導致程式當掉或結果錯誤。

常見錯誤：

- 函式未定義或拼寫錯誤。
- 呼叫順序錯誤：函式在定義之前呼叫。

範例：

```
def greet():
    print("Hello, world!")

grret()   # 拼寫錯誤
```

7. 例外處理錯誤

問題描述：未正確處理可能出現的例外，導致程式當掉。

常見錯誤：

- 忽略例外處理。
- 截獲例外但未處理或處理不當。

範例：

```
def divide(a, b):
    return a / b

result = divide(10, 0)    # 未處理除以零例外
```

8. 函式巢狀錯誤

問題描述：在巢狀函式中，內層函式的變數或邏輯錯誤。

常見錯誤：

- 內層函式使用外層函式的區域變數。
- 內層函式的參數或傳回值錯誤。

範例：

```
def outer_function(x):
    def inner_function(y):
        return x + y

    return inner_function(10)    # 如果外層函式沒有傳回 inner_function 的結果，呼叫
將失敗
```

瞭解常見錯誤及其原因，可以提高編寫和偵錯函式的效率，降低犯錯的可能。多加練習和反覆偵錯，將有助於逐步掌握函式程式編寫。

接下來，我們將探討如何透過學習函式的概念和應用函式提高程式編寫技能，並最終使用 Python 解決實際問題。我們將深入瞭解如何將現實世界的需求轉化為可編寫程式的任務，並學習如何清晰地描述這些任務，以便程式開發人員瞭解並編寫

相關的程式碼。透過這個過程,我們將逐步成長為合格的 Python 程式開發人員,能夠獨立完成各種程式編寫任務。

5.5 排查錯誤問題

GitHub Copilot 在編寫程式碼的過程中,難免會遇到各種錯誤。這時,我們需要具備排查和解決錯誤的能力。本節將以一個具體的例子,詳細介紹如何使用 GitHub Copilot 和 VS Code 偵錯工具來辨識錯誤、排查問題並提出解決方案。

在 5.5.py 檔案中有一個 GitHub Copilot 編寫的計算階乘函式:

```
def factorial(n):
    if n == 0:
        return 1
    else:
        return n * factorial(n - 1)
```

這個函式在大多數情況下都能正常工作,但其中有一些潛在的錯誤。

- 負數輸入:如果輸入是負數,那麼這個函式會陷入無限遞迴,最終導致最大遞迴深度超限錯誤(RecursionError: maximum recursion depth exceeded)。

- 非整數輸入:如果輸入是非整數,那麼這個函式會拋出型別型錯誤(TypeError: '<=' not supported between instances of 'str' and 'int')。

下面我們透過一個具體的例子,示範如何使用 VS Code 偵錯工具來排查第二個錯誤。

假設我們在主程序中錯誤地呼叫了 factorial('5'),將字串 '5' 傳遞給了函式。

設定中斷點:在 return n * factorial(n - 1) 這一行程式碼的左側空白處按一下,設定一個中斷點。

開始偵錯:按一下 VS Code 視窗左側活動欄的「執行和偵錯」按鈕(圖示是甲蟲和三角形的組合),然後按一下「開始偵錯」按鈕或直接按 F5 鍵,啟動偵錯。

查看錯誤：程式會在中斷點處暫停。此時，Python 直譯器拋出一個 TypeError，在 VS Code 的「問題」檢視中可以看到具體的錯誤資訊「TypeError: unsupported operand type(s) for -: 'str' and 'int'」。

找到錯誤原因後，我們可以向 GitHub Copilot 描述問題並提出解決方案。

1. 描述問題

「當我們向 factorial 函式傳遞一個非整數值時，它會拋出一個 TypeError。這是因為函式期望輸入是一個整數，但是它接收到了一個字串。」（如圖 5-1 所示）

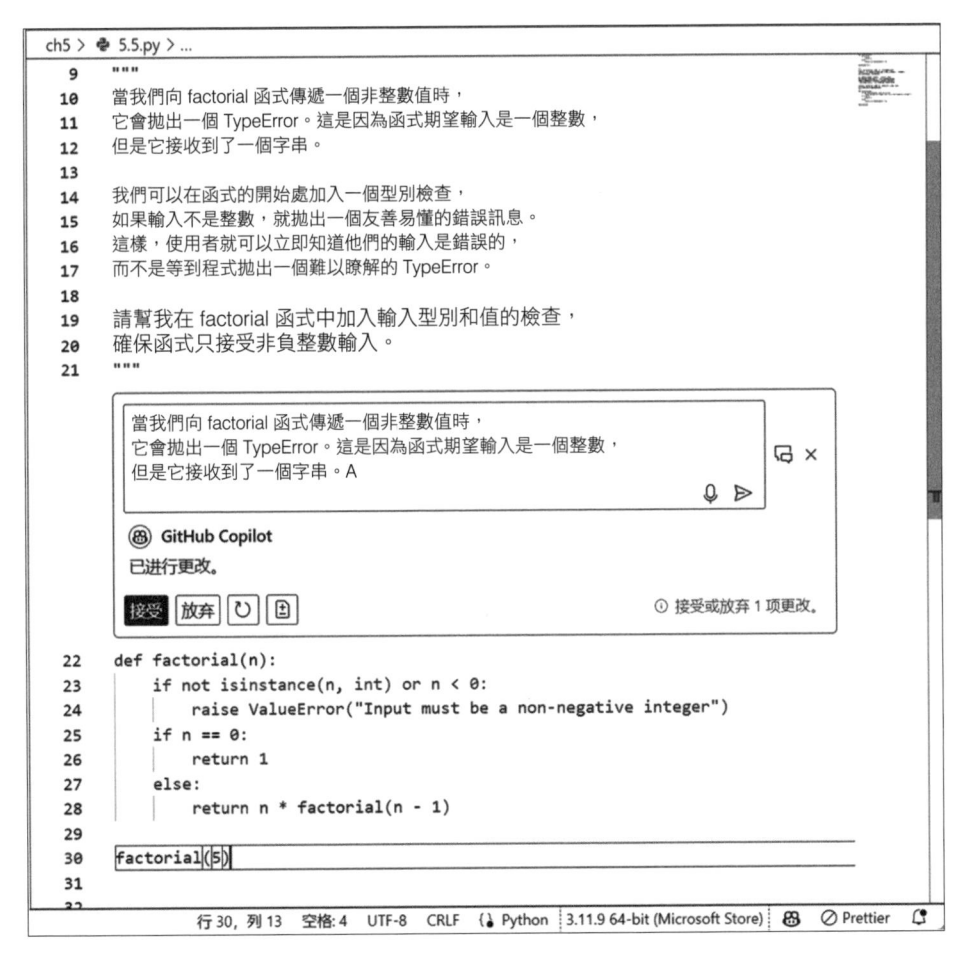

圖 5-1

2. 提出解決方案

「我們可以在函式的開始處加入一個型別檢查，如果輸入不是整數，就拋出一個友善易懂的錯誤訊息。這樣，使用者就可以立即知道他們的輸入是錯誤的，而不是等到程式拋出一個難以瞭解的 TypeError。」（如圖 5-1 所示）

3. 請求修改後的程式碼

「請幫我在 factorial 函式中加入輸入型別和值的檢查，確保函式只接受非負整數輸入。」（如圖 5-1 所示）

GitHub Copilot 可能會產生如下修改後的函式：

```python
def factorial(n):
    if not isinstance(n, int) or n < 0:
        raise ValueError("Input must be a non-negative integer")
    if n == 0:
        return 1
    else:
        return n * factorial(n - 1)

factorial(5)
```

這個修改後的函式檢查輸入是否為整數，並檢查輸入是否為非負數，如果輸入不滿足條件，就會拋出一個帶有友善易懂錯誤資訊的 ValueError，幫助使用者快速找到問題。

透過這個例子，我們示範了如何使用 VS Code 偵錯工具來辨識錯誤，以及如何與 GitHub Copilot 合作，提出問題並產生解決方案。在實際開發中，我們應該養成使用偵錯器的習慣，並與 GitHub Copilot 進行有效的互動，以提高程式碼的品質和開發效率。

5.6 Python 模組、第三方函式庫、標準函式庫裡的函式

在使用 GitHub Copilot 等工具時，我們經常會遇到一個棘手的問題：GitHub Copilot 產生的程式碼中包含了某些函式呼叫，但我們並不清楚這些函式的來源。這給我們修復 GitHub Copilot 編寫的錯誤函式帶來了很大的阻礙。

如果我們發現程式碼中呼叫了某個函式，但所在的模組沒有引入該函式，就意味著這個函式可能來自第三方函式庫或者 Python 內建標準函式庫。此時，我們需要瞭解這些函式的來源，並引入相關模組，以確保程式碼正確執行和可維護。

因此，學習常見的第三方函式庫和 Python 標準函式庫的知識變得尤為重要。只有掌握了這些基礎知識，我們才能更深入了解 GitHub Copilot 產生的程式碼，並有效率地維護和最佳化專案。本節將詳細介紹如何從自訂模組、第三方函式庫和標準函式庫中引入函式，並為常見的第三方函式庫和標準函式庫功能模組提供概要說明，讓讀者在面對這類挑戰時更有信心。

在 Python 程式編寫中，模組、函式和類別是建構應用程式的基本單元。除自訂模組外，Python 提供了豐富的第三方函式庫和標準函式庫，可以幫助我們快速擴充 Python 的功能。下面我們將詳細介紹它們之間的關係及使用方法。

模組與函式

模組是包含 Python 定義和陳述式的檔案。在模組中可以定義函式、類別和變數，也可以包含可執行的程式碼。透過建立自訂模組，我們能更有效地組織程式結構，進而提升程式碼的可讀性與可維護性。

函式是完成特定任務的一段程式碼。它可以接受參數，並傳回計算結果。在模組中，函式是最基本的程式碼重複使用的單元。透過將重複使用的程式碼封裝成函式，可以大幅提升程式編寫效率。

建立一個名為 math_utils.py 的模組，其中包含一些常用的數學函式：

```
# math_utils.py
def add(a, b):
    return a + b

def subtract(a, b):
    return a - b
```

在其他模組中，我們可以透過引入 math_utils 模組來使用這些函式：

```
import math_utils

result = math_utils.add(1, 2)
print(result)   # 輸出：3
```

類別與模組

類別是建立物件的藍圖，它定義了物件的屬性和方法。透過將相關的函式和變數封裝在一個類中，可以建立具有特定行為的物件。

在模組中可以定義多個類別，每個類別都可以包含多個函式（在類別中稱為方法）。

建立一個名為 geometry.py 的模組，其中包含 Circle 和 Rectangle 兩個類別：

```python
# geometry.py
import math

class Circle:
    def __init__(self, radius):
        self.radius = radius

    def area(self):
        return math.pi * self.radius ** 2

    def perimeter(self):
        return 2 * math.pi * self.radius

class Rectangle:
    def __init__(self, length, width):
        self.length = length
        self.width = width

    def area(self):
        return self.length * self.width

    def perimeter(self):
        return 2 * (self.length + self.width)
```

在其他模組中，我們可以引入 geometry 模組，引入 Circle 和 Rectangle 兩個類別，並建立它們的實體，呼叫它們的方法：

```python
from geometry import Circle, Rectangle

circle = Circle(5)
print(circle.area())    # 輸出：78.53981633974483

rect = Rectangle(3, 4)
print(rect.perimeter())    # 輸出：14
```

除了編寫自訂模組，Python 還有大量的第三方函式庫和內建的標準函式庫。利用這些函式庫，我們可以快速完成各種功能，而無須從零開始編寫所有程式碼。

第三方函式庫

第三方函式庫是由 Python 社群開發和維護的軟體套件，提供了各式各樣的功能，如資料分析、機器學習、Web 開發等。使用第三方函式庫可以大幅提升開發效率。

表 5-2 列出了一些常用的第三方函式庫。

表 5-2

分類	函式庫名稱	主要用途
資料分析	NumPy	提供了強大的數值計算功能，如陣列和矩陣運算
	Pandas	提供了高性能的資料結構和資料分析工具
	Matplotlib	提供了豐富的資料視覺化功能，如繪製圖表和圖形
機器學習	Scikit-learn	提供了各種機器學習演算法，如分類、迴歸和叢聚
	TensorFlow	提供了強大的深度學習框架，支援神經網路的建構和訓練
	PyTorch	提供了動態的神經網路建構和訓練功能
	LangChain	提供了建構語言模型應用的工具集，如提示範本、記憶體等
	OpenAI	提供了強大的語言模型 API，如 GPT 系列模型
Web 開發	Flask	提供了羽量級的 Web 應用框架，支援快速建構 Web 應用
	Django	提供了包含前後端的 Web 應用框架，包含 ORM、範本引擎等
	Requests	提供了簡單易用的 HTTP 請求函式庫，支援 GET、POST 等方法

LangChain 和 OpenAI 在自然語言處理和語言模型應用方面提供了強大的支援。LangChain 提供了一系列工具，如提示範本、Agent 等，有助於開發者建構語言模型應用。OpenAI 提供了強大的語言模型 API，如 GPT 系列模型，可用於文字產生、對話系統等任務。

在 Web 開發方面，Flask 和 Django 是兩個流行的 Python Web 框架。Flask 提供了羽量級的 Web 應用框架，易於上手，適合快速建構小型 Web 應用。Django 提供了包含前後端的 Web 應用框架，包含 ORM、範本引擎、表單處理等功能，適合開發大型 Web 應用。

Requests 函式庫是一個簡單易用的 HTTP 請求函式庫。它封裝了 Python 標準函式庫中的 urllib，提供了更加簡潔的 API。使用 Requests 函式庫，可以輕鬆地發送 GET、POST 等 HTTP 請求，處理 Cookie、上傳檔案等任務。

使用 pip 命令安裝 requests 函式庫。

```
pip install requests
```

在 Python 程式碼中引入 requests 函式庫，就可以使用它提供的函式了。

```
import requests

response = requests.get('https://api.gi**ub.com')
print(response.status_code)   # 輸出：200
```

標準函式庫

Python 標準函式庫是 Python 安裝套件內建的函式庫，它提供了大量常用的模組，涵蓋了文字處理、數學計算、檔案操作、網路通訊等多個領域。

os 模組提供了與作業系統互動的函式，如檔案和目錄操作：

```
import os

print(os.getcwd())     # 輸出目前工作目錄
print(os.listdir())    # 輸出目前的目錄下的檔案和子目錄串列
```

math 模組提供了各種數學函式：

```
import math

print(math.sqrt(4))              # 輸出：2.0
print(math.sin(math.pi / 2))     # 輸出：1.0
```

總之，模組、函式和類別是組織 Python 程式碼的基本方式。透過建立自訂模組，可以封裝可重複使用的程式碼。利用第三方函式庫和標準函式庫，可以快速擴充

Python 的功能，完成各種應用。在實際開發中，靈活運用它們可以大幅提升程式編寫效率和程式碼品質。

5.7 本章小結

在本章中，我們深入探討了利用 GitHub Copilot 和 VS Code 學習 Python 函式的基礎知識。首先，介紹了 Python 函式的核心概念，涵蓋函式定義與呼叫、區域變數與全域變數、遞迴與迭代、高階函式與匿名函式等內容。接下來，詳細講解了編寫函式的步驟，以及常見的函式錯誤類型及其原因，包括語法錯誤、邏輯錯誤、參數傳遞錯誤、傳回值錯誤、作用範圍錯誤、呼叫錯誤、例外處理錯誤和函式巢狀錯誤等。此外，討論了排查函式問題的方法，並介紹了除內建函式外，如何利用模組、類別與函式、第三方函式庫和標準函式庫來擴充 Python 的功能。

透過本章的學習，讀者不僅能夠掌握 Python 函式的核心概念，還能夠運用函式處理更複雜的程式編寫任務，提升對 AI 產生程式碼的瞭解能力。

6 提示工程：利用 GitHub Copilot 快速編寫程式碼

儘管像 GitHub Copilot 這樣的工具可以透過提供智慧的程式碼建議來輔助程式編寫，但關鍵仍在於我們要能夠清楚地表達自己的程式編寫目標和需求，工具只能根據我們提供的資訊來產生程式碼。因此，在學習 Python 的過程中，還需要培養將複雜問題分解為簡單、明確步驟的能力。為此，我們將在本章探討如何在 IDE 整合開發環境（使用 VS Code）中應用提示工程，讓你能更有效率地與程式輔助工具互動。

6.1 提示工程概念詳解

在使用 GitHub Copilot 的過程中，許多開發者經常會遇到一些挫折和困惑。例如，有時他們期望 GitHub Copilot 能夠根據簡單的註解或函式名稱自動產生完整的函式，但實際得到的是不準確或無關的程式碼片段。這些挫折和困惑常常源於開發者對 GitHub Copilot 能力的誤解，或者沒有提供足夠清楚和詳細的上下文資訊。

另外，GitHub 官方的一篇部落格文章中也提到了這種問題。文章作者分享了他們使用 GitHub Copilot 輔助編寫繪製霜淇淋甜筒程式碼的經歷。起初，無論作者如何嘗試，GitHub Copilot 提供的建議不是毫無關聯，就是沒有任何建議。這一經歷讓他們對 GitHub Copilot 的實用性產生了懷疑。但當作者深入研究 GitHub Copilot 處理資訊的方式後，有了新的認識。他們意識到，GitHub Copilot 並非一個黑盒工具，而是需要開發者學會與其有效溝通。他們透過調整提示的方法，針對輸入資訊的品質和重點給予最佳化，最終得到了滿意的結果。

面對這些挑戰，越來越多的開發者像這篇文章的作者一樣，意識到 GitHub Copilot 的「提示工程」的重要性。他們發現，充分發揮 GitHub Copilot 的潛力，僅依賴 GitHub Copilot 本身是不夠的，他們需要掌握一項新的技能——如何設計出清楚、準確、資訊充足的提示工程，進一步引導 GitHub Copilot 產生符合預期的程式碼。

提示工程涉及如何有效地建構和表達提示，以引導語言模型產生我們期望的輸出。它需要深入瞭解語言模型的能力和局限性，並運用技巧來充分利用模型的潛力。

我們使用 GitHub Copilot 程式編寫的方式是提示工程，而不僅是提示詞。提示詞只是輸入的內容，在最終提交給底層模型之前，這些提示詞都會經過提示工程的處理和最佳化。

GitHub Copilot 的提示工程整合了提示詞、上下文資訊和 IDE 環境資訊，透過 Codex 模型來瞭解使用者的需求並產生相關的程式碼建議，以輔助程式編寫。圖 6-1 展示了 GitHub Copilot 的完整提示工程，整合了三種輸入，由大型語言模型（OpenAI 的 Codex）產生程式碼建議的工作機制。

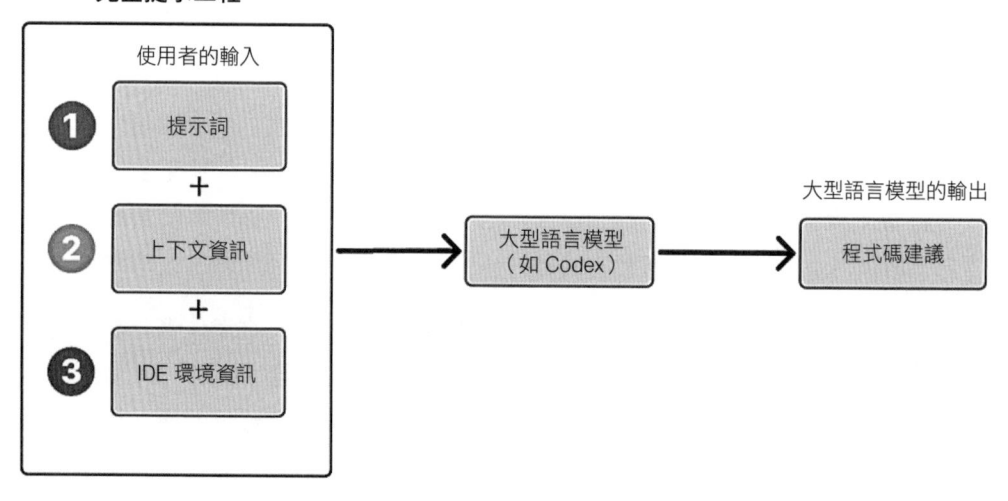

圖 6-1

詳細步驟說明：

1. **IDE 環境資訊和上下文資訊**：在 VS Code 中編寫程式碼時，會擷取程式碼和相關上下文資訊（例如檔案名稱、檔案路徑、程式註解，以及周邊的程式區塊等）（如圖 6-2 中編號 2 和 3 所示）。

2. **提示產生和編譯過程**：使用者的輸入（圖 6-2 所示的編號 1）、IDE 環境資訊和上下文被編譯成一個「提示」（Prompt），這個提示將被輸入機器學習模型。

3. **輸入 GitHub Copilot 模型**：提示被輸入 GitHub Copilot 的後台模型（圖 6-2 所示的大型語言模型節點）。

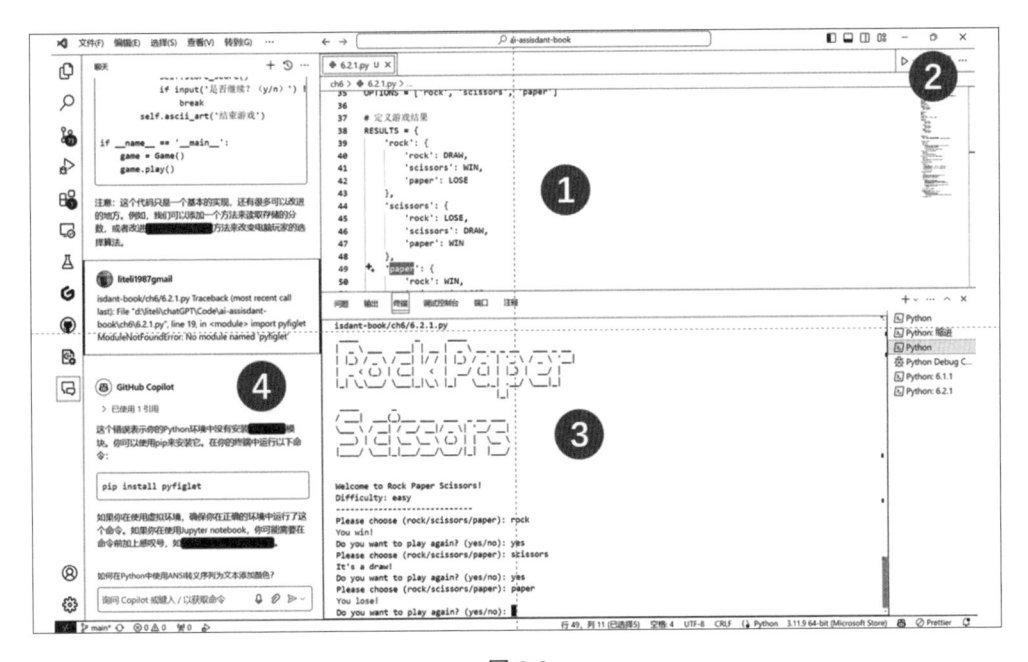

圖 6-2

4. **後台演算法產生程式碼建議**：GitHub Copilot 的後台演算法處理輸入，即時產生程式碼建議（圖 6-2 所示的程式碼建議節點）。

5. **輸出程式碼建議**：建議被顯示在 VS Code 中，幫助開發者更快地編寫程式碼或解決程式編寫問題。

在使用 GitHub Copilot 時，我們直接看到的是開發者編寫的程式碼區塊、單獨的程式行或自然語言註解。但除此之外，我們還需要留意一些隱藏的關鍵因素，包括作為額外資訊傳送給大型語言模型的程式碼相關細節，如目前檔案中游標前後的上下文程式碼。這些額外的上下文資訊可以幫助大型語言模型更準確地瞭解開發者的需求，進而產生相關性更強、品質更高的建議。

除了直接輸入的提示詞和上下文資訊，GitHub Copilot 的提示工程還涉及對 VS Code 的瞭解和利用，包括 VS Code 中的註解、目前開啟檔案中的程式碼等。透過分析和編譯這些資訊，GitHub Copilot 可以獲得更全面的專案背景和語意瞭解。這種對 VS Code 的深度整合使 GitHub Copilot 能夠提供更智慧、更具個性化的程式碼建議，大幅提升了開發者的工作效率。提示工程的複雜性在於如何將不同層次的資訊無縫結合，並轉化為對語言模型的最佳輸入。

如表 6-1 所示，透過對這三種輸入的分析和比較，我們可以更清楚地瞭解 GitHub Copilot 的工作原理，瞭解提示工程在其中扮演的關鍵角色。

表 6-1

類型	描述	技術 / 方法	應用 / 效果
提示詞	對輸入的提示詞進行處理和最佳化	深入瞭解模型的能力和局限性，運用特定技巧最佳化輸入	顯著提升模型產生輸出的品質和相關性
上下文資訊	程式碼本身及周圍的上下文對產生的程式碼片段有重要影響	分析目前檔案中的程式碼和開發者在 VS Code 中的活動，收集有用的上下文資訊	透過細節整合，提供更具個性化的、更智慧的程式碼建議
IDE 環境資訊	深度整合和利用整個 VS Code	整合 IDE 整合開發環境中的註解和其他檔案中的程式碼資訊	提供更智慧、更具個性化的程式碼建議，提升開發者的程式編寫效率和專案品質

GitHub Copilot 不僅可以根據使用者輸入的提示詞自動產生程式碼片段，也是一個綜合瞭解專案、環境和開發者需求的智慧工具。開發者透過合理利用提示工程、上下文資訊和 IDE 環境，可以顯著提高開發效率和程式碼品質。

6.2 提示工程的最佳實作

本節將重點探討如何有效運用 GitHub Copilot 的提示工程，以充分發揮其智慧程式編寫助手的潛力。我們將聚焦在提示詞的編寫技巧和策略上，學習如何設計和最佳化提示詞，以引導 GitHub Copilot 產生我們所期望的程式碼。同時，我們也將對 GitHub Copilot 提示工程中的其他重要面向，如上下文資訊的利用和 IDE 環境的瞭解，做一些補充說明並提供注意事項。透過深入瞭解和掌握這些提示工程的關鍵要素，我們可以更容易與 GitHub Copilot 協同工作，顯著提升所產生程式碼的品質。

下面提供一些提示工程的最佳實作，拋磚引玉，幫助開發者更有效地使用 GitHub Copilot 等 AI 程式編寫工具。

設定高階目標

在提示中清楚地表達想要達成的整體目標，而不是過於具體的實作細節，有助於 GitHub Copilot 產生更加相關和全面的建議。例如，提示「完成一個能夠加入、刪除和顯示專案的待辦事項清單」優於「建立一個 addItem 函式」。

簡單具體的要求

使用簡潔明瞭的語言描述需求，避免模棱兩可或過於複雜的表述。例如，「建立一個函式來計算陣列中所有元素的和」比「建立一個函式，它應該能夠接受一個數字陣列，然後把所有數字加起來，最後傳回總和」更為簡練和清楚。

提供範例

提供一個期望的輸出範例，可以大幅幫助 GitHub Copilot 瞭解我們的需求。範例不需要很複雜，簡單的虛擬碼或註解說明就足夠了。

```
# 建立一個函式，接受一個字串串列，傳回一個新串列，其中每個字串都轉換為大寫
# 範例：
# 輸入：["hello", "world"]
# 輸出：["HELLO", "WORLD"]
```

這個範例明確告訴 GitHub Copilot，我們想要一個將字串串列轉換為大寫的函式，以幫助其產生正確的程式碼。

專業關鍵字法則

在使用 GitHub Copilot 進行開發時，如何有效地引導其產生高品質、符合專案需求的程式碼，是許多開發者關心的問題。「專業關鍵字法則」為此提供了一種簡單而有效的解決方案。透過在提示詞中策略性地包含五種專業關鍵字，即程式編寫風格、功能實作、模組化結構、技術架構使用及效能最佳化和安全措施，開發者可以更精準地指導 GitHub Copilot 產生滿足預期的程式碼，進一步顯著提升開發效率和程式碼品質。

程式編寫風格關鍵字涵蓋了程式碼的書寫規範，如變數命名、函式結構和註解風格等。明確指定期望的程式編寫風格，如「使用駝峰命名法」、「在每個函式上方添加詳細註解」，有助於 GitHub Copilot 產生風格一致、可讀性強的程式碼。

功能實作關鍵字直擊專案的核心需求，清楚地描述了所需的商業邏輯或演算法，如「快速排序」「使用者登入驗證」等。使用這類關鍵字，開發者可以確保 GitHub Copilot 準確瞭解功能需求，並產生符合預期效果的程式碼。

在架構設計層面，模組化結構關鍵字，如「MVC 架構」、「REST API 設計」等，為 GitHub Copilot 提供了整體的方向。藉助這些關鍵字，GitHub Copilot 能夠產生結構清楚、組織有序的程式碼，使專案更加易於維護和擴展。

選擇技術架構使用關鍵字，如「React」「Django」「NumPy」等，可確保 GitHub Copilot 產生的程式碼與專案現有的技術系統相容，充分發揮相關函式庫或框架的特性和優勢，進而提高開發效率。

效能最佳化和安全措施關鍵字，如「記憶體最佳化」、「並行處理」、「SQL 注入防護」等，讓 GitHub Copilot 在產生程式碼的同時，兼顧程式的執行效率和安全性，減少潛在的風險和問題。

透過專業關鍵字法則，開發者可以更精確地指導 GitHub Copilot 產生符合預期的高品質程式碼，進而提升開發效率和程式碼的實用性。這種方法透過專業關鍵字的策略性使用，最佳化了與 AI 的互動，確保了輸出結果的相關性和品質。

在實作中，開發者應遵循以下四點建議，以充分發揮專業關鍵字法則的效力。

- 品質優先：選用能呈現較高品質標準和最佳實作的關鍵字。

- 相關性：優先使用與具體功能需求直接相關的關鍵字。
- 簡潔明瞭：用簡明扼要的關鍵字準確表達複雜的需求。
- 漸進提供：隨著專案進度的推進，逐步引入新的關鍵字。

下面透過專業關鍵字法則建構提示詞，利用 GitHub Copilot 開發一個 Python 剪刀石頭布遊戲。

6.2.1 運用專業關鍵字法則開發「剪刀石頭布」遊戲

為了直觀展示專業關鍵字法則的實作效果，我們以開發一個終端機命令列介面的 Python 剪刀石頭布遊戲為例。透過在不同階段引入精選的專業關鍵字，我們可以有效指導 GitHub Copilot 產生高度相關、高品質的程式碼，進一步提升開發效率和遊戲品質。

專案初始階段

在專案初期，我們優先引入呈現 Python 最佳實作的關鍵字，為專案奠定穩固基礎，如表 6-2 所示。

表 6-2

專業關鍵字	類型	描述	提示詞範例
Python 3.x	語言版本	明確指定專案使用的 Python 版本，確保 GitHub Copilot 產生相容的程式碼	使用 Python 3.9 開發剪刀石頭布遊戲
PEP 8	程式編寫規範	遵循 Python 官方推薦的程式編寫風格，提升程式碼可讀性	遵循 PEP 8 規範，組織遊戲的程式碼結構，提高可維護性
程式碼模組化	專案結構	表達對於合理劃分程式碼組的期望	將遊戲邏輯、使用者互動和結果判定分別封裝在不同的函式或類別中

這些關鍵字傳遞了清楚的技術決策資訊，強調了程式碼品質，為後續開發奠定了良好基礎。

切中需求要點

確定了專案的整體技術方向後,引入與核心功能緊密相關的關鍵字,確保 GitHub Copilot 準確瞭解需求。表 6-3 展示了遊戲流程控制的專業關鍵字和提示詞範例。

表 6-3

專業關鍵字	類型	描述	提示詞範例
使用者輸入驗證	輸入處理	表達對於強固的使用者輸入處理邏輯的期望	使用 if 語句和字串方法驗證使用者輸入是否為合法的遊戲選擇(剪刀/石頭/布)
while 迴圈	流程控制	明確表示需要反覆執行遊戲流程,直到滿足終止條件	使用 while 迴圈控制進行多輪遊戲,直到使用者主動退出
隨機策略產生	遊戲邏輯	表達需要程式自動產生隨機的遊戲策略	利用 random 模組產生表示剪刀、石頭、布的亂數,模擬電腦玩家的選擇

引入這些功能的相關關鍵字,為 GitHub Copilot 提供明確的指引,確保它產生的程式碼緊緊圍繞核心需求。

簡潔明瞭

在處理一些細節需求時,同樣應力求用簡明扼要的關鍵字準確地傳達核心要點。表 6-4 展示了對於美化遊戲的終端機輸出樣式的需求描述。

表 6-4

專業關鍵字	類 型	描述	示例
ANSI 逸出序列	終端機著色	表達對於豐富多彩終端機輸出的期望	使用 ANSI 逸出序列為遊戲結果輸出添加顏色,提升視覺效果
ASCII 藝術字	美化文字	傳達對於生動有趣的文字顯示效果的追求	使用 pyfiglet 等函式庫產生炫酷的 ASCII 藝術字,作為遊戲開始和結束的提示文字

簡潔的關鍵字已充分表達了我們對於介面美化的期望,避免了冗長描述可能造成的歧義。

漸進提供

隨著遊戲核心功能的完善，可以適時引入一些新的關鍵字，以拓展遊戲的功能和趣味性，如表 6-5 所示。

表 6-5

專業關鍵字	類型	描述	範例
遊戲難度層級	可自行設定	表達需要支援不同難度層級，以適應不同玩家	允許玩家透過命令列參數選擇遊戲難度，如「easy」「hard」等，以影響電腦隨機策略的產生演算法
遊戲資料本機存放區	資料持續性	提出需要在本機持續儲存一些遊戲資料	在本機 JSON 檔案中儲存使用者的遊戲勝負統計資訊，持續儲存遊戲紀錄

透過漸進式地引入新的專業關鍵字，我們引導 GitHub Copilot 持續擴展遊戲功能，提升了其趣味性和可玩性。

實作效果

在這個 Python 剪刀石頭布遊戲的開發過程中，我們在不同階段引入了「Python 3.x」、「使用者輸入驗證」、「ANSI 逸出序列」等專業關鍵字。結果表明，GitHub Copilot 產生的程式碼高度契合專案需求，遊戲基本功能和互動體驗都得到了有效實作，大幅減輕了開發人員的工作量。

實作的第一步：將以上表格中的提示詞註解組合為一個多行註解，寫到 6.2.1.py 的檔案開頭。

```
"""
使用 Python 3.9 開發剪刀石頭布遊戲。
遵循 PEP 8 規範組織遊戲的程式碼結構，提高維護性。
將遊戲邏輯、使用者互動和結果判定分別封裝在不同的函式或類別中。
使用 if 語句和字串方法驗證使用者輸入是否為合法的遊戲選擇（剪刀／石頭／布）。
使用 while 迴圈控制進行多輪遊戲，直到使用者主動退出。
利用 random 模組產生表示剪刀、石頭、布的亂數，模擬電腦玩家的選擇。
使用 ANSI 逸出序列為遊戲結果輸出添加顏色，提升視覺效果。
使用 pyfiglet 等函式庫產生炫酷的 ASCII 藝術字，作為遊戲開始和結束的提示文字。
允許玩家透過命令列參數選擇遊戲難度，如 "easy""hard" 等，影響電腦隨機策略的產生演算法。
在本機 JSON 檔案中儲存使用者的遊戲勝負統計資訊，持續儲存遊戲紀錄。
```

"""

透過精心選擇關鍵字,我們建立了有效率的人機合作,GitHub Copilot 的程式碼輔助能力得以充分發揮,大幅提升了遊戲開發的效率和品質。

實作的第二步:GitHub Copilot 根據提示詞註解產生程式碼時,我們不斷地接受它的程式碼。如果 GitHub Copilot 預期需要一個空白行,那麼我們輸入一個空白行後,它會繼續產生。如果長時間沒有自動產生,則直接喚起行內聊天介面,發送「繼續」的指令,它會接著前面的程式碼繼續產生。完整的程式碼如下(圖 6-2 所示的編號 1)。

```
import random
import json
import os
import sys
import pyfiglet

# 定義遊戲結果顏色
COLORS = {
    'RED': '\033[91m',
    'GREEN': '\033[92m',
    'END': '\033[0m'
}

# 定義遊戲結果
WIN = 1
LOSE = -1
DRAW = 0

# 定義遊戲選項
OPTIONS = ['rock', 'scissors', 'paper']

# 定義遊戲結果
RESULTS = {
    'rock': {
        'rock': DRAW,
        'scissors': WIN,
        'paper': LOSE
    },
    'scissors': {
        'rock': LOSE,
        'scissors': DRAW,
```

```python
        'paper': WIN
    },
    'paper': {
        'rock': WIN,
        'scissors': LOSE,
        'paper': DRAW
    }
}

# 定義遊戲難度
DIFFICULTY = {
    'easy': lambda: random.choice(OPTIONS),
    'hard': lambda: random.choice(OPTIONS + [random.choice(OPTIONS)])
}

def get_user_choice():
    """
    取得使用者選擇
    """
    while True:
        user_choice = input("Please choose (rock/scissors/paper): ")
        if user_choice.lower() in OPTIONS:
            return user_choice.lower()
        else:
            print("Invalid input. Please try again.")

def get_computer_choice(difficulty):
    """
    取得電腦選擇
    """
    return DIFFICULTY[difficulty]()

def determine_result(user_choice, computer_choice):
    """
    判斷遊戲結果
    """
    result = RESULTS[user_choice][computer_choice]
    return result

def display_result(result):
    """
    顯示遊戲結果
    """
    if result == WIN:
        print(COLORS['GREEN'] + "You win!" + COLORS['END'])
    elif result == LOSE:
```

```python
        print(COLORS['RED'] + "You lose!" + COLORS['END'])
    else:
        print("It's a draw!")

def play_game(difficulty):
    """
    開始遊戲
    """
    print(pyfiglet.figlet_format("Rock Paper Scissors"))
    print("Welcome to Rock Paper Scissors!")
    print("Difficulty: " + difficulty)
    print("----------------------------")

    while True:
        user_choice = get_user_choice()
        computer_choice = get_computer_choice(difficulty)
        result = determine_result(user_choice, computer_choice)
        display_result(result)

        play_again = input("Do you want to play again? (yes/no): ")
        if play_again.lower() != "yes":
            break

    print("Thanks for playing!")

if __name__ == "__main__":
    difficulty = "easy"   # 預設遊戲難度為 easy
    if len(sys.argv) > 1:
        difficulty = sys.argv[1].lower()
        if difficulty not in DIFFICULTY:
            print("Invalid difficulty. Using default difficulty (easy).")

    play_game(difficulty)
```

實作的第三步：按一下 VS Code 視窗右上角索引標籤的執行 Python 檔案按鈕（圖 6-2 所示編號 2 處的三角形按鈕），觀察終端機的輸出（圖 6-2 所示的編號 3）。

在這個實作中，出現如圖 6-2 所示編號 4 的英文對話訊息（執行後，終端機的錯誤回報資訊被複製到聊天介面的對話方塊，發送給 GitHub Copilot），GitHub Copilot 會告訴我們錯誤的原因在於：你的 Python 環境中沒有安裝 pyfiglet 模組。在終端機執行命令「pip install pyfiglet」，可以使用 pip 來安裝它。

這個 Python 剪刀石頭布遊戲的開發案例生動地展現了專業關鍵字法則在指導 GitHub Copilot 產生高品質、切合需求程式碼的能力，透過約 100 行程式碼完成了一個小遊戲。對於這種常見的小遊戲，提示詞可能並不需要如此大費周章，輸入「我們現在需要一個剪刀石頭布的遊戲程式碼」，產生的程式碼品質並不比現在差。這樣的實作過程，主要展示的是專業關鍵字法則的作用。在學習 Python 的基礎和函式的專業關鍵字後，我們也可以像這個案例一樣，鍛煉自己寫出專業性很強的提示詞。

另外，仔細觀察程式碼會發現，GitHub Copilot 並沒有滿足提示詞的所有要求，如「在本機 JSON 檔案中儲存使用者的遊戲勝負統計資訊，持續儲存遊戲紀錄」。此時我們可以在 6.2.1.py 檔案開啟的情況下，在聊天介面輸入「沒有做到在本機 JSON 檔案中儲存使用者的遊戲勝負統計資訊，持續儲存遊戲紀錄」，GitHub Copilot 的聊天介面會預設使用開啟的檔案作為對話的引用上下文，也就是說，不用複製程式碼。GitHub Copilot 會辨識並且使用它，將我們提出的問題和程式碼一起提交給底層大型語言模型。最終，GitHub Copilot 輸出解決方案。使用這樣的方法，讓 GitHub Copilot 產生提示詞註解中沒有完成的部分，然後插入原始程式碼。這樣做的好處是在一段正常執行的程式碼中，一步一步新增功能，符合程式編寫的「分治」思維。違反程式編寫的「分治」思維的後果是程式碼難以偵錯和修復。

6.2.2　零次和少次範例提示策略

提示策略根據提供給 GitHub Copilot 的範例數量，可以分為零次提示和少次提示兩種。這兩種提示方式在不同的場景中各有優勢，開發者可以根據任務的複雜度和對輸出品質的要求，靈活選擇適合的提示策略。

零次提示

零次提示（Zero-Shot Prompting）是指在提示中不提供任何範例，完全依賴 GitHub Copilot 的預訓練知識來產生程式碼。這種方式適用於一些相對簡單、常見的任務，或者開發者希望看到 GitHub Copilot 能夠提供怎樣的創新想法時。

如果想要寫一個能夠計算兩個數平均值的 Python 函式，可以直接提示：

請寫一個計算兩個數平均值的 Python 函式。

對於這樣的簡單任務，GitHub Copilot 通常能夠憑藉其預訓練知識，直接產生正確的程式碼：

```
def calculate_average(a, b):
    return (a + b) / 2
```

零次提示的優點是使用簡單、快速，不需要提供範例。但對於一些複雜、專業或非常規的任務，零次提示產生的程式碼品質和準確性可能會有所下降。

少次提示

少次提示（Few-Shot Prompting）是指在提示中提供少量（通常是 1 到 5 個）範例，以幫助 GitHub Copilot 更容易瞭解任務需求和期望的輸出形式。這種方式適用於一些相對複雜、專業或非常規的任務，透過範例可以有效引導 GitHub Copilot 產生更加準確的、高品質的程式碼。最常見的使用場景是當我們需要一個函式來處理資料，但是使用的語言描述十分複雜時，如果告訴 GitHub Copilot 一個例子，明確指定輸入和輸出的數字格式，那麼 GitHub Copilot 會更容易瞭解我們的需求。如果想要一個能夠將攝氏溫度轉換為華氏溫度的 Python 函式，可以提供一個範例：

```
# 請寫一個將攝氏溫度轉換為華氏溫度的 Python 函式。
# 範例：
# 輸入：0
# 輸出：32
```

透過這個簡單的範例，GitHub Copilot 可以更準確地瞭解我們的需求，並產生正確的轉換函式：

```
def celsius_to_fahrenheit(celsius):
    return (celsius * 9/5) + 32
```

少次提示的優點是透過範例可以更明確地表達任務需求，幫助 GitHub Copilot 產生更加準確的、高品質的程式碼。但它相比零次提示需要做更多的準備工作，開發者也需要提供恰當的範例。

總之，零次提示和少次提示是兩種不同的提示策略，各有適用的場景。開發者可以根據任務的複雜度、專業性及對程式碼品質的要求，靈活選擇合適的提示方式，以充分發揮 GitHub Copilot 的能力，提高開發效率和程式碼品質。在實作中，開發者可以先嘗試使用零次提示，如果產生的程式碼不夠理想，再考慮使用少次提示，透過範例來引導 GitHub Copilot 產生更好的結果。

6.2.3 良好的程式編寫實作策略

在使用 GitHub Copilot 進行開發時，除了提示工程策略，良好的程式編寫實作也能影響 GitHub Copilot 產生程式碼的品質。透過採用 AI 可讀的命名約定和一致的程式編寫風格，開發者可以更有效地引導 GitHub Copilot 產生可讀性強、風格統一的高品質程式碼。

AI 可讀命名約定

AI 可讀命名約定是一種程式編寫規範，旨在使程式碼更易於被 AI 瞭解和處理。這些約定可以幫助開發者編寫更具可讀和易於瞭解的程式碼，進而提高 AI 程式碼支援工具的準確性和最佳化效果。為了幫助 GitHub Copilot 更容易瞭解程式碼的語意，產生更加準確、可讀的程式碼，開發者需要採用 AI 可讀的命名約定。這意味著在命名變數、函式、類別等程式碼元素時，應該使用清楚、描述性強的英文單字或片語，避免使用過於簡略或涵義不明的縮寫。如果將函式命名為 foo 或 bar 這樣沒有明確意義的名稱，那麼 GitHub Copilot 將無法從中推斷出開發者的目的，也就無法提供最佳的程式碼完成。

以下是一些 AI 可讀命名約定的範例。

- 變數命名：user_name、max_length、is_valid 等，使用下底線分隔的小寫英文單字，清楚表達變數的涵義。
- 函式命名：calculate_average、get_user_by_id、is_prime_number 等，使用動詞 + 名詞的組合，準確描述函式的功能。
- 類別命名：UserManager、DatabaseConnection、HttpClient 等，使用首字母大寫的駝峰式命名，表達類別的概念和職責。
- 檔案名稱：user_manager.py、database_connection.py 等，檔案名稱應簡潔明瞭，能夠反映檔案的主要內容或功能。

採用這種 AI 可讀的命名約定，GitHub Copilot 能夠更容易瞭解程式碼的語意，進而產生更符合上下文、可讀性更強的程式碼。

在程式編寫中，蛇形命名法（Snake Case）是一種典型的 AI 可讀的命名約定。對於由多個單字組成的識別字，透過在它們之間添加下底線來分隔。這種命名法在 Python 語言中很常見，也可用於其他語言的變數名稱、函式名稱、資料庫欄位名稱等。

在 GitHub Copilot 的上下文中，遵循 Snake Case 的命名約定可以提升程式碼的可讀性和一致性。例如，在一個使用 Snake Case 命名法的專案中，GitHub Copilot 可能會根據開發者的提示和程式碼基底的上下文，產生遵循相同命名約定的程式碼。

使用 GitHub Copilot 來幫助完成使用者身分驗證功能，可能會寫下類似下面的提示。

```
# JavaScript
/*
實作一個函式來驗證使用者的憑證，該函式應接受使用者名稱和密碼作為輸入，並傳回一個布林值表示驗證是否成功。
函式名稱應遵循 snake case 命名法。
*/
```

GitHub Copilot 瞭解提示後，可能會產生如下程式碼。

```
# JavaScript
def validate_user_credentials(username, password):
    # 假設我們有一個驗證使用者名稱和密碼的函式
    if is_valid_user(username, password):
        return True
    else:
        return False
```

在這個例子中，validate_user_credentials 遵循 Snake Case 命名法，是一個清楚、描述性強的函式名稱，表明了函式的功能。這種命名約定有助於其他開發者瞭解程式邏輯，也使得程式碼在團隊中更容易維護。

一致的程式編寫風格

保持一致的程式編寫風格也是提高 GitHub Copilot 產生程式碼品質的重要實作。當整個專案的程式碼風格統一時，GitHub Copilot 更容易理解並對應現有的程式碼模式，產生風格一致的、可讀性更強的新程式碼。

對於 Python 開發者，建議遵循 PEP 8 程式編寫風格，保持程式碼風格一致。以下是一些關鍵的 Python 程式編寫風格實作。

- 縮排：使用 4 個空格作為縮排單位，不使用定位字元（Tab）。
- 每行長度：每行程式碼的長度不超過 79 個字元。
- 空白行：在函式、類別、大段程式碼之間使用空白行分隔，以提高可讀性。
- 命名約定：遵循 PEP 8 命名約定，如變數和函式使用小寫 + 下底線分隔的命名法（lower_case_with_underscores），類別使用首字母大寫的駝峰命名法（CapitalizedWords）等。
- 註解：為函式、類別、複雜程式碼區塊編寫簡潔、描述性強的註解，幫助 GitHub Copilot 瞭解程式碼的目的。

透過在專案中一致地應用這些 Python 程式編寫風格實作，開發者可以為 GitHub Copilot 提供更加一致、可讀的程式碼環境，幫助其產生風格統一、品質高的新程式碼。

這些關鍵的 Python 程式編寫風格實作會影響 GitHub Copilot 的產生行為，如當程式編寫風格實作要求函式和類別之間需要空白行時，GitHub Copilot 在產生一個函式後，預期有一個空白行，便不再產生程式碼。在這種情況下，要等我們鍵入空白行（通常按 Tab 鍵接受後，需要再按兩次 Enter 鍵），才能繼續產生程式碼。

以下是一個採用蛇形命名法和 PEP 8 程式編寫風格的 Python 程式碼範例。

```
def is_palindrome(word):
    """
    檢查提供的單字是否為回文詞。

    :param word: 要檢查的單字
    :return: 如果單字是回文詞，傳回 True; 否則傳回 False
    """
    cleaned_word = ''.join(char.lower() for char in word if char.isalnum())
    return cleaned_word == cleaned_word[::-1]


class WordProcessor:
    def __init__(self, words):
        self.words = words
```

```
    def count_palindromes(self):
        """
        計算單字串列中回文詞的數量。

        :return: 回文詞的數量
        """
        return sum(1 for word in self.words if is_palindrome(word))
```

這個範例展示了如何使用蛇形命名法、描述性強的英文命名約定（is_palindrome、cleaned_word、WordProcessor 等）並遵循 PEP 8 程式編寫風格（4 個空格縮排、函式和類別之間的空白行、docstring 註解等）。這種程式編寫實作可以幫助 GitHub Copilot 更容易瞭解程式碼的語意和結構，產生風格一致、可讀性強的新程式碼。

蛇形命名法和一致的程式編寫風格是提升 GitHub Copilot 產生程式碼品質的重要實作。透過使用清楚的、描述性強的英文命名，並在專案中保持程式編寫風格的一致性，開發者可以為 GitHub Copilot 提供更加可讀、語意更明確的程式碼環境，幫助其產生風格統一的程式碼，提升整體開發效率和程式碼可維護性。

6.2.4 架構和設計模式策略

在使用 GitHub Copilot 進行開發時，合理的架構設計和設計模式運用可以顯著提升 GitHub Copilot 產生程式碼的品質和效率。透過採用「高階架構優先」、「在小區塊作業」、「無上下文架構」及「消除微小的開源軟體（OSS）相依」等策略，開發者可以更容易引導 GitHub Copilot 產生結構清楚、模組化程度高、相依關係簡單的高品質程式碼。

高階架構優先

在程式編寫之前，定義並完成專案的高階架構，可以幫助 GitHub Copilot 更容易瞭解專案的整體結構和模組之間的關係。透過清楚的架構藍圖，開發者可以引導 GitHub Copilot 產生與架構設計相符、模組職責分明的程式碼。架構藍圖一般遵循四個原則。

- 定義架構：在專案開始時，定義專案的整體架構，包括主要模組、資料流和對話模式。
- 文件支援：製作高層的架構文件或圖表，清楚地展示每個模組的職責和相互關係。

- 一致性：確保所有開發人員都瞭解並遵循這個架構，以保持程式碼基底的一致性。

- 引導 AI 朝目標邁進：制定目標，引導 GitHub Copilot 產生程式碼，這有助於產生符合設計架構的模組化程式碼。

以下是一個使用 Python 實作的簡單 Web 應用程式的高階架構範例。

```
"""
這個檔案負責處理 Web 應用程式中的使用者認證。
它包含登入、登出和驗證使用者憑證的函式。

需求：
- 根據資料庫驗證使用者憑證
- 安全地維護使用者會話
- 為登入失敗嘗試提供錯誤訊息

範例用法：
- login(username: str, password: str) -> bool
- logout(user_id: int) -> None

目標：
- 確保安全的認證過程
- 保持函式的模組化和可重用性
"""
```

這個提示詞註解首先說明了檔案的主要職責，即處理 Web 應用程式中的使用者認證，具體來說，包含登入、登出和驗證使用者憑證的函式。這是確保系統安全的關鍵，因為它控制了誰可以存取應用程式。

在定義架構原則上，定義整體架構是至關重要的。註解部分明確了檔案的職責，即負責使用者認證，說明了這個模組在專案中的角色。透過這種方式，開發者可以將認證模組與其他模組區分開來，並瞭解其在整個系統中的位置。

在文件支援原則上，註解詳細列出了認證模組的需求、範例用法和目標。它幫助開發者瞭解這個模組需要實現什麼功能，以及如何使用這些功能。

在一致性原則上，註解中的範例用法提供了一致的介面定義和功能描述，使不同的開發人員可以在實現和呼叫這些函式時保持一致性，避免因瞭解不一致而造成程式碼問題。

在引導 AI 為目標而努力原則上,透過提供清楚的目標,引導 GitHub Copilot 產生模組化和職責明確的程式碼。

在小區塊作業

將專案分解成小的、獨立的功能模組,並專注於一次完成一個模組,可以幫助 GitHub Copilot 產生更加聚焦和高品質的程式碼。透過在小區塊作業,開發者可以為 GitHub Copilot 提供更加具體、更細緻的上下文資訊,進而獲得更準確、更符合需求的程式碼建議。

例如,在實作使用者認證功能時,可以將其分解為多個更小的功能模組。當我們需要 GitHub Copilot 處理使用者註冊的邏輯時,在 register 函式下方註解「# 處理使用者註冊的邏輯」。這樣的註解,可以讓 GitHub Copilot 獲得更加具體的上下文資訊和目標。

```
# auth.py
from flask import Blueprint, request, jsonify
from werkzeug.security import generate_password_hash, check_password_hash

auth_bp = Blueprint('auth', __name__)

@auth_bp.route('/register', methods=['POST'])
def register():
    # 處理使用者註冊的邏輯
    pass

@auth_bp.route('/login', methods=['POST'])
def login():
    # 處理使用者登入的邏輯
    pass
```

透過專注於一次完成一個模組(如使用者註冊、使用者登入),GitHub Copilot 可以根據目前的上下文資訊,產生更加準確、品質更高的程式碼。

無上下文架構

在設計專案架構時,應盡量減少模組之間的相依性,採用無上下文的架構風格。這意味著每個模組都應該是獨立的、自我包含的,對其他模組的相依性盡可能少。透過減少模組間的耦合,GitHub Copilot 可以更容易地瞭解和產生每個模組的程式碼,而不需要過多考慮複雜的相依關係。

這種設計方式主要呈現在模組（Python 檔案）的獨立性上。以無上下文架構設計的提示詞工程為例，一般具有以下特徵。

- 每個模組應該獨立執行，不依賴其他模組。這樣可以使每個模組更容易瞭解和維護。
- 模組應包含其執行所需的所有內容，而不依賴外部資源。這使得模組更穩定和可移植。
- 盡量減少模組之間的相互依賴。更少的依賴意味著更少的耦合，進而減少修改一個模組時對其他模組的影響。

以下是一個無上下文架構的範例。

```python
# models.py
from datetime import datetime

class User:
    def __init__(self, username, email):
        self.username = username
        self.email = email
        self.created_at = datetime.now()

class Product:
    def __init__(self, name, price):
        self.name = name
        self.price = price
        self.created_at = datetime.now()

# services.py
from models import User, Product

def create_user(username, email):
    user = User(username, email)
    # 處理使用者建立的邏輯
    pass

def create_product(name, price):
    product = Product(name, price)
    # 處理產品建立的邏輯
    pass
```

在這個範例中，模型（User 和 Product）和服務（create_user 和 create_product）是獨立的、無上下文的。這種架構風格可以幫助 GitHub Copilot 瞭解每個模組的職責，並產生相關的程式碼。

消除微小的開源軟體相依

在專案中，要盡量避免引入一些微小的、不必要的 OSS 相依性。過多的第三方函式庫相依會提高專案的複雜度，並可能干擾 GitHub Copilot 對專案結構和模組關係的瞭解。透過消除這些微小的 OSS 相依性，開發者可以保持專案的簡潔，讓 GitHub Copilot 更專注於產生專案的核心程式碼。

例如，與其引入一個第三方函式庫來處理日期和時間，不如直接使用 Python 內建的 datetime 模組。

```
from datetime import datetime, timedelta

# 取得目前時間
now = datetime.now()

# 計算一週後的日期
one_week_later = now + timedelta(weeks=1)
```

透過直接使用 Python 內建模組，可以減少專案的相依性，讓 GitHub Copilot 更容易瞭解和產生相關程式碼。

綜上所述，採用高階架構優先、在小區塊作業、無上下文架構及消除微小的 OSS 相依性等策略，可以顯著提升 GitHub Copilot 產生程式碼的品質和效率。透過合理的架構設計和設計模式運用，開發者可以為 GitHub Copilot 提供更加清楚、模組化、低耦合的程式碼環境，幫助其產生結構良好的、可維護性強的高品質程式碼，加速開發過程，提升專案的整體品質。

6.3 高級提示詞策略

為了充分發揮 GitHub Copilot 的潛力，我們需要特別注意程式碼的上下文管理。簡言之，我們的輸入或提示越是上下文豐富，預測結果或輸出就越好。本節將探討一些有效管理上下文的技巧和最佳實作，幫助開發者更容易利用 GitHub Copilot 提高程式編寫效率和品質。

檔案管理

檔案管理是為 GitHub Copilot 提供正確上下文的關鍵。以下是一些檔案管理技巧。

- 開啟相關檔案：GitHub Copilot 透過分析編輯器中開啟的檔案來瞭解上下文並提供建議。因此，在編寫程式碼時，確保開啟所有相關檔案非常重要。如果檔案關閉了，GitHub Copilot 就無法取得其中的上下文資訊。

- 關閉不需要的檔案：當切換任務或上下文時，記得關閉不再使用的檔案，以避免混淆，使 GitHub Copilot 專注於目前任務的上下文。當我們使用聊天介面時，聊天介面會自動引用目前開啟的程式碼檔案作為其上下文，以避免複製程式碼到聊天介面的操作。當我們的提問與目前開啟檔案的程式碼無關時，應關閉檔案。

- 設定包含和引用：手動設定所需的引入 / 匯入或模組引用，特別是在使用特定版本的套件時。這可以幫助 GitHub Copilot 瞭解開發者想使用的框架、函式庫及其版本，進一步提供更準確的程式碼建議。尤其是一些更新較快的第三方函式庫，更改頻繁，不同版本之間語法差異大。例如，前端開發者的本意是要 GitHub Copilot 產生 Vue 3 版本的程式碼，由於沒有指定 Vue 3 版本，GitHub Copilot 產生了 Vue 2 版本的程式碼。

頂級註解和 README 專案說明

良好的程式碼註解和 README 專案說明可以為 GitHub Copilot 提供更多上下文資訊，幫助它更容易瞭解程式碼的目的和功能。以下是一些相關的技巧。

- 添加頂級註解：在檔案開頭添加頂級註解，描述程式碼的整體目的和功能。這可以幫助 GitHub Copilot 瞭解開發者將要建立的程式碼片段的總體上下文，特別是當開發者希望它產生啟動範本程式碼時。

- README 專案說明：為專案編寫一個清楚、全面的 README 檔案，包括專案的目的、功能、安裝說明、使用範例等。README 檔案是專案的首要文件，它為 GitHub Copilot 提供了關於專案整體結構和目標的寶貴上下文資訊。一個全面的 README 檔案可以幫助 GitHub Copilot 更準確地理解程式碼，並提供更貼近需求的建議。

總之，頂級註解和全面的 README 專案說明是為 GitHub Copilot 提供寶貴上下文資訊的重要工具。透過在檔案開頭添加描述性的頂級註解，以及編寫清楚、詳盡的 README 檔案，可以幫助 GitHub Copilot 更深入地瞭解我們的程式碼和專案，提供更智慧、更準確的建議和完成。

聊天和互動

GitHub Copilot 提供了多種聊天和互動功能，開發者可透過這些方式補充上下文資訊。以下是一些相關的技巧。

- 使用 #editor 命令：在 VS Code 聊天介面中，使用 #editor 命令可以為 GitHub Copilot 提供關於目前開啟檔案的額外上下文，幫助它更容易瞭解程式碼。「額外上下文」是指除了目前正在編輯的檔案，其他開啟的檔案，或者提供給 GitHub Copilot 的其他資訊。這些資訊可以幫助 GitHub Copilot 更全面地瞭解目前專案的上下文環境。在實際程式編寫中，這通常包括其他相關的程式碼檔案、專案結構、設定檔等，它們可以提供程式碼相依性、函式宣告、變數定義等重要資訊。

- 使用行內聊天：在 VS Code 中，可以透過快速鍵快速存取行內聊天功能，這比開啟側邊的聊天面板更方便。行內聊天聚焦於游標附近的程式碼，自行瞭解上下文，這些程式碼則可以幫助 GitHub Copilot 輸出更相關的程式碼片段。另外，選中程式碼片段後，可以直接發起行內聊天，讓 GitHub Copilot 聚焦於選中的程式碼片段進行產生，目的更明確。行內聊天功能還有一個好處是能夠克服延遲。由於系統一直在監聽游標位置變化，偶發性遺失資料會讓 GitHub Copilot 停止輸出程式碼，此時我們可以在輸出不完整的地方發起一個行內聊天。行內聊天是一個即時性功能，用完即刪，相較於聊天介面來說，避免了快取導致 GitHub Copilot 產生錯誤的程式碼。

- 使用 @workspace 代理：@workspace 代理瞭解整個工作區，可以回答與之相關的問題。在嘗試從 GitHub Copilot 取得良好的輸出時，使用這個代理可以提供更多的上下文。整個工作區（Entire Workspace）的範圍通常是指在使用整合開發環境或程式碼編輯器時，目前載入和操作的所有專案檔案和目錄，包括專案相關的設計文件、說明文件、API 文件等。這包括但不限於：所有程式語言的原始檔案，如 .py（Python）；圖片、樣式表、範本等非原始碼檔案、專案設定和參數的檔案，如 .gitignore、.env、config.json 等；專案所需的外部函式庫和模組，通常在 node_modules（Node.js 專案）或 vendor 目錄中；用於自動化建構和部署過程的腳本和設定檔，如 Makefile、Dockerfile、build.gradle 等；用於自動化測試的腳本和程式碼，通常與原始檔案相對應。

- 手動選擇相關程式碼：在向 GitHub Copilot 提問之前，在檔案中手動選擇相關的程式碼片段，透過快速鍵快速存取行內聊天功能，可以自動將選中的程式碼作為上下文輸入 GitHub Copilot（也可以使用右鍵快顯功能表中的 GitHub Copilot 的功能鍵來操作）。這將有助於提供有明確目的的建議，以及更多與需要幫助的內容有關的上下文。

- 使用聊天串組織對話：透過聊天串隔離不同主題的多個正在進行的對話，可以讓溝通更有條理。在聊天介面上開始新的對話聊天串，可以讓 GitHub Copilot 更專注於特定的問題。

- 附加相關檔案以供參考：使用 #file 命令讓 GitHub Copilot 參考相關檔案，將其作用範圍限定在程式碼基底的特定上下文中。安裝延伸模組 GitHub Copilot Chat v0.16.2，在聊天介面可以直接以附件的形式（迴紋針圖示）選擇最近編輯的檔案作為對話的上下文資訊。

透過合理地開啟和關閉檔案、添加清楚的註解、使用有意義的命名、提供範例程式碼，以及利用聊天和互動功能提供額外資訊，可以為 GitHub Copilot 提供更豐富的上下文，充分發揮其潛力，獲得更加智慧和準確的程式碼輔助。

一些注意事項

在使用 GitHub Copilot 進行開發時，除了提示詞的編寫之外，上下文資訊的利用和 IDE 環境資訊的瞭解，也是提示工程中不可忽視的重要環節。GitHub Copilot 能夠綜合分析專案的上下文資訊，如程式碼基底、相依關係、文件等，以產生更加準確、品質更高、也更貼合專案需求的程式碼。然而，在利用上下文資訊時，我們不要過度載入提示，以免因提供太多上下文而混淆模型。

在介紹 GitHub Copilot 的技術原理時，我們提到 GitHub Copilot 引入了一種稱為「鄰近標籤頁」的技術，使其能夠超越僅處理開發者目前在 IDE 中操作的單一檔案的限制，而處理所有開啟的檔案。這意味著，當我們在 IDE 中開啟多個專案相關的檔案時，GitHub Copilot 可以更全面地瞭解專案的上下文，並根據游標附近及已開啟檔案中的程式碼片段產生更加精準的程式碼提示。

然而，在實作中，我們需要進行權衡。如果開啟一個包含 1,000 個檔案的大型程式碼倉庫，GitHub Copilot 將難以有效率地處理如此龐大的上下文資訊。因此，我們應該根據具體任務的需要，選擇性地開啟最相關的檔案，以提供適當的上下文資訊，避免過度載入提示而影響程式碼產生品質。

除了鄰近標籤頁技術，GitHub Copilot 在理解程式碼上下文的能力上也不斷進化。最初版本的 GitHub Copilot 僅能將 IDE 中的目前工作檔案視為上下文相關的依據，而如今，該工具正在嘗試採用新的演算法，考慮整個程式碼基底，以產生客製化的程式碼建議。這表明 GitHub Copilot 正在不斷提升其瞭解專案全域資訊的能力，以提供更加精準和個性化的程式編寫輔助。

在上下文資訊的利用和 IDE 環境資訊的瞭解方面，GitHub Copilot 能夠適應各種主流的整合開發環境，如 VS Code、JetBrains 系列 IDE 等。它可以無縫整合到這些 IDE 中，利用其提供的豐富的程式碼編輯和瀏覽功能，如程式碼完成、語法高亮、移至定義等，提高程式碼產生的準確性和效率。因此，在使用 GitHub Copilot 時，我們應該充分利用 IDE 提供的功能，如程式碼收合、檔案切換、符號搜尋等，幫助 GitHub Copilot 更容易瞭解專案結構和瀏覽程式碼。

總之，在運用 GitHub Copilot 的提示工程時，除了關注提示詞的編寫，還要重視上下文資訊的利用和 IDE 環境的瞭解。透過合理控制上下文資訊的範圍（最重要的是不要開啟太多檔案），利用 GitHub Copilot 不斷進化的上下文瞭解能力，並充分利用 IDE 提供的功能，我們可以更容易引導 GitHub Copilot 產生高品質、個性化的程式碼，顯著提升開發效率和程式碼品質。

6.4 本章小結

本章我們深入探討了提示工程這一重要概念。提示工程是開發者有效利用 GitHub Copilot 的關鍵。透過精心設計提示，我們可以顯著提升 GitHub Copilot 產生程式碼的品質和相關性。

本章詳細介紹了提示工程的三個最佳實作：設定高階目標、簡單具體的要求和提供範例。本章還探討了其他有用的技巧，如多嘗試提示詞、開啟相關上下文檔案和遵循良好的程式編寫實作。透過對比最佳化前後的提示和產生程式碼，我們直接感受到了提示工程的作用。

在使用 GitHub Copilot 的過程中，讀者可能會驚歎於其產生程式碼的速度和品質。但我們必須時時留意，審慎評估它產生的程式碼。我們要記住，GitHub Copilot 雖然強大，但並非萬能，它的建議可能有錯誤、安全性漏洞或效能問題。因此，我們必須以開發者的專業視角來審查和測試 GitHub Copilot 產生的程式碼，而不是盲目地複製和貼上。

提示工程的目的是更容易利用 GitHub Copilot，而不是完全依賴它。透過提示工程，我們可以發揮 GitHub Copilot 等工具的極限潛力。但在這個過程中，我們必須始終保持主導地位。我們要用自己的智慧和經驗來指引 GitHub Copilot，而不是被其左右。

7 利用 GitHub Copilot 探索大型語言模型的開發

大型語言模型（LLM）正悄悄地改變程式開發初學者和未曾開發過 AI 應用者的學習和應用機器學習的方式。GitHub Copilot 作為 LLM 技術的尖端代表，其影響力可比擬 21 世紀初 DevOps 給軟體開發產業所帶來的革命性轉變。DevOps 透過自動化和簡化流程，提高了軟體開發和交付的效率，使得初創企業能夠以更快的速度推出創新應用產品。今天，LLM 正在為初學者和 AI 開發新手帶來類似的便利。

7.1 大型語言模型最大的價值

大型語言模型的價值不僅在於幫助初學者和程式開發人員開發新的 LLM 應用和功能，更在於從根本上降低了學習和實施機器學習的難度，就像工業革命時期的發動機一樣，徹底改變了人類社會的生產方式。

要瞭解 LLM 為何能在初學者和新手的 LLM 應用中扮演關鍵角色，首先需要瞭解 LLM 的基本原理和特點。LLM 是一種根據 Transformer 架構的大型語言模型，透過在大量文字資料上進行預訓練，它獲得了驚人的自然語言理解和產生能力。與傳統的自然語言處理模型不同，LLM 能夠執行多種語言任務，如文字產生、問答、摘要、翻譯等，展現出通用人工智慧的雛形。

然而，傳統的機器學習對初學者和沒有 AI 開發經驗的程式開發人員而言往往是一個巨大的挑戰。首先，應用機器學習通常需要扎實的數學、統計學和程式編寫基礎，這對沒有相關背景的人來說，學習曲線陡峭。其次，開發和偵錯複雜的機器學習模型需要專業的演算法知識和豐富的實作經驗，這對缺乏訓練有素的演算法工程師指導的初學者而言無疑是一個巨大的障礙。最後，從零開始開發 LLM 應用的週期較長，從資料處理到模型訓練和調校，往往需要數週甚至數月的時間，這對需要快速學習和掌握技能的初學者來說難以接受。

為了瞭解 LLM 帶來的革命性變化，我們可以將其與工業革命時期的發動機進行類比。就像發動機徹底改變了人類社會的生產方式一樣，LLM 正在從根本上降低機器學習的應用門檻，使這項先進技術不再僅僅為專家和資深從業者所有。人們無須深入瞭解發動機的工作原理和複雜理論，只需簡單操作就可以駕駛汽車、使用機器等（受益於發動機帶來的動力），同理，開發者無須精通機器學習的複雜理論和演算法，只需向 LLM 輸入自然語言提示，就可以快速完成任務。發動機為產品注入動力，催生了汽車、飛機等一系列革命性應用。LLM 同樣為應用程式提供了「發動機」，將加速 AI 創新應用的出現。

具體來說，LLM 最顯著的優勢在於其簡化了機器學習的實作流程，使得初學者和新手無須掌握深奧的專業知識就能實作複雜的功能。傳統的 LLM 應用開發通常需要扎實的數學功底、豐富的演算法知識和大量的程式編寫經驗，而使用 LLM，初學者只需要學習基本的 API 呼叫方法和提示工程概念，就可以在短時間內實作 AI 應用的開發。

LLM 的使用方式非常簡單。開發人員只需要編寫清晰、具體的提示，描述任務和輸出格式，LLM 就可以根據提示產生相關的結果。這種對話模式類似向一位出色的老師提出問題，然後得到滿意的解答和指導。相比之下，傳統機器學習的學習過程就像是自學一門高深的課程，需要投入大量的時間和精力，還很難得到及時的回饋和指導。

從結果來看，使用 LLM，初學者可以將寶貴的時間放在創新應用構思和快速開發的不斷修正改進上，而不是耗費在晦澀難懂的理論學習和繁瑣的資料處理上。這種簡化使得初學者能夠以更低的學習成本和失敗風險進行機器學習實作，快速將想法轉化為可用的程式原型。即使實驗失敗，初學者也不必承擔大量時間和精力打水漂的損失，甚至可以從錯誤中汲取經驗教訓，繼續前行。

除了簡化機器學習實作流程，LLM 還憑藉其獨特的零樣本學習能力，解決了初學者面臨的另一個難題：缺少大規模高品質的訓練資料。對於許多機器學習任務而言，訓練資料的品質和數量直接決定了模型的效能表現。然而，對於個人開發者和初學者而言，往往難以取得足夠的訓練資料，尤其是在學習的初始階段。

傳統的機器學習模型需要在特定領域的大規模標註資料上進行訓練才能達到理想的效能水準，這就像一位畢業生需要大量的在職培訓才能勝任工作。LLM 則不同，其在大量的通用語料上進行了預訓練，掌握了豐富的語言知識和世界知識。這種預訓練使得 LLM 具備了驚人的零樣本學習能力，可以在沒有任何特定領域訓練資料的情況下，僅透過幾個範例和提示就完成複雜的任務。

初學者可以利用 LLM 快速建構應用程式的 Demo，確認想法，而無須耗費大量時間收集資料。這對於初學者培養學習興趣、建立自信心有很大幫助。

長遠來看，隨著 LLM 技術的普及和發展，其使用成本逐步下降。越來越多的雲端服務提供者開始提供 LLM 的 API 服務，初學者能夠以更加經濟、靈活的方式使用 LLM。各種根據 LLM 的開源專案和學習資源不斷湧現，進一步降低了學習門檻。因此，成本和難度不應成為初學者嘗試 LLM 的障礙，相反，儘早累積 LLM 使用經驗，有助於其在未來的職業發展中保持競爭力。

從學習程式編寫和開發 AI 應用程式的角度，LLM 讓初學者無須瞭解內部複雜原理，只需要學習基本的 Python 知識、API 呼叫方法和提示工程，就可以開始建立 AI 應用，如 AI 個人助理。

7.2 利用 GitHub Copilot 解決 LLM 開發中的問題

這一章我們將要學習的知識量較大，我擔心讀者朋友會感到吃力，畢竟我們剛掌握了一點 Python 基礎和函式，就要開始學習 LLM 開發了。另外，目前 LLM 的應用還沒有完全爆發，學習 LLM 的人還不是很多，再加上很多知識都是全新的、不斷變化的，學習和吸收的難度不小。

但是，我有個學習祕訣：無論將來你要學習什麼知識，不管多麼複雜，它都能讓你的學習更有效率，那就是──不懂就問 GitHub Copilot！

當你遇到不懂的地方，就去問 GitHub Copilot：為什麼 VS Code 安裝失敗了？為什麼需要金鑰？LLM 到底是什麼？過去，我們總是受限於沒有一位隨時隨地可以為我們解答疑問的專業老師，但現在情況不同了，只要不懂，就儘管去問，每問一次，你就懂了一點知識，日積月累，懂的東西就越來越多，新知識也就越來越容易吸收了。

這其實稱不上是什麼訣竅，因為每個人都可以學會。但過去有兩個因素制約著我們使用這個訣竅：一是我們害怕自己的問題太無知，一旦被老師、同學聽到，就會認為自己的問題不夠專業；二是我們經常認為問得多會造成老師的困擾，而且主動去問老師或專家，需要鼓起很大的勇氣，還不能想問就問，往往要憋很久才敢提出一個問題。

這兩個問題現在都被 AI 解決了。我們向 GitHub Copilot 詢問基礎的程式編寫知識，它不會覺得我們的問題很無知；我們詢問很多問題，它一直會回答，我們也沒有麻煩他人。筆者就經常詢問一些沒有提示詞工程技術的問題，用程式執行的錯誤日誌（沒有其他的引導詞，只有錯誤日誌）直接詢問 GitHub Copilot，一邊看它的解釋，一邊思考產生錯誤的原因。

在本章中，我們的主要目的是展示如何利用 GitHub Copilot 建立一個聊天機器人應用，並將其從本機執行環境託管到魔搭創空間，重點在於如何編寫適當的提示詞，以引導 GitHub Copilot 提供有價值的回答和指引，幫助我們完成目標。

透過與 GitHub Copilot 的互動式學習過程，即使我們之前對程式編寫知之甚少，也能夠完成這一學習里程碑。我們甚至能夠在託管環節發現並更正 GitHub Copilot 回答中的紕漏。這充分展示了人工智慧輔助下人類的巨大學習潛力。

本書的目的不僅是教授具體的技術細節，如建立自訂機器人、設定伺服器等，還希望透過展示與 GitHub Copilot 互動式學習的過程，讓讀者對自己的學習能力有進一步的認識。在這個廣袤的知識領域，我們可能感到孤單和渺小，但藉助 GitHub Copilot，我們能夠獲得一份「地圖」和實質性的幫助，變得越來越強大。

下面展示人工智慧輔助下的互動式學習，激發學習潛力，並最終完成一個聊天機器人應用的開發和上線。這一過程不僅傳授了實用的技能，更鼓勵我們在未來的學習和工作中善用工具、勇於嘗試。

現在，你已經準備好開始使用 Python 和 LLM 進行程式編寫了！

7.3 LLM 程式編寫的環境準備

在這一節，我們將學習如何使用 Python 和 OpenAI 的 LLM 模型進行程式編寫。以下步驟中的操作細則已在第 2 章介紹，這裡透過簡單的「麵條式流程」再次整理呈現，幫助初學者更輕鬆上手，減輕學習負擔。我們深知，對於初學者來說，這些資訊都散落在網際網路上，需要不斷搜尋和辨別真偽，閱讀很多模棱兩可的解釋，才能準備好程式編寫的環境。而實際上，按照這一套流程，就可以準備好程式編寫環境。

安裝 Python

1. 存取 python.org，下載適合作業系統的 Python 版本並安裝。macOS 內建 Python，無須安裝。
2. 在安裝過程中，確保勾選「Add Python to PATH」（新增 Python 到路徑）選項，這將使我們能夠從命令列中存取 Python。

安裝 OpenAI 套件

1. 開啟命令提示字元介面或終端機。
2. 使用以下命令，透過 pip 安裝 OpenAI 套件：pip install openai。
3. 如果已經安裝了 OpenAI 套件，可以使用以下命令將其更新到最新版本：pip install --upgrade openai。

安裝 Git

存取 git-scm.com，下載適合作業系統的 Git 版本並安裝。

克隆倉儲

1. 開啟命令提示字元介面或終端機。
2. 使用以下命令克隆倉儲：git clone <repository-url>。其中，<repository-url> 是倉儲的 URL。如果沒有倉儲，請前往 github.com 註冊帳號和新建一個倉儲。

進入倉儲目錄

使用以下命令進入克隆的倉儲目錄：cd python-llm（假設倉儲名稱為 python-llm）。

編輯檔案

連上 visualstudio.microsoft.com，下載 VS Code 文字編輯器，使用 VS Code 開啟倉儲中的 Python 檔案進行編輯。按 Ctrl + Shift + X 快速鍵，直接搜尋 GitHub Copilot 和 GitHub Copilot Chat 外掛程式。安裝後，授權在 VS Code 上登入 GitHub 帳號，訂閱付費資源可以根據官方的指引完成（可以切換至中文）。

儲存模型廠商提供的 API 金鑰

將 API 金鑰儲存到本機，如 openai api key.txt。例如，使用月之暗面的 Kimi API 存取 platform.moonshot.cn，進入 API Key 管理介面，找到 API 金鑰。其他模型廠商的操作大致相同，一般是進入開發者平台，然後進入個人中心，API Key 管理介面，找到金鑰。

確保不要將包含 API 金鑰的檔案提交到程式碼倉儲中，以保護金鑰。

在 Python 腳本中使用 API 金鑰

在 Python 腳本中，使用以下程式碼讀取 API 金鑰檔案並設定 openai.api_key 和 openai.base_url。

```
# 以月之暗面的 Kimi API 為例
from openai import OpenAI
openai.api_key = "你的金鑰"
openai.base_url = "https://api.mo**shot.cn/v1"
```

模型廠商開發者平台會提供以 HTTP 為基礎的 API 服務的接入，並且絕大部分相容了 OpenAI SDK。

執行 Python 腳本

使用以下命令執行 Python 檔案以測試程式碼：python hello_world.py（假設檔案名稱為 hello_world.py）。

提交更改到 Git 倉儲

1. 使用以下命令將更改加入到 Git 暫存區：git add .。
2. 使用以下命令提交更改到本機倉儲：git commit -am "initial commit"。
3. 使用以下命令將更改推送到遠端倉儲：git push。

接下來，可以探索倉儲中的範例程式碼，瞭解如何使用 LLM 產生文字、進行對話、回答問題等。隨著學習的深入，我們將能夠建立自己的 Python 腳本，並利用 LLM 的強大功能建構令人興奮的應用程式。

7.4 在本機開發一個 LLM 聊天機器人

為了幫助初學者瞭解程式開發和部署上線的不同階段，我們將按照里程碑的方式介紹從基礎到企業級上線的學習路徑。如圖 7-1 所示，這些里程碑可以幫助我們整理思緒，清楚瞭解程式開發處於什麼階段。

學習里程碑

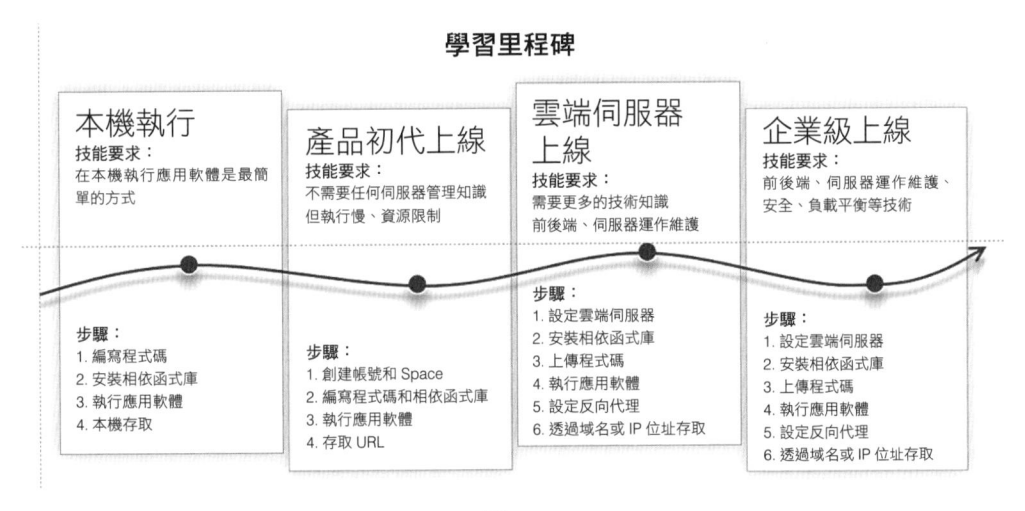

本機執行	產品初代上線	雲端伺服器上線	企業級上線
技能要求： 在本機執行應用軟體是最簡單的方式	技能要求： 不需要任何伺服器管理知識 但執行慢、資源限制	技能要求： 需要更多的技術知識 前後端、伺服器運作維護	技能要求： 前後端、伺服器運作維護、安全、負載平衡等技術
步驟： 1. 編寫程式碼 2. 安裝相依函式庫 3. 執行應用軟體 4. 本機存取	步驟： 1. 創建帳號和 Space 2. 編寫程式碼和相依函式庫 3. 執行應用軟體 4. 存取 URL	步驟： 1. 設定雲端伺服器 2. 安裝相依函式庫 3. 上傳程式碼 4. 執行應用軟體 5. 設定反向代理 6. 透過域名或 IP 位址存取	步驟： 1. 設定雲端伺服器 2. 安裝相依函式庫 3. 上傳程式碼 4. 執行應用軟體 5. 設定反向代理 6. 透過域名或 IP 位址存取

圖 7-1

本機執行

在本機執行應用軟體（圖 7-1 左起第一個學習里程碑）是最簡單的方式。需要在本機編寫程式碼，安裝相依函式庫，執行應用軟體並進行本機存取。在本機開發和測試應用程式是重要的第一步。這一步可以幫助我們快速確認程式碼是否正常工作，而無須考慮複雜的部署問題。我們只需要具備基本的程式編寫和相依性管理技能。

產品初代上線

將應用軟體部署到一個託管服務（如魔搭、Hugging Face Spaces，圖 7-1 左起第二個學習里程碑）可以讓我們更容易地分享和展示自己的工作。我們只需建立一個帳號，上傳程式碼和相依檔案，平台就會自動處理部署。這一步可以幫助我們瞭解基礎的部署流程，而無須深入瞭解伺服器管理知識。雖然這種方法執行較慢且有資源限制，但對展示和分享來說已經足夠。

雲端伺服器上線

在雲端伺服器上部署應用軟體（圖 7-1 左起第三個學習里程碑）是一個重要的進階步驟。這需要我們掌握更多的技術，包括伺服器設定、相依檔案管理、程式碼上傳和執行，以及反向代理設定。這一步能夠讓我們的應用更具靈活性和可擴充性，適合更高的存取量和更複雜的應用場景。具備更多的技術知識（前後端、伺服器運作維護）能夠讓我們在這一步學到更多。

企業級上線

企業級上線（圖 7-1 左起第四個學習里程碑）是最複雜的一步，需要全面的技術知識和經驗，不僅包括伺服器管理和應用軟體部署，還涉及安全性、負載平衡、災難復原等高階運作維護技能。這一步能夠確保我們的應用在高負載和複雜環境下穩定執行，是達到商業化和大規模應用的關鍵。前後端、伺服器運作維護、安全、負載平衡等技術都是必備的要求。

初學者按照這些里程碑逐步學習和實作，在每個階段都將獲得新的技能和經驗，為未來的開發和部署打下堅實的基礎。不要急於一步到位，循序漸進地學習和掌握每一個階段的內容，你將會發現自己的進步和成長。

下面將逐步講解如何使用 OpenAI 的 API 來建構一個聊天機器人應用，並比較在本機執行、使用魔搭創空間託管上線的差異。在雲端伺服器上部署和企業級上線涉及的技術太多，本書不討論具體的實作流程。

開發一個聊天機器人

在本機開發一個使用 Kimi API 和 Gradio 的聊天機器人，可以按照以下步驟進行。這裡將詳細介紹每個步驟，幫助初學者順利完成開發。首先介紹 Gradio 函式庫。

Gradio 是一個開源的 Python 函式庫，旨在使機器學習和資料科學應用程式的開發和共用變得更加簡單和直觀。透過 Gradio，開發者可以快速建立互動式的使用者介面，以展示和測試機器學習模型、資料集和演算法。Gradio 允許開發者在幾行程式碼內建立友善的使用者介面。這些介面可用於輸入資料、執行模型並顯示輸出，非常適合快速原型設計和測試。Gradio 的設計簡潔，開發者無須具備前端開發的知識即可建立功能豐富的網頁應用，只需專注於 Python 程式碼，相關的前端介面會自動產生。

Kimi API 是月之暗面公司 Kimi 開放平台提供的 API 服務，主要用於自然語言處理和文字產生。呼叫 Kimi API，可以實作 Kimi 聊天對話的效果。使用 API 服務前，需要在它的主控台中建立一個 API 金鑰。我們使用預設模型，型號是 moonshot-v1-8k，它適用於產生短文本，最大上下文長度為 8,000 Tokens。

第一步：取得 API 金鑰和 API 呼叫範例程式碼。

首先，需要從模型廠商處取得開發的 API 金鑰和 API 呼叫範例程式碼。可以存取 Kimi 開放平台的文件頁面（platform.moonshot.cn/docs），查閱 API 呼叫範例程式碼。API 金鑰可以在 Kimi 開放平台的主控台頁面（platform.moonshot.cn/console/api-keys）產生和查看。

第二步，將需求和 API 呼叫範例程式碼組合為提示詞，如：

```
我是初學者，請從新建專案開始，
指導我如何在本機開發一個使用 Kimi API 和 Gradio 的聊天機器人。
Kimi API 文件：
---
from openai import OpenAI
from dotenv import load_dotenv

client = OpenAI(
    api_key = "$MOONSHOT_API_KEY",
    base_url = "https://api.mo**shot.cn/v1",
)

completion = client.chat.completions.create(
    model = "moonshot-v1-8k",
    messages = [
        {"role": "system", "content": "你是 Kimi，由 Moonshot AI 提供的人工智慧助手，你更擅長中文和英文的對話。你會為使用者提供安全、有幫助、準確的回答。同時，你會拒絕一切涉及恐怖主義、種族歧視、黃色暴力等問題的回答。Moonshot AI 為專有名詞，不可翻譯成其他
```

```
語言。"},
        {"role": "user", "content": " 你好,我叫李雷,1+1 等於多少? "}
    ],
    temperature = 0.3,
)

print(completion.choices[0].message.content)
---
```

我們可以在 GitHub Copilot 的聊天介面中使用這樣的提示詞進行詢問,這一步最好在聊天介面完成。行內和多行註解的方式聚焦於在程式碼區域產生程式碼。在詢問流程方面,聊天介面可以提供追問和知識管理(由於我們與它共享相同的背景知識,因此給 GitHub Copilot 的提示詞可以不附加歷史訊息,GitHub Copilot 依然能做出更聰明且精準的回應)。透過 GitHub Copilot 的回饋,我們可以按照以下順序完成開發。

```
好的,讓我們從頭開始建立一個使用 Kimi API 和 Gradio 的聊天機器人。以下是詳細步驟:

1. 首先,我們需要在你的電腦上安裝 Python。你可以從 Python 官方網站下載並安裝。

2. 安裝 Python 後,我們需要安裝一些 Python 函式庫。開啟命令提示字元或終端機,然後輸入以下命
   令:

```bash
pip install gradio openai python-dotenv
```

3. 建立一個新的 Python 檔案,例如 `chatbot.py`。

4. 在同一目錄下建立一個名為 `.env` 的檔案,然後在其中加入你的 Kimi API 金鑰,如下所示:

```dotenv
MOONSHOT_API_KEY=your_api_key_here
```

5. 現在,我們可以開始編寫 Python 程式碼了。在 `chatbot.py` 檔案中,複製並貼上以下程式
   碼:

```
import gradio as gr
from openai import OpenAI
from dotenv import load_dotenv
import os

load_dotenv()
```
```

```
client = OpenAI(
    api_key = os.getenv("MOONSHOT_API_KEY"),
    base_url = "https://api.mo**shot.cn/v1",
)

def chatbot(question):
    completion = client.chat.completions.create(
        model = "moonshot-v1-8k",
        messages = [
            {"role": "system", "content": "你是 Kimi，由 Moonshot AI 提供的人
工智慧助手，你更擅長中文和英文的對話。你會為使用者提供安全、有幫助、準確的回答。同時，你會
拒絕一切涉及恐怖主義、種族歧視、黃色暴力等問題的回答。Moonshot AI 為專有名詞，不可翻譯成
其他語言。"},
            {"role": "user", "content": question}
        ],
        temperature = 0.3,
    )
    return completion.choices[0].message.content

iface = gr.Interface(fn=chatbot, inputs="text", outputs="text")
iface.launch()
```

6. 儲存你的 Python 檔案，然後在命令提示字元或終端機中執行它：

```bash
python chatbot.py
```

7. 你應該能看到一個新的瀏覽器視窗開啟，顯示你的聊天機器人的介面。你可以在輸入框中輸入問題，然後看到機器人的回答。

以上就是建立一個使用 Kimi API 和 Gradio 的聊天機器人的全部步驟。如果你在任何步驟中遇到問題，都可以隨時向我尋求幫助。

第三步，按照 GitHub Copilot 的回答，正式進行開發。

1. 安裝必要的函式庫。

在開始編寫程式前，需要在電腦上安裝 Python（可以從 Python 官方網站下載並安裝），還需要安裝一些必要的 Python 函式庫。開啟終端機或命令提示字元介面，執行以下命令，安裝 openai、gradio 和 python-dotenv 函式庫。

```
pip install openai gradio python-dotenv
```

2. 建立專案檔案。

在專案目錄下，建立一個名為 chatbot.py 的檔案。這個檔案將包含聊天機器人程式碼。GitHub Copilot 沒有提示新建專案檔案夾，我們把這一步也考慮進來，讓每個應用都對應於一個專案，以便後續管理。例如，在原始碼倉儲中，首先建立代表本章的專案檔案夾 ch7，然後建立 kimi_chat 資料夾，最後建立 chatbot.py 檔案。檔案結構如下：

```
ai-assistant-book/
└── ch7/
    └── kimi_chat/
        └── chatbot.py
└── .env
```

3. 設定環境變數。

為了安全儲存和載入 API 金鑰，需要建立一個 .env 檔案，將 your_kimi_api_key 替換為從 Kimi 開放平台取得的 API 金鑰。確保 .env 檔案位於專案目錄下，查看上一步的檔案結構。在該檔案中加入以下內容：

```
MOONSHOT_API_KEY=your_kimi_api_key
```

4. 編寫聊天機器人程式碼。

在 chatbot.py 檔案中，複製 GitHub Copilot 回覆的程式碼片段，或者在開啟 chatbot.py 檔案後，讓游標懸浮在程式碼區域，按一下右上角動作列的「在游標處插入」，直接插入檔案，免去複製和貼上的麻煩。

```python
import gradio as gr
from openai import OpenAI
from dotenv import load_dotenv
import os

load_dotenv()

client = OpenAI(
    api_key = os.getenv("MOONSHOT_API_KEY"),
    base_url = "https://api.mo**shot.cn/v1",
)

def chatbot(question):
```

```
        completion = client.chat.completions.create(
            model = "moonshot-v1-8k",
            messages = [
                {"role": "system", "content": "你是 Kimi，由 Moonshot AI 提供的人
工智慧助手，你更擅長中文和英文的對話。你會為使用者提供安全、有幫助、準確的回答。同時，你會
拒絕一切涉及恐怖主義、種族歧視、黃色暴力等問題的回答。Moonshot AI 為專有名詞，不可翻譯成
其他語言。"},
                {"role": "user", "content": question}
            ],
            temperature = 0.3,
        )
        return completion.choices[0].message.content

iface = gr.Interface(fn=chatbot, inputs="text", outputs="text")
iface.launch()
```

5. 執行應用程式。

在終端機或命令提示字元介面，瀏覽到專案目錄並執行以下命令。

```
python chatbot.py
```

這將啟動 Gradio 介面，並在預設瀏覽器中開啟一個新視窗或標籤頁，顯示聊天機器人應用。

注意：請確保在終端機或命令提示字元中正確瀏覽到包含 chatbot.py 檔案和 .env 檔案的專案目錄。如果專案檔案位於 C:\Users\YourName\Projects\ai-assistant-book\ch7\kimi_chat\chatbot.py 目錄下，請執行以下命令。

```
cd C:\Users\YourName\Projects\ai-assistant-book\ch7\kimi_chat
python chatbot.py
```

6. 查看效果。

在終端機上會顯示程式啟動資訊。除了提供本機的 URL 地址，Gradio 還提供了一個公共的 URL 位址。

```
Running on local URL:  http://127.0.0.1:7860
IMPORTANT: You are using gradio version 3.50.2, however version 4.29.0 is
available, please upgrade.
--------
Running on public URL: https://09**7edc874ff82c38.gradio.live
```

```
This share link expires in 72 hours. For free permanent hosting and GPU
upgrades, run `gradio deploy` from Terminal to deploy to Spaces (https://
hu**ingface.co/spaces)
```

按一下本機 URL http://127.0.0.1:7860，如圖 7-2 所示，開啟本機的預設瀏覽器。在左側輸入框中輸入問題，按一下「Submit」按鈕，將問題提交給 LLM，LLM 的回答顯示在右側文字方塊內。

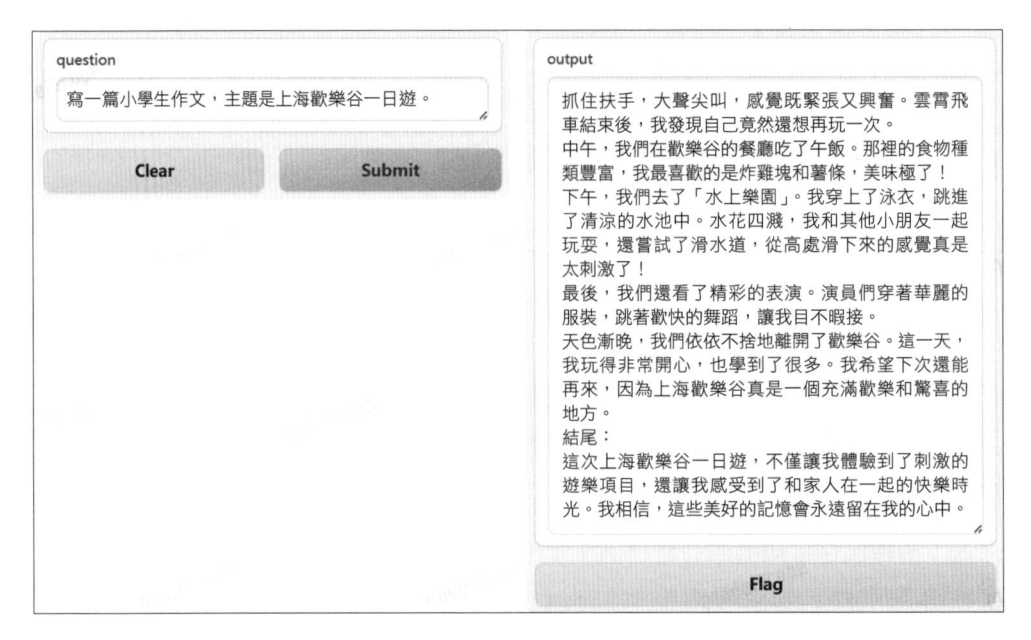

圖 7-2

透過這種方式，可以逐步完成在本機開發一個使用 Kimi API 和 Gradio 的聊天機器人的任務。如果在開發過程中遇到錯誤或概念不清晰的情況，可以在 GitHub Copilot 的聊天介面詢問，以便及時獲得幫助和指導。這樣透過摸索逐步完成開發工作的方式非常適合初學者。

需要注意的是，一旦在終端機關閉程式，或者在程式未關閉時直接關閉了終端機，都將導致本機和公共 URL 失效。本機開發是指利用電腦本身的能力進行開發，如開發可以在本機預覽和體驗的網頁。其缺點很明顯，我們的電腦不適合一直開機執行一個 Python 程式並提供給很多人使用。為了解決分享的問題，現在的技術方案是購買雲端伺服器，在雲端伺服器上執行這樣的程式。

在不同環境下執行這個程式的價格、部署難度及資源限制的差異，如表 7-1 所示。

表 7-1

特性/因素	本機執行	託管體驗上線	雲端伺服器上線	企業級上線
價格	低，無額外費用	基礎版本免費，高階功能可能要收費。可使用魔搭或者 Vercle 等平台的空間資源託管	根據使用的雲端服務按需求付費（如阿里雲、騰訊雲、Azure 等）	根據使用的雲端服務按需求付費（如阿里雲、騰訊雲、Azure 等）
部署難度	低	非常低	中等	高
限制	僅限本機存取，相依個人設備	資源有限，免費版可能有資源限制	需要伺服器管理知識，費用隨使用量增加	需要伺服器管理知識，費用隨使用量增加，一般是團隊合作完成

對於初學者來說，在本機執行應用是最簡單的方式——只需要編寫程式碼，安裝必要的函式庫，然後執行應用軟體。但是，這種方式只能在本機存取，不能與其他人分享（在區域網路中可以分享）。

在以上實作過程中，程式出現任何問題，都要將錯誤資訊直接複製並貼上到聊天介面。GitHub Copilot 具有上下文連續對話能力，它會根據之前的聊天內容，對錯誤進行判斷和找出原因，並提出解決方案。

使用魔搭創空間是一種非常簡單的部署方式。開發者只需要建立一個帳號，上傳程式碼和相依檔案，然後部署。魔搭創空間會自動建構和部署應用，並產生一個可以分享的 URL。這種方式非常適合初學者，因為它不需要任何伺服器管理知識。但是，免費版可能有一些資源上的限制，最明顯的情況就是執行速度較慢。

在雲端伺服器上部署應用軟體需要更多的技術知識，如設定伺服器環境，安裝必要的函式庫，上傳程式碼，執行應用軟體，並設定反向代理以便透過網域名稱或 IP 地址存取。這種方式給了開發者更多的控制權，但也需要開發者瞭解伺服器管理和網路設定。

建議初學者先在本機執行應用軟體，熟悉程式碼和工作原理。然後，可以嘗試使用魔搭創空間部署應用，體驗線上分享的便利性。隨著技能的提升，可以逐步學習如何在雲端伺服器上部署應用，以滿足更高的效能和可擴充的需求。

學習程式編寫和機器學習是一個循序漸進的過程。從簡單的開始，不斷練習和探索，就能逐步掌握複雜的技能。

7.5 以魔搭創空間部署 LLM 應用

上一節我們利用 Kimi API 和 Gradio 在本機上開發了一個聊天機器人應用，雖然可以順利輸入問題並獲得 Kimi 的回應，但無法將它分享給朋友。那麼，要如何讓這個程式連上網路，讓更多人看到我們開發的聊天機器人、讓家人可以共享這個成果？接下來，我們嘗試從提示詞開始，詢問 GitHub Copilot 如何解決這個問題。

這裡我們選擇的是魔搭創空間的託管。簡單地說，就是把在本機開發的程式碼移植到魔搭創空間，讓魔搭創空間充當我們的個人電腦。魔搭創空間會提供公共 URL，透過這個 URL 可以分享我們的聊天機器人應用。在本機中止程式，這個 URL 的聊天機器人仍然可以正常工作，且不再依賴本機電腦。

我們從編寫提示詞開始。當我們進入一個新任務，首先要新建一個聊天串，這樣能確保 GitHub Copilot 在一個沒有干擾的環境中工作，而且維護一個聊天串，就相當於我們和 GitHub Copilot 擁有相同的上下文背景知識，更加適合溝通專案。

> 我是初學者，你已經從新建專案開始，
> 指導了我如何在本機開發一個使用 Kimi API 和 Gradio 的聊天機器人。
> 現在我想要把這個聊天機器人託管至魔搭的空間裡。
> 請一步一步指示我。

GitHub Copilot 的回答如下。

> 首先，你需要在魔搭（Moda）上建立一個新的專案。以下是具體步驟：
>
> 1. 登入你的魔搭帳戶。
> 2. 在控制面板中，點擊「創建模型」。
> 3. 輸入你的專案名稱和描述，然後點擊「創建」。
>
> 接下來，你需要將你的聊天機器人程式碼上傳到新建立的專案中。以下是具體步驟：
>
> 1. 在你的專案頁面，點擊「上傳程式碼」。
> 2. 選擇你的程式碼檔案或者直接拖曳檔案到上傳區域。
> 3. 確認上傳。
>
> 然後，你需要設定你的專案以使用 Kimi API 和 Gradio。以下是具體步驟：

1. 在你的專案頁面，點擊「設定」。
2. 在設定頁面，找到「環境變量」部分，點擊「添加新環境變數」。
3. 加入你的 Kimi API 和 Gradio 的相關設定，例如 API 金鑰等。

最後，你需要啟動你的專案。以下是具體步驟：

1. 在你的專案頁面，點擊「啟動」。
2. 在彈出的對話方塊中，確認你的設定，然後點擊「啟動」。

以上就是在魔搭上託管聊天機器人的步驟。如果你在操作過程中遇到任何問題，可以隨時向我提問。

實際上，GitHub Copilot 描述的步驟有一些是錯誤的。引起錯誤的原因是魔搭創空間的使用課程可能沒有被底層大型語言模型作為語料訓練。不過，其中大部分是正確的，整個流程清晰易懂，正是我們需要的流程。

為了幫助讀者清晰、正確地瞭解如何將在本機開發的聊天機器人專案託管到魔搭創空間，並確保專案能夠正常執行和共用，我們進入魔搭創空間網頁，逐步介紹魔搭創空間介面的功能（如圖 7-3 所示），看看 GitHub Copilot 描述的步驟哪裡出了差錯。

圖 7-3

新建創空間

在 GitHub Copilot 的回答中,「在魔搭 (Moda) 上建立一個新專案,包括登入、點擊『創建模型』、輸入專案名稱和描述等步驟」將建立創空間描述成了建立新專案。

建立魔搭創空間後,選擇編寫程式建立,預設使用 Gradio SDK 發布應用。

魔搭創空間的介面分為幾個主要部分:基礎資訊、個性化資訊、高階設定和空間管理。在個性化資訊部分,可以看到建立空間時選擇的 SDK 資訊(如 Gradio),以及 Gradio 版本資訊。在高階設定部分,可以看到伺服器的設定,如 CPU、記憶體等。免費使用者會獲得一定的伺服器設定,伺服器方面的操作(如權限和運作維護)都不需要我們進行,它們是託管服務的一部分。魔搭創空間的主要空間管理功能如下:

- 上線空間展示 → 重啟空間展示:未發布時顯示「上線空間展示」,發布後顯示為「重啟空間展示」。修改程式碼和修改環境變數都需要重啟空間展示。
- 設為非公開空間:將目前空間設定為非公開空間。
- 離線空間展示:將空間離線,再次上線時可以重新發布。
- 刪除創空間:刪除空間,刪除後內容不可恢復。
- 申請首頁展示:申請將空間展示在首頁。
- 查看日誌:查看空間的日誌資訊,最多保存 7 天內的 10 萬條日誌。如果上線空間展示時,一直發布失敗,就需要查看日誌,找出問題。
- 環境變數管理:建立和管理環境變數,更改後需要重新啟動空間使其生效。

新建空間後,在空間檔案標籤頁下可以看到兩個自動產生的檔案:一個是 .gitattributes,用於控制 Git 在專案中對檔案的行為約束;另一個是 README.md,它描述了一個專案或應用軟體的一些關鍵資訊,內容如下:

```
---
# 詳細文件見 https://mo**lscope.cn/docs/%E5%88%9B%E7%A9%BA%E9%97%B4%E5%8D%A1%E7%89%87
domain: # 領域:cv/nlp/audio/multi-modal/AutoML
# - cv
tags: # 自訂標籤
-
```

```
datasets: #關聯資料集
  evaluation:
  #- iic/ICDAR13_HCTR_Dataset
  test:
  #- iic/MTWI
  train:
  #- iic/SIBR
models: #關聯模型
#- iic/ofa_ocr-recognition_general_base_zh

## 啟動檔案 (若 SDK 為 Gradio/Streamlit，預設為 app.py， 若為 Static HTML，預設為
index.html)
# deployspec:
#    entry_file: app.py
license: Apache License 2.0
---
#### Clone with HTTP
```bash
 git clone https://www.mo**lscope.cn/studios/liteli1987/kimiapi_chatbot2.git
```

與我們有關的是「啟動檔案（若 SDK 為 Gradio/Streamlit，預設為 app.py，若為 Static HTML，預設為 index.html）」。

上傳本機程式碼

在 GitHub Copilot 的回答中，雖然有模糊提到可以上傳檔案。但在實際的頁面中，我們需要從空間的首頁標籤頁切換到「空間檔案」頁面，才能看到加入檔案的按鈕。也完全沒提到上傳的檔案需經過審核才會生效這件事。另外，在本機程式碼中，哪些檔案需要上傳也沒有具體的指示。

開啟聊天介面，再次向 GitHub Copilot 詢問：

> 當我們部署一個 gradio 應用要什麼必備檔案？

GitHub Copilot 的回答如下。

> 部署一個 Gradio 應用，你需要以下檔案：
>
> 1. **Python 指令檔**：這是你的主要應用檔案，其中包含你的模型和 Gradio 介面的程式碼。例如，你可能有一個名為 `app.py` 的檔案。
>
> 2. **模型檔案**：如果你的應用軟體使用了機器學習模型，你需要包含模型檔案。這可能是 `.h5`、`.pkl`、`.pt` 等格式的檔案，取決於你使用的模型和函式庫。
```

3. ** 相依檔案 **：你需要一個列出所有 Python 相依的檔案，通常是 `requirements.txt`。這個檔案應該包含 `gradio` 以及任何你的程式碼需要的其他函式庫。

4. ** 其他資源 **：如果你的應用使用了其他資源，如圖片、音訊檔案或其他資料檔案，你也需要包含這些。

這些檔案應該在你的專案目錄中，你可以使用如下命令來產生 `requirements.txt`：

```bash
pip freeze > requirements.txt
```

然後，你可以使用各種方法來部署你的應用軟體，例如使用 Docker，或者使用雲端服務如 Heroku、Google Cloud、AWS 等。

由於我們沒有使用模型檔案，所以模型檔案和其他資源可以直接忽略。現在要準備的是 app.py 和 requirements.txt 檔案。在之前的本機專案中並沒有編寫這兩個檔案，啟動本機程式的是 chatbot.py（包含 API 呼叫函式和建構啟動 Gradio 介面的程式碼）。我們是不是能夠直接上傳 chatbot.py？在建立空間後，README.md 檔案中提到啟動檔案為 app.py。如果要在魔搭創空間完成這次發布，就要把 chatbot.py 改為 app.py，作為 Gradio 的預設啟動檔案。

回到 requirements.txt，這個檔案可以用來在其他環境（我們現在要發布在魔搭創空間）中重新安裝相同的套件和版本。這是一種常見的確保 Python 專案在不同的環境中都能正確執行的方式。我們可以使用命令來產生 requirements.txt。

嘗試在終端機輸入：

```
pip freeze > requirements.txt
```

產生的檔案中包含了很多套件名稱和版本序號，我們只需要引入 openai、gradio 和 dotenv 三項。

```
openai==1.13.4
gradio==4.31.3
gradio_client==0.6.1
python-dotenv==1.0.0
```

將這些檔案都上傳至空間檔案中。上傳後，檔案的狀態會顯示為「審核中」，要等上傳的檔案審核通過（如圖 7-4 所示），才能上線展示。

圖 7-4

設定環境變數

在 GitHub Copilot 的回答中，它認為魔搭的環境設定就在專案中。實際上，應在魔搭創空間的「設定」標籤頁中選擇「設定環境變數」，將本機專案中的 .env 檔案的鍵值對（如圖 7-5 所示）設定為對應的環境變數。

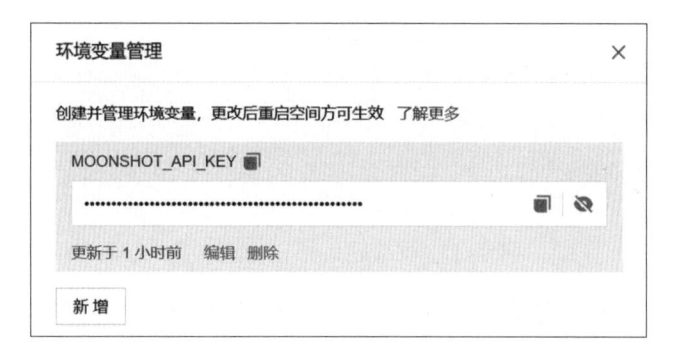

圖 7-5

發布空間

這一步，GitHub Copilot 回答的是「專案頁面，點擊啟動」。實際上，魔搭網頁並沒有啟動按鈕，而是需要在設定完環境變數後按一下「上線空間展示」。一旦上線，該按鈕會修改為「重啟空間展示」。

發布空間後，會獲得一個公共 URL，透過這個 URL 可以分享建立的網頁。

透過對比 GitHub Copilot 的錯誤描述和上述正確的操作步驟，我們更容易瞭解魔搭創空間的使用方法，並避免在操作中犯下類似的錯誤。以下是主要的更正點。

- 專案 vs. 創空間：GitHub Copilot 將「創空間」描述為「建立新專案」，實際上魔搭使用的是「創空間」這個概念。
- 詳細步驟：GitHub Copilot 提供的步驟過於簡單，缺乏具體操作頁面和按鈕的指引。我們詳細說明了如何進入不同頁面並找到相關的功能區。
- 環境變數設定：GitHub Copilot 沒有詳細說明如何設定環境變數，而這是確保專案正常執行的關鍵步驟。

再次回顧學習的里程碑，我們已經走到了第二個里程碑：第一個是我們在本機做開發，第二個是上傳程式碼到魔搭創空間並發布上線。可以把連結發送給朋友，讓他們體驗我們的聊天機器人服務。正像這一章展示的方式，即使是初學者，也可以透過詢問 GitHub Copilot 得到流程化的指導。要知道，程式開發人員的一大煩惱是閱讀了很多網頁內容，但是無法解決問題，還將很多時間浪費在搜尋資訊和閱讀網頁上。雖然對於新鮮的事物，如魔搭創空間的使用課程，GitHub Copilot 提供的答案不那麼準確，但是它提供的模式和步驟可以讓我們清楚地知道將專案發布在魔搭創空間需要做什麼。

7.6 本章小結

透過本章的學習，我們了解到 LLM 的最大價值是讓中小企業可以透過 API 呼叫，建立屬於自己的機器學習產品，幫助中小企業提效增利。原本大型企業才能擁有的機器學習能力被平民化，中小型企業可以避免高昂的資料、人員成本，利用模型廠商提供的 API 呼叫方法，低成本開發機器學習應用。隨後，我們回顧了 LLM 程式編寫的環境準備。最後，我們從提示詞的編寫開始，跟 GitHub Copilot 互動學習如何建構一個聊天機器人應用，並透過託管上線的實際操作，將自己的專案分享給他人，在實作中獲得更多經驗。

8 利用 GitHub Copilot 編寫單元測試和偵錯

軟體測試是確保軟體品質的重要手段。

8.1 單元測試是測試金字塔的基礎

在軟體測試領域有一個被稱為「測試金字塔」的概念。測試金字塔是一種被廣泛認可的測試策略。測試金字塔是一種結構化方法,透過將測試組織成階層結構,每層複雜度逐漸增加,幫助達到防止程式進入無效狀態的目標。它將不同細微度的測試組織成一個金字塔式的結構(如圖 8-1 所示),由下而上依次為單元測試、整合測試和端到端(E2E)測試。

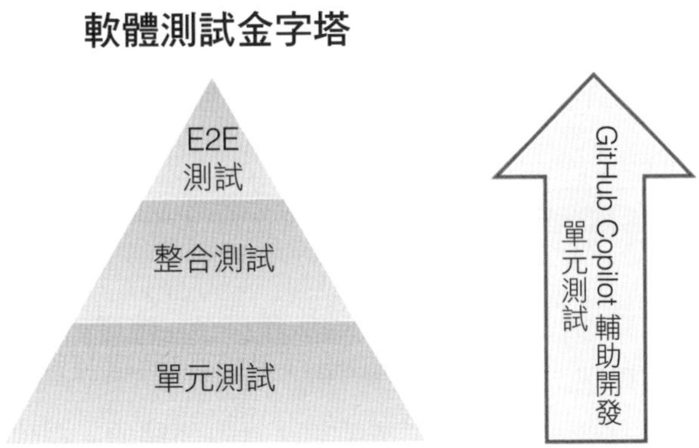

圖 8-1

位於金字塔底部的單元測試是最基礎、數量最多的測試。它們針對軟體中的單一元件（如一個函式或一個類別）進行測試，確保每個元件都能正常工作。單元測試是軟體測試的基本方法，它將程式劃分成數個最小的可測試單元，透過輸入和預期輸出來確認每個單元的正確性。單元測試通常由程式開發人員編寫，在開發的早期階段就開始進行。在學習軟體測試時，首先應專注於單元測試。這些基本單元可以是一個完整的模組、單一函式或一個類別及其方法等。

中間層是整合測試，用於檢查不同元件之間的互動是否正常。整合測試的數量比單元測試少，但複雜度高。整合測試專注於不同單元之間的互動，確保它們按照預期協同工作。這些測試比單元測試複雜，因為它們涉及應用程式各部分之間的合作。整合測試的目的是確認多個單元能否無問題地整合並一起執行。

金字塔的頂層是端到端測試，也稱為系統測試或接受度測試。端到端測試用於測試整個系統的功能，數量最少，但涵蓋範圍最廣，通常由專業的測試人員執行。端到端測試模擬真實世界中的場景，測試整個應用程式，包括與外部系統的互動。這些測試是最複雜和最耗時的，但對於確認整個系統在類似生產環境中的行為至關重要。

從測試金字塔可以看出，單元測試是整個測試系統的基礎。如果單元測試沒有做好，那麼在整合測試和端到端測試階段發現和修復 Bug 的成本將非常高。因此，編寫高品質的單元測試程式碼對確保軟體品質至關重要。其他兩層的測試，在一個正規的企業軟體開發流程中，一般都會由測試人員進行。由於本書定位在初學者學習單元測試，所以不涉及整合測試和端到端測試。

8.2　為什麼要學習單元測試

許多人在學習新語言時都曾有過這樣的想法：我只是在練習和實驗，沒必要那麼嚴格地測試每一行程式碼吧？於是，習慣性地寫一些簡單的範例來執行，觀察輸出是否符合預期，就草草了事。事實上，這種想法是有問題的。在學習階段就嘗試為程式碼編寫單元測試，不僅能及時發現自己對程式語言特性瞭解的偏差並及時修正，還能熟悉該語言的單元測試框架和工具，為日後的開發工作打下良好基礎。

編寫單元測試的過程本質上就是整理需求、釐清設計目的並付諸程式碼的過程。測試透過，就說明程式行為符合預期，意味著程式碼編寫者和測試編寫者對需求達成了一致的瞭解。而如果測試未通過，要麼提示程式碼有誤，要麼反映出需求瞭解有誤。總之，問題被及時揭露並得到修正。在學習程式語言的過程中編寫單元測試，可以幫我們深入瞭解程式語言的特性。

我們可以透過在函式中加入型別檢查，在參數非法時拋出例外並編寫有明確目的的單元測試。這樣不僅可以查缺補漏，還能使函式更加強固。可見，藉助單元測試，我們能夠站在使用者或呼叫者的角度審視自己的程式碼，進而發現一些很容易被忽視的邊界條件和例外情況。針對這些情況補充單元測試，反過來強迫自己將程式碼改到最好，也就自然加深了對程式語言本身、框架及類別函式庫的瞭解。

另外，學習單元測試對培養良好的程式編寫習慣大有裨益。使用 GitHub Copilot 產生函式之後，再使用 GitHub Copilot 為它編寫單元測試，針對一些常規的輸入編寫測試，考慮特殊值（如 0）的情形，逐步考慮例外類型的輸入。

這種由淺入深、由簡單到複雜的測試原則，正是在開發大型專案時應該遵循的。如果我們在學習階段就透過練習培養這種思維，今後面對真正的開發任務時，就能寫出涵蓋層面高、有品質的單元測試，從一開始就建構穩健可靠的程式碼。

從更高層看，在學習階段引入單元測試的習慣，可以讓我們體會測試驅動開發（TDD）的精髓。TDD 提倡先編寫測試，再實作程式碼，透過測試來明白需求，透過測試來檢驗結果的正確性，透過測試來截獲可能的例外。這已經成為業界公認的最佳實作之一。如果我們在學習階段就能把 TDD 的理念融入程式碼，今後進行實際開發時就能達到更細緻的需求分析、更嚴謹的例外處理和更充分的正確性保證，真正告別「往前跑，往後改」的窘境。我們大可以一邊學習 Python 語法，一邊為程式碼編寫單元測試。編寫測試的過程就是整理需求、清楚邊界條件的過程，它反過來強迫我們主動思考：程式碼設計是否合理，是否還有遺漏的例外情況？每一個失敗的測試都反映到對程式語言特性和類別函式庫的某個誤解，提示我們需要彌補這方面的知識欠缺。由此，我們對知識的掌握才能更加深入和全面。

在學習 Python 乃至其他程式語言時，都可以嘗試採用這種「學習 + 單元測試」的方式。它會引導我們換位思考，以使用者的視角審視自己的程式碼，形成良好的程式編寫習慣。

8.3 利用 GitHub Copilot 輔助開發單元測試

單元測試是軟體開發過程中一個重要但常被忽視的環節。在傳統開發中，編寫單元測試是一項耗時且容易出錯的任務。程式開發人員需要手工編寫大量的測試程式碼，設計各種輸入資料來確認函式的行為是否符合預期，不僅工作量大，而且很容易漏掉一些極端案例，影響測試的全面性。

軟體開發是一門複雜的技術，人們往往要應對兩個困難。第一個困難是人類記憶力和注意力有限。在複雜的商業邏輯下，開發者特別容易忽視單元測試（單元測試單獨進行且有大量重複工作，導致人們特別容易忽視它）。第二個困難是由於大意，對很多步驟沒有進行例行檢查，而很多人會說：「我明明記得。」這兩個困難的最直接表現就是故意跳過單元測試，直到程式真的發生了錯誤，才回頭進行單元測試以排除錯誤。

Python 內建的 unittest 模組為初學者提供了完備的單元測試支援，使編寫和執行測試變得簡單且直覺。然而，即便有了這樣的測試模組，編寫高品質的單元測試仍然需要大量的時間和經驗。

如何才能在學習 Python 的同時掌握編寫優秀單元測試的技巧呢？

人工智慧技術的發展為這個問題提供了一個創新的解決方案。像 GitHub Copilot 這樣的 AI 程式編寫助手，透過學習大量優質的測試程式碼，總結出了編寫測試的「策略」。它可以根據函式的定義，自動產生相關的單元測試程式碼。就像我們透過模仿優秀作文和範文來學習寫作技巧一樣，GitHub Copilot 提供了大量優質的單元測試範例供我們參考和模仿。

初學者可以先讓 GitHub Copilot 為自己的程式碼產生單元測試，然後仔細閱讀和瞭解這些測試程式碼。GitHub Copilot 產生的測試程式碼通常包括各種極端情況和例外輸入的檢查，這些都是手寫測試程式碼時容易遺漏的。透過學習這些程式碼，我們可以掌握測試案例設計的要點。

但 GitHub Copilot 畢竟只是一個 AI，它的建議並不總是完美的。我們不應該完全依賴它，而要學會批判性思考：這個測試有沒有遺漏，是否還有別的極端情況需要考慮？我們要以 GitHub Copilot 為起點，不斷思考如何改進和超越它提供的方案。

這種「AI 產生 + 人工思考」的學習模式，可以幫助我們在學習 Python 的同時快速掌握編寫優秀單元測試的能力。我們透過模仿和分析 AI 產生的測試程式碼來學習測試技巧，然後運用創造力去最佳化和拓展這些測試。這個過程不僅能提高我們的程式編寫程度，還能加深我們對所學知識的瞭解。

使用 GitHub Copilot 編寫單元測試是學習 Python 的一個很好的方式，它為我們提供了豐富的學習素材和模仿物件，能夠幫助我們領悟測試驅動開發的精髓。透過分析函式的輸入輸出型別、語意資訊等，AI 可以設計測試案例，產生相關的測試程式碼。這種技術不僅能大幅節省編寫測試的時間，還能產生更全面、更細緻的測試案例，顯著提升單元測試的品質。

另外，這一章的學習目標與其他章一致，首要目標是學習 Python，並利用 GitHub Copilot 編寫單元測試，藉由閱讀測試程式碼更深入了解 Python 程式碼。辨識 GitHub Copilot 產生的錯誤程式碼，然後使用 GitHub Copilot 更正錯誤，可以將其轉換為可執行的程式碼。所以，瞭解和應用單元測試是整個測試過程的基礎。透過整理需求，清楚瞭解任務實作的目的，利用 GitHub Copilot 產生程式碼及對其程式碼進行單元測試的方式，可以為開發人員進行更複雜的測試、整合測試和端到端測試打下堅實的基礎。

使用 GitHub Copilot 編寫單元測試範例

第一步，新建 circle_area.py 檔案，以提示詞註解的方式讓 GitHub Copilot 定義一個計算圓面積的函式 circle_area。這個函式接受圓的半徑 r 作為參數：如果 r 不是非負數，則拋出相關的例外；如果 r 是非負數，則傳回圓的面積。

```
"""
定義一個計算圓面積的函式 `circle_area`，

這個函式接受圓的半徑 `r` 作為參數，

如果 `r` 不是一個非負數值，則拋出相關的例外。

如果 `r` 是非負數，則函式傳回圓的面積。

"""
```

閱讀 GitHub Copilot 產生的函式，判斷其是否符合提示詞的要求。

```
import math

def circle_area(r):
    if not isinstance(r, (int, float)):
        raise TypeError("The radius must be a non-negative real number.")
    if r < 0:
        raise ValueError("The radius cannot be negative.")
    return math.pi * r * r
```

如果有不瞭解的運算式和陳述式，可以立即詢問 GitHub Copilot。選中程式碼後，按右鍵「GitHub Copilot」選項，在彈出的快顯功能表中選擇「對此進行解釋」命令，或者發起一個聊天串，在對話方塊中輸入「/explain」後貼上程式碼，按一下小飛機圖示按鈕發送。

第二步，以提示詞註解的方式讓 GitHub Copilot 為我們寫一個測試函式，以便逐步測試這個函式。提示詞註解如下。

```
"""
對 `circle_area` 函式進行測試

定義一個 `test_circle_area` 函式，

考慮了各種可能的輸入情況，

包括正常值、邊界值、例外值等，

從不同角度測試了函式的行為是否符合預期。

在測試過程中，需要判斷函式呼叫的錯誤訊息類型，

每個測試陳述式需要根據測試結果列印相關的測試是否通過的提示，

提示的格式為："測試失敗：circle_area(0) == 0 raised ValueError"。
"""
```

GitHub Copilot 產生的測試函式的程式碼建議如下。

```
def test_circle_area():
    assert circle_area(0) == 0, "Test failed"
    assert circle_area(1) == pi, "Test failed"
    assert circle_area(2) == 4 * pi, "Test failed"
    try:
```

```
        circle_area(-1)
    except ValueError:
        print("Test passed")
    else:
        print("circle_area(-1) == 0 raised ValueError")
    try:
        circle_area(1 + 1j)
    except TypeError:
        print("Test passed")
    else:
        print("circle_area(1 + 1j) == 0 raised TypeError")
if __name__ == "__main__":
    test_circle_area()
```

在這個手動測試檔案中定義了一個 test_circle_area 函式。對 circle_area 函式進行以下測試，並根據測試結果列印相關的提示。

1. 有效輸入測試：測試半徑為 1、0 和 2 的情況，確認函式傳回的圓面積是否正確。
2. 負數輸入測試：當測試半徑為 -1 時，確認是否拋出 ValueError。
3. 無效型別測試：測試半徑為複數 1 + 1j 的情況，確認是否拋出 TypeError。

按一下編輯器位址欄中的三角形按鈕，執行該檔案，或者在終端機輸入以下命令：

```
python test_circle.py
```

如果所有測試都通過，輸出將類似於：

```
Test passed
Test passed
```

半徑為 1、0 和 2 的情況，沒有列印內容，說明確認成功。

當半徑為 -1 時，circle_area 函式預期要拋出數值錯誤 ValueError，測試達到了 circle_area 函式的預期，列印 Test passed。如果 circle_area 函式沒有做這個判斷，則列印 circle_area(-1) == 0 raised ValueError。

當半徑為複數 1 + 1j 時，預期拋出型別錯誤 TypeError，測試達到了 circle_area 函式的預期，列印 Test passed。如果 circle_area 函式沒有做這個判斷，則列印 circle_area(1 + 1j) == 0 raised TypeError。

這個例子展示了如何為一個簡單的數學函式編寫單元測試。雖然函式本身很簡單，但我們考慮了各種可能的輸入情況，包括正常值、邊界值、例外值等，從不同的角度測試了函式的行為是否符合預期。這種測試思維是非常值得練習並掌握的。

8.4 單元測試和偵錯

單元測試是指對軟體的獨立單元或模組進行檢驗確認的過程。透過編寫測試案例，可以涵蓋所有使用場景的正面和負面情況。單元測試的目的不僅是發現程式碼中的缺陷和例外，更重要的是確認程式碼是否滿足功能需求、是否按照預期執行。

然而，測試並不能完全消除程式碼中的錯誤。這就需要偵錯的介入。偵錯是一種發現、找出和修復程式碼缺陷的方法。與測試不同，偵錯通常由開發人員獨立完成。偵錯過程可以是被動的，即在錯誤發生後再進行處理，也可以是主動的，即在問題出現前就採取預防措施。

偵錯的步驟包括再次呈現錯誤、隔離問題、修復缺陷、確認解決方案及記錄過程。為了提高偵錯的效率，開發人員可以使用偵錯工具，如中斷點、記憶體分析、輸入模擬等。透過觀察程式在不同條件下的行為表現，開發人員可以推斷錯誤的原因，並有明確目的地進行修復。除了解決功能性問題外，偵錯還可以用於最佳化程式碼效能、消除瓶頸。

8.4.1 AI 程式編寫的測試和偵錯流程

隨著 AI 程式編寫工具的出現，傳統的「單元測試 → 發現錯誤 → 偵錯程式碼找出錯誤 → 修復錯誤」的開發流程可能需要重新考慮。因為 AI 可以 24 小時產生程式碼，具有多產的特性，且可以學習錯誤並自我進化，進而產生更好的程式碼，所以，我們應當充分利用這一點，應用新的測試和偵錯流程。

當面對 AI 產生的錯誤程式碼時，直接偵錯可能不是最佳選擇。相反，我們可以先修改提示詞，讓 AI 重新產生程式碼，而不是直接進行偵錯（圖 8-2 所示為 AI 輔助流程）。這樣可以更有效地解決問題，避免走到直接進行偵錯的曲折彎路上。

單元測試和偵錯的流程變化

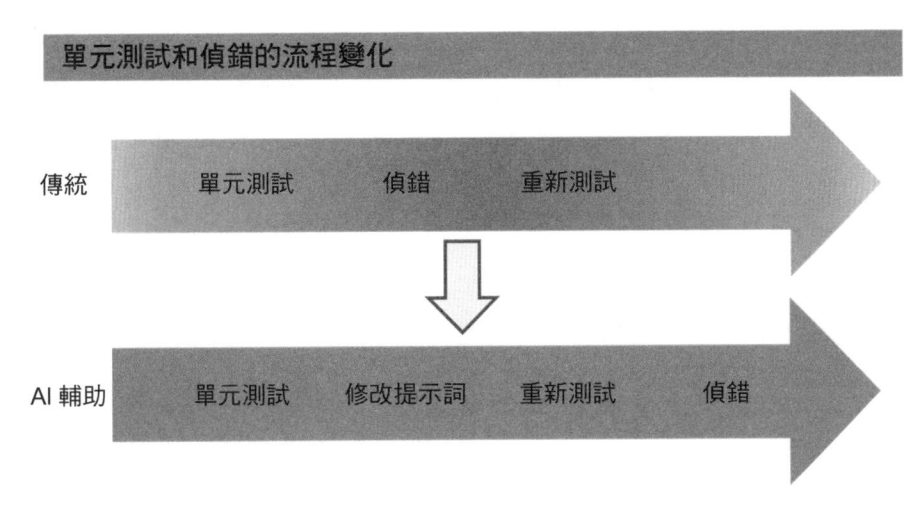

傳統：單元測試 → 偵錯 → 重新測試

AI 輔助：單元測試 → 修改提示詞 → 重新測試 → 偵錯

圖 8-2

AI 輔助流程具體說明如下。

1. 單元測試：透過單元測試發現程式碼中的錯誤。
2. 修改提示詞：根據錯誤資訊調整提示詞，讓 AI 重新產生程式碼。
3. 重新測試：對新產生的程式碼進行測試，確認是否修復了之前的錯誤。
4. 必要時偵錯：如果錯誤依舊存在，則再進行偵錯，以深入分析和修復。

透過這種方式，我們可以更有效地利用 AI 的學習和自我最佳化能力，提升開發效率和程式碼品質。這種方式的優勢在於充分利用 GitHub Copilot 產生程式碼的特性，避免陷入傳統偵錯的複雜流程。從提示詞入手，透過調整提示詞來改進 GitHub Copilot 產生的程式碼，可以大幅減少手動偵錯花費的時間和精力，提高整體開發效率。

舉個例子，我們使用 GitHub Copilot 產生了一段程式碼，用於計算兩個數的最大公約數，但在測試中發現，當輸入負數時，程式會回報錯誤。傳統的偵錯思路是直接開啟程式碼，找到出錯的地方，然後修改程式碼邏輯。而在新的 AI 輔助開發流程下，我們首先要修改給 GitHub Copilot 的提示，告訴它程式碼需要支援負數輸入。例如，將提示詞改為「請產生一段計算兩個整數最大公約數的程式碼，要求支援負整數的輸入」，然後讓 GitHub Copilot 重新產生程式碼，再進行測試。如果重新產生的程式碼通過了測試，就不必再進行偵錯了。

可以看到，這是與傳統的單元測試和偵錯的流程不同的地方，透過先修改提示詞，再讓 GitHub Copilot 重新產生程式碼的方式，我們可以更智慧地完成程式碼的開發和修復。當然，這並不意味著完全不需要進行偵錯了。在某些複雜的情況下，偵錯依然是必要的手段。在 GitHub Copilot 的輔助下，我們可以避免大部分不必要的偵錯工作，專注於更高層的開發任務。

我們再利用上一節的單元測試案例（計算一個圓的面積的函式），以修改提示詞註解的方式讓 AI 重新產生程式碼，而不是直接去偵錯。

第一步，新建檔案 poor_circle_area.py。這次我們嘗試使用一個非常簡單的提示詞註解「# 計算圓面積的函式」，看看 GitHub Copilot 會產生怎樣的程式碼。

```python
# 計算圓面積的函式
import math

def circle_area(radius):
    return math.pi * radius ** 2
```

乍看好像沒什麼問題，但是當我們做三個列印類型的測試後，這個函式就顯示錯誤了。

```python
# 測試函式
print(circle_area(3))
print(circle_area(-3))
print(circle_area("3"))
```

當傳入參數為字串 3 時，函式執行後出現了如下的 TypeError。

```
TypeError: unsupported operand type(s) for ** or pow(): 'str' and 'int'
```

由於在函式內部沒有對參數的型別進行判斷和處理，所以，當傳入字串時，程式無法正常運作。

面對這種情況，很多人的第一反應可能是直接修改 circle_area 函式的程式碼，加入型別判斷邏輯，讓它能夠處理字串輸入。但筆者認為這不是一個好的選擇。單純地修改 GitHub Copilot 產生的有問題的程式碼，就像是往一堆垃圾上繼續扔垃圾，並不能真正解決問題。在使用 GitHub Copilot 時，如果想獲得高品質的輸出，一個關鍵點就是要給它高品質的輸入。而糟糕的提示詞註解往往會產生糟糕的程式碼——垃圾進，垃圾出。

筆者建議，當發現 GitHub Copilot 產生的程式碼存在問題時，與其直接修改程式碼，不如退回第一步，嘗試寫出更好的提示詞註解。好的提示詞應該盡可能清楚、完整地描述我們希望函式實作的功能，包括對輸入參數的要求、對例外情況的處理等。

當然，如果你已經累積了一定的程式編寫經驗，直接修改程式碼也未嘗不可。但對初學者來說，還是建議從修改提示詞註解、重新產生程式碼開始，以便更深入了解 GitHub Copilot 的運作方式，寫出更強固的程式碼。

我們使用修改提示詞註解的方式讓 GitHub Copilot 重新產生程式碼，而不是自己修改程式碼。我們只負責發送指令，寫程式碼的工作仍然交給 GitHub Copilot。在使用 AI 輔助程式編寫時，最好的策略是「能動嘴的時候，一定先動嘴，而不是先動手」。

讓我們回到 circle_area 這個例子，看看如何透過改進提示詞來解決之前的問題。

```
"""
定義一個計算圓面積的函式 `circle_area`，
這個函式接受圓的半徑 `r` 作為參數，
如果 `r` 不是一個非負數值，則拋出相關的例外。
如果 `r` 是非負數，則函式傳回圓的面積。
"""
```

以上註解明白說明了對參數的型別和取值的要求，並指出了應該如何處理例外情況。有了這樣的註解，GitHub Copilot 產生的新的 circle_area 函式就會比之前的版本更健全可靠。

總之，在使用 GitHub Copilot 學習程式編寫時，提示詞註解的重要性怎麼強調都不為過。當程式碼出現問題時，不妨試著從修改註解開始，而不是急著修改程式碼本身。相信經過幾次不斷修正改進，你一定會得到一個讓自己滿意的結果。

8.4.2 常見的 Python 錯誤

在編寫有效的單元測試之前，瞭解常見的 Python 錯誤至關重要。這不僅可以幫助開發人員更有效地辨識和診斷問題，還能顯著減少在程式碼中出現這些錯誤時花在故障排除上的時間。透過瞭解常見的 Python 錯誤，開發人員將更清楚要搜尋的問題及如何解決它們。

此外，當開發人員為 AI 產生的程式碼編寫單元測試時，熟悉常見錯誤變得更加重要。AI 產生的程式碼有時會產生意外的結果或非標準的解決方案，這些解決方案可能與典型的人類邏輯不一致。透過學習常見的 Python 錯誤，開發人員更容易辨識錯誤，判斷這些錯誤是由程式碼中的邏輯缺陷還是 AI 對任務的瞭解偏差導致的。這兩種錯誤的解決方法是不一樣的。在使用 GitHub Copilot 程式編寫的時代，這一點更值得重視。如果說以前我們依靠程式編寫經驗和大腦記憶的語法規則來尋找錯誤原因，那麼在 AI 輔助程式編寫的時代，我們需要監督 AI 不要犯這些錯誤，而監督的前提是我們知道它寫的程式碼犯了什麼錯誤。

因此，在進行單元測試之前，花時間瞭解常見的 Python 錯誤（如語法錯誤、型別錯誤等）是非常有必要的。在深入瞭解這些常見錯誤後，我們在編寫單元測試時也會更有信心。

同時，在 Python 中向錯誤學習是掌握這門語言和提升程式編寫技能的重要方法。特別是在使用 AI 輔助程式編寫工具（如 GitHub Copilot）時，我們更需要正確看待和處理錯誤。

首先要瞭解，GitHub Copilot 產生的程式碼很可能會有錯誤。這是因為儘管 AI 輔助工具可以根據上下文提供程式編寫建議，但它們並不具備真正「理解」程式碼邏輯與目的的能力。因此，我們不能全盤接受 GitHub Copilot 產生的程式碼，而是要以審慎的態度檢視。

面對 GitHub Copilot 產生的錯誤程式碼，我們要保持積極樂觀的心態。不要因為遇到錯誤就感到沮喪或懷疑自己的能力。要明白，錯誤是學習過程中不可或缺的一部分，即使是經驗豐富的程式開發人員也會犯錯，關鍵是要學會如何應對和解決錯誤。

這就是單元測試發揮作用的地方。透過為 GitHub Copilot 產生的程式碼編寫單元測試，我們可以逐步檢查程式碼正確與否，發現可能存在的錯誤。一旦測試案例揭示了錯誤，我們就可以有明確目的地進行偵錯和修復。

在這個過程中，實際上就是在跟隨錯誤學習。每發現和修復一個錯誤，都是一次寶貴的學習機會。透過分析錯誤發生的原因，我們可以加深對 Python 語言特性和程式編寫概念的瞭解，同時鍛煉偵錯和解決問題的實作技能。以下是一些關於瞭解和處理錯誤如何促進學習的要點。

- 語法錯誤發生在程式碼不遵循 Python 語法規則的時候。這些錯誤在解析階段就會被檢測到，需要在執行程式前修復。執行階段錯誤或例外在執行過程中出現，可能是由各種問題引起的，如除以零、存取超出範圍的串列索引或檔案 I/O 問題等。瞭解這些錯誤，有助於偵錯和編寫更強固的程式碼。

- 邏輯錯誤是指程式碼執行時不會當掉，但會產生不正確的結果。辨識並更正邏輯錯誤可以提升問題解決能力和程式碼準確性。使用 try 和 except 區塊可以優雅地處理錯誤而不會導致程式當掉。這種做法不僅能使程式碼更友善使用者，還有助於開發者瞭解不同例外的性質並管理它們。finally 子句用於確保無論是否發生錯誤，某些清理操作都會執行，如關閉檔案或釋放資源。

- 遇到並修復錯誤有助於加深對 Python 語法和行為的瞭解。每一個被偵錯的錯誤都能讓我們學到一些關於該語言的新知識。修正程式碼中的錯誤能夠培養嚴謹的思考能力和對細節的留意，這對任何程式開發人員來說都是至關重要的技能。

- 遇到錯誤後學習如何修復它們，可以幫助我們編寫更乾淨、更有效率的程式碼，更優於預測潛在問題並編寫預防性程式碼。將錯誤處理和測試納入開發過程，可以確保應用程式從長遠看更加可靠和可維護。

- 錯誤經常揭示我們未曾考慮的邊緣極端情況或特殊情況。透過解決這些問題，我們的程式會變得更全面、更強固。學會將錯誤視為學習機會而非挫折，能培養適應力和解決問題的思維方式，這在程式編寫乃至其他領域都是非常寶貴的品質。

總的來說，GitHub Copilot 一定會產生錯誤的函式程式碼，但我們要樂觀看待這些錯誤，積極從錯誤中學習。這樣不僅能加深對這門語言的瞭解，還能掌握實用的偵錯、錯誤處理和編寫高品質程式碼的技能。

學習常見的 Python 錯誤是單元測試的開胃菜，它為編寫有效的單元測試奠定了基礎。唯有深入瞭解這些常見錯誤，我們在編寫單元測試才能更有條理，進而提升程式碼品質和可靠性。因此，在 AI 輔助程式編寫的時代，學習 Python 錯誤和編寫單元測試是相輔相成、缺一不可的。

Python 錯誤類型

在學習 Python 的過程中，不可避免地會遇到各種錯誤。瞭解這些錯誤、知道如何排查它們對於成為一名 Python 程式開發人員至關重要。本節將探討常見錯誤，並提供辨識和修復它們的方式。

1. 語法錯誤（SyntaxError）：當程式碼違反了 Python 的語法規則時，就會發生語法錯誤。這些錯誤會阻止程式碼執行，通常很容易被發現和修復。一些常見的例子包括：

    - 忘記關閉括號、方括號或引號；
    - 使用錯誤的縮排；
    - 關鍵字或函式名稱拼寫錯誤；
    - 使用無效的字元或符號。

    當遇到語法錯誤時，Python 會顯示一個錯誤訊息，指明行號並提供錯誤描述，如：

    ```
    SyntaxError: invalid syntax
    ```

    要想修復語法錯誤，就要仔細檢查錯誤訊息中提到的程式行，並搜尋任何違反 Python 語法規則的地方（注意括號、引號、縮排和拼寫）。

2. 縮排錯誤（IndentationError）：Python 使用縮排來定義程式碼區塊，如迴圈和函式。不正確的縮排會導致縮排錯誤。例如：

    ```
    def greet(name):
    print("Hello, " + name)   # Missing indentation
    ```

    在這種情況下，Python 會拋出一個 IndentationError：

    ```
    IndentationError: expected an indented block
    ```

    要想修復縮排錯誤，應確保對每個程式碼區塊內的每個層級使用一致的縮排（通常為 4 個空格）。

3. 名稱錯誤（NameError）：在嘗試使用一個未定義或未引入的變數、函式或模組時，會發生名稱錯誤。例如：

```
print(x)   # Variable 'x' is not defined
```

Python 會拋出一個 NameError：

```
NameError: name 'x' is not defined
```

要想修復名稱錯誤，應確保在使用變數、函式或模組之前已經定義了它。要仔細檢查名稱的拼寫和大小寫。

4. 型別錯誤（TypeError）：在嘗試對不相容的資料型別執行操作時，會發生型別錯誤。例如：

```
result = "5" + 2   # Cannot concatenate string and integer
```

Python 會拋出一個 TypeError：

```
TypeError: can only concatenate str (not "int") to str
```

要想修復型別錯誤，應確保正在使用相容的資料型別執行想要執行的操作。可能需要使用 int()、float() 或 str() 等函式來轉換資料型別。

5. 索引錯誤和鍵錯誤（IndexError）：在嘗試存取串列或元組中的無效索引時，會發生索引錯誤；在嘗試存取字典中不存在的鍵時，會發生鍵錯誤。例如：

```
my_list = [1, 2, 3]
print(my_list[3])   # Index out of range
```

Python 會拋出一個 IndexError：

```
IndexError: list index out of range
```

要想修復索引錯誤和鍵錯誤，應仔細檢查正在使用的索引或鍵，並確保它們在有效範圍內或存在於字典中。

6. 檔案錯誤（FileNotFoundError）：發生在檔案操作出現問題時，如嘗試開啟不存在的檔案或缺乏存取檔案的權限。例如：

```
file = open("non_existent.txt", "r")   # File doesn't exist
```

Python 會拋出一個 FileNotFoundError：

```
FileNotFoundError: [Errno 2] No such file or directory: 'non_existent.txt'
```

要想修復檔案錯誤，需要確認檔案路徑是否正確、檔案是否存在，以及是否有必要的權限來執行所需的操作。

7. 邏輯錯誤：發生在程式碼沒有引發任何例外但產生了不正確或意外的結果時。這些錯誤可能更難辨識和偵錯，因為它們不會產生錯誤訊息。邏輯錯誤通常源於演算法缺陷或對資料的錯誤假設。要想修復邏輯錯誤，需要仔細審查程式碼邏輯，用不同的輸入來測試程式，並使用列印陳述式或偵錯器等偵錯技術來追蹤程式的流程，找到邏輯中出錯的地方。

以上是 Python 程式編寫中常見的錯誤。除此之外，還有記憶體錯誤（MemoryError）、遞迴錯誤（RecursionError）、值錯誤（ValueError）等。熟悉這些錯誤，瞭解它們的觸發條件和表現形式，才能在偵錯時快速辨識和找到問題。

遇到錯誤時不要氣餒，要仔細閱讀錯誤資訊，瞭解錯誤類型和產生原因，利用 GitHub Copilot 產生單元測試，設計全面的測試案例來確認程式碼的正確性。

8.5 GitHub Copilot 在單元測試中的作用

單元測試的最佳方式是從程式碼可能擁有的最小可測試單元開始，轉移到其他單元，並觀察最小單元如何與其他單元互動，這樣就可以為應用程式建構全面的單元測試了。在 Python 中，單元測試的單元，可以歸類到數種類型，如一個完整的模組、一個單獨的函式或一個完整的介面。

儘管我們無法預測所有情況，但可以解決其中的大部分問題。單元測試使程式碼得以面對未來，因為需要預見到程式碼可能失敗或產生 Bug 的情況。開發完成後，開發人員將已知可能實用和有用的標準或結果編寫到測試腳本中，以確認特定單元的正確性。

在單元測試方面，GitHub Copilot 可以輔助開發者編寫單元測試。然而，在使用這一工具時，我們需要考慮幾個關鍵點，以確保測試的準確性和有效性。

模型的不完美性

儘管 GitHub Copilot 是以先進的大型語言模型為基礎，但它產生的測試程式碼並非完美無缺。就像人類編寫的程式碼一樣，AI 產生的程式碼也可能包含錯誤或不準確的資訊。因此，開發者需要對 GitHub Copilot 產生的測試程式碼進行仔細的檢查，確保它們符合預期，並能夠正確測試相關的程式碼單元。

資訊安全

在使用 GitHub Copilot 編寫單元測試時，我們不應該假設透過提示提供給 AI 的資訊會得到保護。因此，在提示中不要包含敏感資訊，特別是在這些提示將被儲存或用於訓練其他模型時。這一點對於確保程式碼和測試資料的安全性至關重要。

遵循最佳實作

使用 GitHub Copilot 編寫單元測試並不意味著可以忽略測試的最佳實作，相反，應該像對待人類編寫的測試一樣，遵循相同的原則和指南。

GitHub Copilot 可在單元測試的多個面向提供協助。本節重點探討兩個主要應用場景：產生測試案例和辨識極端情況。

8.5.1 產生測試案例

在編寫單元測試時，需要為程式碼的不同部分建立測試案例。這個過程可能耗時較長，並且容易遺漏某些重要的測試場景。GitHub Copilot 可以透過產生測試案例來幫助我們加速這一過程。

為了有效地利用 GitHub Copilot 產生測試案例，我們需要提供恰當的提示詞。提示詞應包含足夠的上下文資訊，以便 GitHub Copilot 瞭解我們的需求。例如，為一個 Python 函式產生測試案例，可以使用以下提示詞。

```
# 使用 unittest 函式庫為以下 Python 程式碼建立單元測試：< 貼上程式碼 >
```

透過提供這樣的提示詞，GitHub Copilot 可以根據所提供的程式碼產生相關的單元測試。也可以在提示詞中提出更具體的要求，如：

```
# 為有效、無效和意外資料加入測試案例。
```

這樣，GitHub Copilot 就會產生涵蓋不同輸入類型的測試案例，包括有效資料、無效資料和意外資料。

為了掌握透過提示詞利用 GitHub Copilot 產生測試程式碼的技術，我們需要多加練習和嘗試。透過編寫常見的商業場景的單元測試並使用適當的提示詞，我們可以逐步提高利用 GitHub Copilot 的效率。

8.5.2 辨識極端情況

單元測試的一個重要目標是辨識和涵蓋極端情況，即那些可能導致程式碼出現意外行為的極端或特殊情況。辨識極端情況需要開發者對程式碼和商業邏輯有深入的瞭解，並能夠預見可能出現的問題。

GitHub Copilot 可以透過提供極端情況的建議來幫助我們辨識這些特殊情況。同樣，我們可以給 GitHub Copilot 提供恰當的提示詞，以便它瞭解我們的需求。例如：

```
# 針對以下函式建議應該測試的極端情況：<貼上程式碼>
```

透過這樣的提示詞，GitHub Copilot 可以根據給定的函式提供可能的極端情況。我們可以進一步與 GitHub Copilot 互動，詢問更多細節或澄清建議的極端情況。

在這個過程中，我們不僅可以獲得 GitHub Copilot 提供的極端情況建議，還可以深入瞭解極端情況的界限和特點。更多地接觸極端情況，我們就可以對單元測試和常見的錯誤類型有更全面的認識。

透過提供恰當的提示詞，我們可以利用 GitHub Copilot 的產生能力加速測試案例的編寫，並獲得對極端情況的建議。使用 GitHub Copilot，不僅可以提升單元測試的效率，還可以加深對測試技術和常見問題的瞭解。

為了更充分運用 GitHub Copilot 產生單元測試，接下來我們編寫一些業內常見的商業場景的測試案例。透過給這些商業場景編寫單元測試，並使用 GitHub Copilot 產生測試程式碼，我們可以加深對商業邏輯的瞭解，同時提升編寫測試的效率。在這個過程中，我們也可以累積一些提示詞範本，以便未來在其他專案中快速產生測試程式碼。

8.5.3 商務場景的測試案例

新建 8.5.3.py 檔案，提供一個簡單的 Python 函式。該函式（access_admin_panel）具有存取控制機制，並指導開發者僅使用內建函式作為其建立單元測試的函式。該函式有一個已知漏洞：它沒有正確檢查使用者的角色，允許任何已認證的使用者存取管理員面板。

我們的任務是使用提示工程指導 AI 輔助工具為該函式建立測試。我們將使用 Python 的內建判定方法來實作這一點。測試目的如下：

- 確保管理員可以存取管理員面板。
- 確保一般使用者無法存取管理員面板。
- 確保未認證使用者無法存取管理員面板。
- 展示透過提供具有無效或無角色的使用者物件，如何利用該漏洞。

以下是模擬存取控制機制的簡單 Python 函式（存在漏洞）。

```python
def access_admin_panel(user):
    if user is None:
        return "Access denied: Please log in."
    elif user.get('role') == 'admin':
        return "Welcome to the admin panel"
    else:
        return "Access denied: Insufficient permissions"

# 模擬使用者資料
admin_user = {'username': 'admin', 'role': 'admin'}
regular_user = {'username': 'user', 'role': 'user'}
unauthenticated_user = None
```

第一步：讓 AI 尋找和辨識漏洞。

使用 GitHub Copilot 發起一個聊天介面，透過對話讓它尋找和辨識漏洞。

```
請搜尋該函式的漏洞，解釋漏洞的原因，展示漏洞的範例。函式是：
---
def access_admin_panel(user):
    if user is None:
        return "Access denied: Please log in."
    elif user.get('role') == 'admin':
```

```
            return "Welcome to the admin panel"
        else:
            return "Access denied: Insufficient permissions"

# 模擬使用者資料
admin_user = {'username': 'admin', 'role': 'admin'}
regular_user = {'username': 'user', 'role': 'user'}
unauthenticated_user = None
---
```

GitHub Copilot Chat 的回答如下。

這個函式的主要漏洞在於它沒有對輸入進行充分的確認。
它假設傳入的 `user` 參數總是一個字典，
且包含一個 `role` 鍵。如果傳入的 `user` 參數不是一個字典，
或者是一個字典但不包含 `role` 鍵，那麼這個函式就會拋出一個例外。

例如，如果我們傳入一個字串，如 `access_admin_panel("admin")`，
那麼在執行 `user.get('role')` 時就會拋出一個 `AttributeError`，
因為字串沒有 `get` 方法。

同樣，如果我們傳入一個不包含 `role` 鍵的字典，
如 `access_admin_panel({'username': 'admin'})`，
那麼 `user.get('role')` 將傳回 `None`，
並且函式將傳回 "Access denied: Insufficient permissions"，
即使使用者的使用者名是 'admin'。

這個函式應該在處理 `user` 參數之前，先檢查它是否是一個字典，且包含一個 `role` 鍵。

GitHub Copilot Chat 的回答讓我們清楚地知道，這個函式的主要漏洞是沒有充分確認使用者物件的結構和型別。如果傳入一個不符合預期的資料結構或者型別的使用者物件，就可能導致例外或意外行為。以下是一些可能出現的問題：

- 使用者物件型別不一致：如果傳入的 user 不是字典型別，如傳入一個字串或整數，就會導致 user.get('role') 拋出 AttributeError。函式已經處理了 user 為 None 的情況，但還沒有處理 user 為其他假值（如空字串、空串列等）的情況。

- 使用者物件缺少必要欄位：如果傳入的使用者物件缺少 role 欄位，就會導致 user.get('role') 傳回 None，而無法正確判斷權限。在這種情況下，函式會進入 else 分支，並傳回 Access denied: Insufficient permissions。雖然從結果看，權限判斷是正確的，但這種方式會讓使用者或開發者誤以為使用者的角色是已知的，但權限不足。實際上，真正的問題是使用者物件的結構不完整或有誤。

以下是利用該漏洞的範例。

```python
# 漏洞範例：傳入字串
invalid_user_str = "I am not a dict"
print(access_admin_panel(invalid_user_str))    # 預期處理：應該傳回 "Access denied: Invalid user data."

# 漏洞範例：傳入整數
invalid_user_int = 12345
print(access_admin_panel(invalid_user_int))    # 預期處理：應該傳回 "Access denied: Invalid user data."

# 漏洞範例：雖然是使用者是管理員，但是資料字典缺少 'role' 欄位，如果出現 "Access denied: Insufficient permissions"，會讓人誤以為使用者的角色是已知的，但權限不足，實際上是角色未知。
incomplete_user = {'username': 'admin'}
print(access_admin_panel(incomplete_user))    # 預期處理：應該傳回 "Access denied: Invalid user data."

# 漏洞範例：傳入空字串
empty_user_str = ""
print(access_admin_panel(empty_user_str))    # 預期處理：應該傳回 "Access denied: Invalid user data."

# 漏洞範例：傳入空串列
empty_user_list = []
print(access_admin_panel(empty_user_list))    # 預期處理：應該傳回 "Access denied: Invalid user data."
```

該函式沒有正確確認這些情況。如果角色沒有被嚴格檢查，就可能導致例外或意外行為。

第二步，讓 AI 寫作提示詞。

在 GitHub Copilot Chat 介面進一步詢問。我們先詢問 GitHub Copilot 如何寫提示詞。沒錯！你沒看錯——讓 AI 自己寫提示詞，再將提示詞輸入 AI。為了防止「AI 廢話」，我們使用續寫格式「以下是一些提示和解釋，如何確保這些提示解決了特定漏洞：」的提示詞。續寫格式通常由冒號結尾，AI 會接著冒號開始輸出內容，進而避免許多不必要的「前奏話術」。完整的提示詞如下：

> 為了建立有效的測試，
> 我們可以用精心製作的提示來指導 AI 工具，以解決已辨識的漏洞。
> 以下是一些提示和解釋，如何確保這些提示解決了特定漏洞：

GitHub Copilot 的回答如下。

```
1. **提示：** 測試 `user` 參數為 `None` 的情況。**解決的漏洞：** 這將確保函式能正確處理未經認證的使用者。

2. **提示：** 測試 `user` 參數為字典，但不包含 `role` 鍵的情況。**解決的漏洞：** 這將確保函式能正確處理缺少 `role` 鍵的使用者字典。

3. **提示：** 測試 `user` 參數為字典，`role` 鍵的值為 `'admin'` 的情況。**解決的漏洞：** 這將確保函式能正確處理管理員使用者。

4. **提示：** 測試 `user` 參數為字典，`role` 鍵的值為非 `'admin'` 的情況。**解決的漏洞：** 這將確保函式能正確處理非管理員使用者。

5. **提示：** 測試 `user` 參數為非字典的情況。**解決的漏洞：** 這將確保函式能正確處理非字典型別的 `user` 參數。
```

GitHub Copilot 很可能會提供測試程式碼，但是這樣的程式碼也可能無法滿足我們的需要。在這裡不採用它的測試程式碼。

複製這段回答，做一些加工（去掉 ** 提示：**）後組合為一個提示詞註解，用於引導 GitHub Copilot 產生單元測試函式。在初始函式 access_admin_panel 的下方，用空白行分隔，然後加入提示詞註解：

```
"""
定義一個測試函式，用於測試 `access_admin_panel` 函式的各種情況。

1. 測試 `user` 參數為 `None` 的情況。**解決的漏洞：** 這將確保函式能正確處理未經認證的使用者

2. 測試 `user` 參數為字典，但不包含 `role` 鍵的情況。**解決的漏洞：** 這將確保函式能正確處理缺少 `role` 鍵的使用者字典。

3. 測試 `user` 參數為字典，`role` 鍵的值為 `'admin'` 的情況。**解決的漏洞：** 這將確保函式能正確處理管理員使用者。

4. 測試 `user` 參數為字典，`role` 鍵的值為非 `'admin'` 的情況。**解決的漏洞：** 這將確保函式能正確處理非管理員使用者。

5. 測試 `user` 參數為非字典的情況。**解決的漏洞：** 這將確保函式能正確處理非字典型別的 `user` 參數。

"""
```

將提示詞由 GitHub Copilot Chat 回答的函式包含的漏洞問題，修改為要求它涵蓋所有可能的漏洞，測試 access_admin_panel 函式在這些情況下是否能正確地工作。

GitHub Copilot 產生斜體的程式碼建議，按 Tab 鍵確認接受該程式碼建議。

```
def test_access_admin_panel():
    assert access_admin_panel(None) == "Access denied: Please log in.", "Test failed"
    assert access_admin_panel({}) == "Access denied: Insufficient permissions", "Test failed"
    assert access_admin_panel(admin_user) == "Welcome to the admin panel", "Test failed"
    assert access_admin_panel(regular_user) == "Access denied: Insufficient permissions", "Test failed"
    assert access_admin_panel("user") == "Access denied: Insufficient permissions", "Test failed"


test_access_admin_panel()
```

按一下目前開啟檔案右上角的三角形按鈕，執行整個檔案，可以在終端機發現這樣的錯誤：

```
/ch8/access_admin_panel.py
Traceback (most recent call last):
  File "d:\liteli\chatGPT\Code\ai-assistant-book\ch8\access_admin_panel.py", line 34, in <module>
    test_access_admin_panel()
  File "d:\liteli\chatGPT\Code\ai-assistant-book\ch8\access_admin_panel.py", line 32, in test_access_admin_panel
    assert access_admin_panel("user") == "Access denied: Insufficient permissions", "Test failed"
           ^^^^^^^^^^^^^^^^^^^^^^^^^^^
  File "d:\liteli\chatGPT\Code\ai-assistant-book\ch8\access_admin_panel.py", line 4, in access_admin_panel
    elif user.get('role') == 'admin':
         ^^^^^^^^
AttributeError: 'str' object has no attribute 'get'
```

回顧單元測試的目標：確保程式碼的每個單元（通常是函式或方法）按照預期工作，傳回正確的結果。單元測試函式 test_access_admin_panel 執行後，得到了錯誤的結果，證明原函數 access_admin_panel 存在漏洞。接下來，我們需要瞭解產生這個錯誤的原因。

閱讀終端機輸出的錯誤，我們看到了 Python 常見的錯誤之一 AttributeError。對於初學者，瞭解這些密密麻麻的錯誤輸出實屬困難，因此我們可以繼續透過 GitHub Copilot Chat 來進一步詢問與釐清：

```
單元測試的結果是：
---
<終端機的錯誤複製貼上處>
---
請解釋錯誤的原因：
```

GitHub Copilot Chat 解釋了這個錯誤：

```
錯誤的原因是在測試 `access_admin_panel` 函式時，
傳入了一個字串型別的 `user` 參數。在函式內部，
我們試圖呼叫 `user.get('role')`，
但是字串型別沒有 `get` 方法，
所以 Python 拋出了 `AttributeError: 'str' object has no attribute 'get'`。

這個錯誤實際上確認了我們之前提到的一個漏洞：
如果 `user` 參數不是字典型別，`access_admin_panel` 函式就會拋出例外。
這個測試案例應該被設計為期望拋出 `AttributeError`，
而不是期望傳回 "Access denied: Insufficient permissions"。
```

這就是利用 GitHub Copilot 編寫單元測試的完整範例。我們透過一幅流程圖（圖 8-3）展示這個過程。

利用 Copilot 編寫單元測試的完整範例

01 詢問漏洞
向 AI 工具（如 GitHub Copilot Chat），描述現有的函式功能，並請它找出函式中的漏洞。

02 讓 AI 寫提示詞
請求 AI 產生提示詞，以指導 AI 編寫涵蓋 01 所列舉漏洞的測試程式碼。

03 編寫產生單元測試的提示詞
結合 01 和 02 的回答，對 02 產生的提示詞進行修改和最佳化。

04 產生單元測試程式碼
讓 AI 根據提示詞產生單元測試程式碼。

05 執行單元測試
執行產生的單元測試程式碼，檢查其是否通過。

06 閱讀單元測試結果
分析終端機輸出的錯誤訊息，根據需要調整函式或測試程式碼。

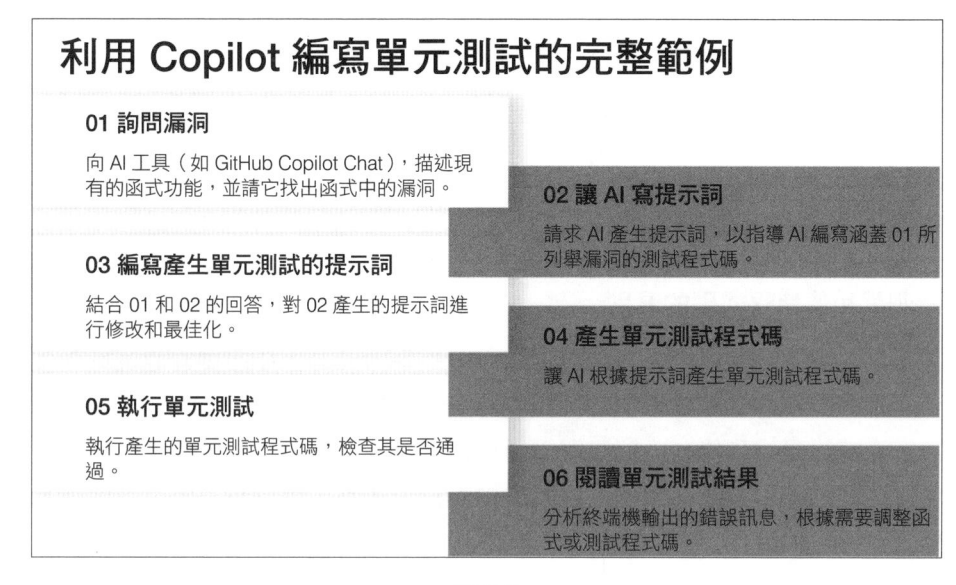

圖 8-3

- 詢問漏洞：向 AI 工具（如 GitHub Copilot Chat）描述現有的函式，並請求它找出函式中的漏洞。
- 讓 AI 寫提示詞：請求 AI 產生提示詞，以指導如何編寫涵蓋各種情況的測試。
- 編寫產生單元測試的提示詞：根據實際需求和瞭解，對 AI 產生的提示詞進行修改和最佳化，以確保全面修復漏洞。
- 產生單元測試程式碼：讓 AI 根據提示詞產生單元測試程式碼。
- 執行單元測試：執行產生的單元測試程式碼（如 test_access_admin_panel 函式），檢查其是否通過。
- 閱讀單元測試結果：分析終端機輸出的錯誤資訊，根據需要調整函式或測試程式碼。

透過遵循這個流程並使用提示工程，我們可以有效地利用 AI 產生簡單的存取控制測試。這種方法不僅加快了開發過程，還有助於確保對應用程式中的安全措施進行全面測試。

8.6 利用 GitHub Copilot 偵錯錯誤

其實我們在這本書的學習過程中都在偵錯程式碼。還記得 print 陳述式嗎？它是 Python 最簡單的偵錯方法，透過在程式碼中插入 print 陳述式來輸出變數值和執行流程。所以，偵錯早就融入日常程式編寫，偵錯並不難。

單元測試和偵錯程式碼的區別

單元測試是確認函式、模組是否正常工作，極端情況是否能被妥善處理的過程，而偵錯是尋找和解決程式碼中的問題或錯誤的過程。簡單來說，單元測試是檢驗錯誤，而偵錯是找到錯誤，解決問題。偵錯涉及逐步執行程式，檢查變數，並確定產生問題的根本原因。透過在程式碼中設定中斷點，可以在特定位置暫停執行並檢查程式的狀態。

Python 偵錯對初學者和程式開發人員來說都有重要的意義，但重點有所不同。

對初學者來說，偵錯是學習程式編寫的重要工具。初學者透過偵錯可以即時看到程式碼的執行效果，這有助於瞭解程式編寫概念和程式碼邏輯。偵錯也是教學過程中示範程式碼執行和錯誤處理的有力手段。初學者常常會在編寫程式碼時遇到各種錯誤，偵錯能幫助他們逐行檢查程式碼，找到並修復錯誤，進而累積程式編寫經驗。透過偵錯，初學者更容易瞭解程式碼是如何執行的，變數是如何變化的，尤其是在涉及複雜邏輯或使用第三方函式庫時。此外，初學者在程式編寫過程中常常會對程式的行為做出假設，透過偵錯可以確認這些假設是否正確，避免潛在的問題。

對程式開發人員來說，偵錯的意義更加廣泛和深入。除了發現和修復錯誤，程式開發人員還可以利用偵錯工具來分析和最佳化程式碼效能，找出效能瓶頸，提高執行效率。程式開發人員透過定期偵錯可以儘早發現和解決問題，避免問題累積到後期難以處理，進一步提升整體程式碼品質，降低維護成本。另外，程式開發人員需要對複雜系統和第三方函式庫有深入瞭解，而偵錯是幫助他們瞭解這些系統內部工作機制的重要手段。在開發高階功能時，程式開發人員會對程式的行為做出複雜假設，透過偵錯可以確認這些假設的正確性，進而確保功能的可靠性。

總之，對於初學者，Python 偵錯主要是學習程式編寫和瞭解程式碼的工具；對於程式開發人員，偵錯是最佳化效能、提升程式碼品質、深入瞭解複雜系統的重要手段。無論是初學者還是程式開發人員，掌握偵錯技能都是成為優秀 Python 開發者的關鍵一環。

偵錯程式碼也是解決 Python 常見錯誤──邏輯錯誤的關鍵技能。邏輯錯誤是指程式執行時沒有產生任何例外，但結果不符合預期的情況。與語法錯誤和執行階段錯誤不同，邏輯錯誤不會導致程式當掉，但會導致程式輸出錯誤的結果。這類錯誤通常比較隱蔽，難以找到。

偵錯流程

下面使用 GitHub Copilot 提供的簡單 Python 程式碼，接受兩個數字並執行除法操作，示範如何進行偵錯。我們將透過偵錯一個簡單的除法運算操作來辨識一個常見錯誤，並使用 GitHub Copilot 有效處理它。

在開始偵錯前，我們認識一下 VS Code 偵錯介面（如圖 8-4 所示）。開啟 VS Code 後，在需要偵錯的程式行設定一個中斷點，然後按下快速鍵 F5，進入 VS Code 偵錯介面。如果不設定中斷點，那麼即使發起了一個偵錯行程，也不會完整展示偵錯功能區。

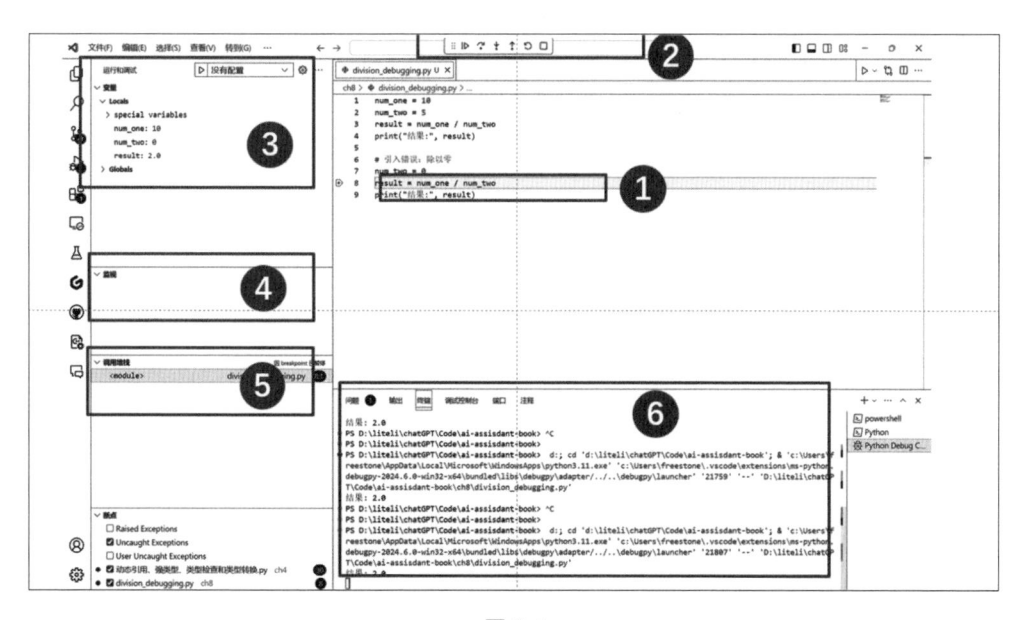

圖 8-4

簡單介紹一下這六個功能區。

1. **程式碼中斷點**：在程式碼編輯區的左側空白處按一下可以設定中斷點，如圖 8-4 編號 1 所示標記行，行頭小點為中斷點。

2. **偵錯工具列**：開始偵錯工作階段後，偵錯工具列會出現，如圖 8-4 編號 2 所示的操作控制項圖示，包括以下控制項。

    - 繼續（F5）：恢復執行直到下一個中斷點。
    - 單步跳過（F10）：執行下一行程式碼，但不進入函式。
    - 單步進入（F11）：逐行進入函式進行偵錯。
    - 單步跳出（Shift+F11）：跳出目前函式。
    - 重新開始（Ctrl+Shift+F5）：重新啟動偵錯工作階段。
    - 停止（Shift+F5）：停止偵錯工作階段。

3. **變數監控區域**：顯示目前變數及其值（圖 8-4 編號 3）。

4. **監看區**：允許監視特定的運算式（圖 8-4 編號 4）。

5. **呼叫函式堆疊**：顯示呼叫堆疊（圖 8-4 編號 5），幫助使用者瞭解函式呼叫的順序。按一下堆疊的某一行就能在上游函式和下游函式之間切換。在複雜的模組中，一般會包含多個函式及巢狀函式的呼叫，在這裡可以查看函式執行情況。

6. **終端機顯示區域**：與偵錯主控台一起使用，終端機可以執行命令和腳本而無須離開編輯器（圖 8-4 編號 6）。

這些功能區域共同提供了一個全面的偵錯環境，可以幫助我們有效地排除故障。

正式開始偵錯

第 1 步：偵錯簡介

偵錯就像一個逐步的偵查過程，幫助我們找到並修復程式碼中的錯誤。瞭解錯誤的性質、認識錯誤的樣子及如何系統地解決錯誤是至關重要的。

第 2 步：執行除法

首先，新建 8.6.py 檔案，輸入以下程式碼。這段程式碼先使用正確的數字執行除法操作，然後，故意除以零，看看會產生什麼樣的錯誤。這有助於我們瞭解需要偵錯的錯誤場景。

```
num_one = 10
num_two = 5
result = num_one / num_two
print("結果:", result)
```

執行該檔案後，使用 print 陳述式正常輸出「結果 : 2.0」。

第 3 步：引入錯誤

故意在沒有偵錯的情況下執行程式碼。這允許我們以原始形式觀察錯誤，就像一般使用者可能會經歷的那樣。

```
# 引入錯誤：除以零
num_two = 0
result = num_one / num_two
print("結果:", result)
```

執行該檔案後，終端機顯示錯誤。將 num_two 修改為 0，使用 print 陳述式列印，會顯示 ZeroDivisionError 錯誤。ZeroDivisionError 是 Python 中的一種執行階段錯誤，它發生在嘗試將一個數除以零的時候。在大多數程式語言中，除以零是未定義的操作，因此 Python 會拋出這個錯誤來阻止程式繼續執行（這可能導致未定義的行為）。錯誤訊息內容如下。

```
Traceback (most recent call last):
  File "d:\liteli\chatGPT\Code\ai-assistant-book\ch8\division_debugging.py", line 8, in <module>
    result = num_one / num_two
             ~~~~~~~~^~~~~~~~~
ZeroDivisionError: division by zero
```

第 4 步：瞭解錯誤

錯誤資訊清晰且資訊詳盡是非常重要的。這有助於我們瞭解問題，而不會被技術術語壓倒或產生混淆。錯誤資訊可以幫助我們找到問題的根源。

我們可以使用之前的提示詞，將錯誤的程式碼複製到 < 終端機的錯誤複製貼上處 >，開啟一個行內聊天或是新的聊天串來詢問 GitHub Copilot。

程式碼執行的結果是：

```
---
< 終端機的錯誤複製貼上處 >
---
請解釋錯誤的原因：
```

第 5 步：設定中斷點

我們將在程式碼中設定一個中斷點。中斷點是一個標記，告訴偵錯器在特定行暫停執行，這允許我們在該中斷點檢查程式的狀態。在 VS Code 中，可以透過滑鼠按一下希望程式碼暫停的行號旁邊空白處來設定中斷點。滑鼠按一下內容編輯區域的選定行的左側空白處（要取消中斷點，可以再次以滑鼠按一下），會出現紅色的圓點，這個圓點就是中斷點，意味著程式碼要在這裡暫停。

為了接下來的偵錯示範，我們在程式碼的第 3 行和第 8 行分別設定中斷點。

第 6 步：開始偵錯

現在，我們將開始偵錯過程。這涉及在偵錯模式下執行程式，而這允許我們逐步檢查程式碼。還可以透過左側邊欄的執行和偵錯功能區開啟主邊欄，然後滑鼠按一下甲殼蟲圖示（執行和偵錯），進入偵錯模式。

第 7 步：在偵錯模式下執行程式碼

按 F5 鍵，以偵錯模式啟動程式碼執行。按一下偵錯工具列的第一個控制項（圖 8-4 編號 2 處動作列第一個按鈕），按 F5 鍵繼續。程式將執行至遇到中斷點。此時，程式將暫停，允許我們檢查變數和執行流程。編輯器用高亮背景標出了將要執行的程式碼。

第 8 步：觀察變數

在中斷點處可以檢查變數值（圖 6-5 的變數區域）。例如，看到 num_one 是 10，num_two 是 0，result 是 2（這是當 num_one 是 10，num_two 是 5 時，10/5=2）。

我們看不到第二次除法操作的結果,因為當 num_two 變為 0 時,程式被錯誤中斷。觀察變數的變化,有助於我們瞭解在這個位置程式碼正在做什麼。

第 9 步:顯示結果

按 Enter 鍵繼續執行並顯示除法操作的結果。這時只列印了第一次 10/5 的結果 2,沒有列印第二個 print(" 結果 :", result),證實了除法操作在有效輸入下依照預期工作,但是輸入 0 時程式會被錯誤中斷。

輸出:

```
結果: 2.0
```

第 10 步:確定問題

現在我們可以清楚地看到並瞭解為什麼當嘗試除以零時會出現問題。這一步對於確定問題的根本原因至關重要。在這個案例中,尤其要留意變數監控區域的 num_two 值的變化。執行至第一個中斷點時,它的值是 5,而執行至第二個中斷點時,它的值閃爍後變為 0,之後編輯區和終端機同步顯示錯誤訊息「ZeroDivisionError: division by zero」。

第 11 步:使用 GitHub Copilot 處理例外

複製程式碼並使用 GitHub Copilot 修改它,以便更妥善地處理錯誤。透過實作適當的例外處理,可以確保程式能夠優雅地處理像除以零這樣的錯誤,為使用者提供資訊性訊息。

開啟一個新的 GitHub Copilot 聊天串,輸入的提示詞如下。

確保程式能夠優雅地處理像除以零這樣的錯誤:

```
num_one = 10
num_two = 5
result = num_one / num_two
print(" 結果 :", result)
```

```
# 引入錯誤：除以零

num_two = 0

result = num_one   num_two

print("結果:", result)
```

以下是 GitHub Copilot 回答的帶有例外處理的改進版程式碼。

```
num_one = 10
num_two = 5

try:
    result = num_one / num_two
    print("結果:", result)
except ZeroDivisionError:
    print("錯誤：不能除以零")

# 引入錯誤：除以零
num_two = 0

try:
    result = num_one / num_two
    print("結果:", result)
except ZeroDivisionError:
    print("錯誤：不能除以零")
```

輸出：

```
結果: 2.0
錯誤：不能除以零
```

我們剛剛提供了一個關於使用 VS Code 偵錯 Python 腳本的詳細指南。透過設定中斷點、啟動偵錯器、控制執行和查看偵錯資訊，可以精確地偵錯和監控腳本中的變數，這將提高腳本開發效率並幫助解決偵錯問題。

按照這些步驟操作，我們可以系統地辨識和解決問題，確保程式執行順暢。有了 GitHub Copilot 這樣的工具，處理例外變得更加容易，可以編寫強固且使用者友善的程式碼。

偵錯和例外處理是 Python 程式開發人員的基本技能。利用 GitHub Copilot 和偵錯技術可以有效辨識和解決問題，提供使用者友善的錯誤資訊以進一步提升使用者體驗。要不斷練習並掌握這些技能，記住：偵錯可以幫助我們瞭解程式如何一步步執行。

學會使用 GitHub Copilot 編寫單元測試函式後，我們就能透過測試判斷錯誤範圍了。而偵錯功能允許即時跟蹤腳本執行，查看變數值，並檢查函式呼叫堆疊，幫助逐行檢查程式碼執行過程，觀察變數值的變化，找出邏輯錯誤的根源。

我們找到錯誤之後，可以向 GitHub Copilot 發起聊天，詢問導致錯誤的原因。GitHub Copilot 會根據我們提供的程式碼和錯誤資訊，分析可能導致錯誤的原因，如變數指定錯誤、邏輯錯誤、語法錯誤等。透過與 GitHub Copilot 的互動，我們更容易瞭解程式碼中的問題所在。

接下來，我們可以繼續詢問 GitHub Copilot 解決錯誤的方案。GitHub Copilot 會根據錯誤類型和程式碼上下文，提供相關的解決方案，如修改變數指定、調整邏輯順序、更正語法錯誤等。我們可以參考 GitHub Copilot 提供的建議，對程式碼進行修改和最佳化。

在這個過程中，我們不僅解決了程式碼中的錯誤，還透過與 GitHub Copilot 的互動，瞭解了導致錯誤的原因和解決方法。這種互動式的學習方式，可以幫助我們加深對程式編寫概念和技巧的瞭解，提升分析和解決問題的能力。

透過反覆的程式碼編寫、測試、偵錯和與 GitHub Copilot 互動的過程，我們可以不斷地學習和提升程式編寫能力。這種自學的方式，不僅適用初學者，對於有一定程式編寫基礎的程式開發人員來說也是一種有效率的學習方式。我們可以利用 GitHub Copilot，從練習中學習，在互動中成長，最終達到自學的目標，成為一名優秀的程式開發人員。

8.7 本章小結

本章圍繞使用 GitHub Copilot 編寫單元測試和偵錯進行了詳細探討。首先，介紹了單元測試的重要性及其在軟體開發中的基礎地位，並解釋了為什麼單元測試是確保程式碼品質的關鍵環節。隨後，展示了如何利用生成式 AI 開發單元測試，重點介紹了 AI 偵錯思路和常見的 Python 錯誤。在實際應用方面，探討了 GitHub Copilot 在單元測試中的具體使用方法，透過實際案例展示了產生測試案例、識別極端案例及商業場景測試的過程。最後，介紹了如何使用 VS Code 偵錯 Python 函式，使讀者能夠在練習中更有效地進行單元測試和偵錯工作。

本章旨在透過理論與實作相結合的方式，使讀者全面瞭解和掌握利用 GitHub Copilot 編寫和偵錯單元測試的技術和方法，提升程式碼品質和開發效率。

9 案例一：Python 呼叫 LLM 實作大量檔案翻譯

看完前面幾章，相信你對 GitHub Copilot 的原理和使用、Python 的基本用法、LLM 應用開發的基本流程都有了一定的瞭解。你是不是已經迫不及待地想要動手實作一下了呢？

從本章開始，我們將透過兩個典型案例，帶你一步步走進真實場景下的 LLM 應用開發。每個案例都會從需求分析、技術決策、程式碼實作等面向進行詳細介紹，並且由淺入深，逐步建構完整的案例，幫助你在沉浸式的體驗中深入掌握 LLM 的應用開發原理和技巧。

或許你還有些顧慮——我沒有很豐富的程式編寫經驗，能跟得上嗎？如果是在以往，這些案例對一個程式編寫初學者來說確實有些難度；不過現在有了 GitHub Copilot 的輔助，加上你的耐心和細心，這一切都變得觸手可及。相信我，看完這兩個案例，跟著書中的示範一步一步實作，你會驚訝地發現，自己已經不知不覺掌握了程式編寫技能！

9.1 背景設定

在這個案例中，我們會把「你」——正在閱讀這本書的讀者——代入一個具體的情景。

假設你在一家外貿公司工作，你在日常工作中會接觸到大量的英文檔案，並且需要把這些英文檔案翻譯成中文檔案，便於其他同事展開工作。以前這些英文檔案都是由外部服務商來負責翻譯的，不過由於最近這一年你對 ChatGPT 等 AI 工具已經運用得相當熟練了，因此你打算嘗試藉助 LLM 來完成這項工作。

你曾經使用 ChatGPT 來做一些零星的檔案翻譯工作。透過一些提示詞技巧，你通常可以駕馭 ChatGPT 並得到不錯的翻譯結果。不過這種方式對你接下來打算完成的檔案翻譯任務來說，存在很大的效率瓶頸。因為你經手的檔案數量很多，如果靠手動開啟每個檔案，然後複製內容，交給 ChatGPT 翻譯，再將結果儲存為中文檔案，這樣的工作流程確實有些繁瑣、沒效率。那還有沒有更好的方式呢？

當然有！經過前面幾章的學習，你已經瞭解到，像 GPT 這樣的大型語言模型（LLM）除了可以提供網頁版的智慧對話助手，還可以提供「API 呼叫」這種使用方式。你可以透過電腦程式來自動化地呼叫 LLM 的能力，完成這類重複性的工作。

雖然你還不是一個程式編寫老手，但透過前幾章的學習，你已經累積了不少關於程式編寫的認知和方法；而且你也感受到了 AI 輔助程式編寫的巨大潛力。相信你已經躍躍欲試，想要跨進程式編寫世界的大門了。那就讓我們以這個案例為契機，運用 GitHub Copilot 的力量，一步一步讓這個想法變為現實吧！

9.2 準備工作

在本節中，我們將確定整個專案的技術決策，並且準備好開發環境。

9.2.1 技術決策

經過第 4 章和第 5 章的學習，你應該已經掌握了 Python 這門語言的基本概念，包括資料型別、指定變數的值、判斷和迴圈等，尤其應該對函式這種重複使用邏輯的方法印象深入。此外，你也瞭解到 Python 是一門非常適合初學者的程式語言；而且在各種程式語言中，GitHub Copilot 對 Python 的支援最友善。因此，你很自然地選擇了 Python 作為本次實作的程式語言。

Python 是一門多功能的程式語言，開發者可以用它來做很多事，比如 Web 開發、資料分析等。在這個案例中，你將透過程式語言來執行一些自動化任務，執行這類任務的程式通常被稱為「腳本」（Script）。腳本開發通常以開發者的需求和思維為主導，不需要引入複雜的框架和函式庫，因此非常適合初學者作為入門起點。

9.2.2 準備開發環境

經過第 3 章和第 7 章的學習，相信你已經在電腦上安裝了必要的軟體和環境，包括 Python 直譯器、VS Code 編輯器、GitHub Copilot 外掛程式等。

你可以開啟 VS Code 編輯器，依次選擇功能表「檢視」→「終端機」命令開啟終端機（命令列介面），分別執行以下命令：

- 查看 Python 版本：`python --version`
- 查看 pip 版本：`pip --version`

如果能看到類似下面的輸出結果，說明你已經成功安裝了 Python 和 pip。

```
$ python --version
Python 3.12.3

$ pip --version
pip 24.0 from /usr/local/lib/python3.12/site-packages/pip (python 3.12)
```

> 上面的程式碼區塊展示了終端機輸出結果。
>
> 第一行開頭的 `$` 符號表示命令列提示字元。在不同系統和終端機程式中，這個提示字元的樣式可能各不相同，本書採用 `$` 符號作為範例。提示字元表示終端機使用者可以在這裡輸入自己的命令，比如這裡的 `python --version` 就是我們手動輸入的命令。
>
> 第二行的 `Python 3.12.3` 是上述命令的輸出結果。
>
> 第三行和第四行是我們輸入的第二個命令和它的輸出結果。
>
> 在後面的內容中，你會經常看到這種形式的程式碼區塊，用於表示開發者在終端機視窗內的活動，或者 VS Code 在終端機視窗內所執行的操作。終端機視窗是最常用的偵錯工具之一，你很快就會對它運用自如。

接下來，你需要為這個工程建立目錄，如 `/my_projects/ai- translator`，並在 VS Code 中開啟這個目錄。在該目錄下，你需要建立一個 Python 腳本，如 main.py，用來存放編寫的腳本程式碼。準備好工作檔案之後，順便確認一下 GitHub Copilot 外掛程式是否已經安裝成功。

在正常情況下，你在 VS Code 的左側邊欄裡應該可以找到一個對話氣泡圖示，按一下它就可以開啟 GitHub Copilot 的聊天面板；當然，你也可以透過前面介紹的快速鍵在編輯區或頂欄呼叫「行內聊天」或「快速聊天」功能。

此外，還需要熟悉 GitHub Copilot 的「程式碼完成」工作模式。開啟剛剛建立的 `main.py` 檔案，輸入以下提示詞：

```
# 產生我的第一行程式碼
```

按 Enter 鍵並稍作停頓，應該可以看到 GitHub Copilot 自動產生了相關的程式碼：

```
# 產生我的第一行程式碼
print("Hello World!")
```

產生的程式碼會以灰色斜體的樣式展示，表示這只是一個建議。此時只需要按下 Tab 鍵表示接受建議，GitHub Copilot 就會把產生的程式碼建議正式加到檔案中。

> GitHub Copilot 的「程式碼完成」工作模式可能會在輸入程式碼的任意時刻產生程式碼建議——有時它可能會完成你正在編寫的陳述式的後半段，有時它會在你換行後產生一行新的陳述式，有時它會產生一大段邏輯或整個函式的實作程式碼，具體取決於你當時的按鍵操作和程式編寫上下文。
>
> 可以按 Tab 鍵接受建議，或者按 Esc 鍵拒絕建議，也可以繼續輸入自己的程式碼來委婉拒絕，GitHub Copilot 會根據你輸入的新程式碼來持續產生新的程式碼建議。

最後，你需要嘗試把上述準備工作串聯起來。在編輯區右上角應該可以看到一個三角形圖示，如圖 9-1 所示，按一下它表示執行目前的 Python 檔案。

圖 9-1

儲存目前檔案，按一下這個圖示，可以看到 VS Code 會在終端機中呼叫系統中的 Python 直譯器來執行程式碼，並在終端機輸出執行結果：

```
$ /usr/bin/python3/my_projects/ai-translator/main.py
Hello World!
```

> 在上面的終端機輸出結果中，/usr/bin/python3 是 Python 直譯器的路徑，/my_projects/ai-translator/main.py 是正在編寫的 Python 腳本。這是 VS Code 執行目前 Python 腳本時自動呼叫終端機執行的命令。
>
> 第二行訊息「Hello World!」是 Python 腳本的輸出結果。

太好了！到這裡，可以確認所有需要的開發環境都已設定成功，接下來讓我們正式開始這場充滿驚喜的程式編寫之旅吧！

9.3 Python 腳本初體驗

經過 9.2 節的準備工作，你已經為編寫一個 Python 腳本做好了充分的準備。現在，請將剛剛在 `main.py` 檔案裡用於測試的程式碼清空，開始正式編寫第一個 Python 腳本。

9.3.1 描述任務需求

第 6 章介紹過一個技巧，就是把目前任務的大致需求，以註解的方式寫在程式碼中。這不僅有助於 GitHub Copilot 瞭解目前的任務是什麼，對開發者自己來說，也是一種釐清思路、整理邏輯的好方法。

於是，經過一番思索，可以在 `main.py` 檔案中寫出如下內容：

```
# 我們正在編寫一個腳本，透過 OpenAI SDK 呼叫 LLM 的 API，對英文檔案進行翻譯
# 待翻譯的檔案在 input 目錄中，翻譯結果將被儲存在 output 目錄中
# 每次讀取一個輸入檔案，將翻譯結果儲存到輸出目錄中
# 逐步完成整個腳本，透過多個函式的配合來完成整個任務
```

這是一份提綱挈領的需求描述，表明了你的最終期望。對於這種連續多行的註解，也可以採用三引號的方式來書寫。當然，不管是哪種方式，GitHub Copilot 都很容易理解。

在描述需求的過程中，目前工程的目錄結構也順便被設計好了：

```
ai-translator/
├── input/      # 存放待翻譯的英文檔案
│   └── ...
├── output/     # 存放翻譯後的中文檔案
│   └── ...
└── main.py     # 主腳本
```

接下來，需要將腳本呼叫 LLM API 的途徑設定妥當。

9.3.2 安裝相依套件

在第 3 章和第 7 章的程式碼範例中，你已經見過 Python 如何透過 OpenAI SDK 來呼叫模型 API。在這裡，依樣畫葫蘆，把這部分功能加到腳本中。

在使用 OpenAI SDK 之前，需要先把它安裝到系統中，這一步叫做「安裝相依套件」。開啟 VS Code 的終端機，輸入以下命令，即可完成 OpenAI SDK 的安裝：

```
$ pip install openai
```

9.3.3 設定環境變數

7.4 節的範例中還用到了 `python-dotenv` 套件。安裝命令如下：

```
$ pip install python-dotenv
```

這個套件的作用是從目前的目錄的 `.env` 檔案中讀取環境變數。環境變數通常用於向程式提供所需的設定資訊（比如 API 金鑰等），這樣就不用把這些資訊寫死在程式碼中了。這些環境變數通常也不直接用於設定作業系統，而是被儲存在程式所在目錄的 `.env` 檔案中，在程式執行時被讀取並載入到執行環境中。

對於初學者來說，這種做法可能稍顯繁瑣。但希望你能瞭解，這其實是一種很好的實作方法，即便是在目前這個小工程裡也有不少好處：

- 可以把邏輯程式碼和設定資訊分離，使各個檔案的功能職責更加清楚。比如說，當你想要修改設定時，你只需要留意 `.env` 檔案，無須到 `main.py` 檔案裡「翻箱倒櫃」。
- 你可能擁有不止一個 LLM 的 API 帳號，可以準備多個設定檔（比如 `.env.gpt` 和 `.env.kimi` 等），在需要的時候改名切換使用。
- 如果你掌握了 Git 這樣的版本控制工具，就可以把 `.env` 和 `.env.*` 檔案加入 `.gitignore` 的忽略規則中，這樣就不會把敏感資訊提交到程式碼倉儲中了。即使把程式碼倉儲完全開放，也不用擔心自己的 API 金鑰洩露。

在瞭解了環境變數的好處之後，請開始準備一個 `.env` 檔案，把呼叫 LLM API 所需的「三要素」都放進去：

```
BASE_URL=https://api.op**ai.com/v1
API_KEY=sk-xxxxxxxxxxxxxxxxxxxxxxxxxxxxxxxx
MODEL_NAME=gpt-4o
```

接下來，在 `main.py` 檔案中需要實作的效果就是讀取 `.env` 檔案中的環境變數，以便稍後初始化 OpenAI SDK。

9.3.4 讀取環境變數

在起始處的需求描述下面另起一行,輸入以下提示詞:

```
# 引入相依套件 openai 和 python-dotenv
```

按下 Enter 鍵之後,GitHub Copilot 將完成以下程式碼:

```
# 引入相依套件 openai 和 python-dotenv
from openai import OpenAI
from dotenv import load_dotenv
```

> 由於 GitHub Copilot 本身也是根據 LLM 運作,因此它的產生結果存在一定的不確定性。比如,你與 GitHub Copilot 的互動可能與本書中描述的步驟並不完全一致。
>
> 不過不用擔心,如果你在某一步陷入無法繼續下去的困境,可以開啟 GitHub Copilot 的聊天視窗,告訴它你下一步想要執行的操作,並詢問它如何修改現有的程式碼。通常,GitHub Copilot 會提供合適的修改建議,並把你帶回正軌。

請繼續告訴 GitHub Copilot 你要做什麼:

```
# 讀取環境變數
```

GitHub Copilot 繼續完成程式碼:

```
# 讀取環境變數
load_dotenv()
```

到這裡,python-dotenv 已經完成了它的工作──把本機 .env 檔案定義的環境變數載入到目前環境中。那麼,如何把這些環境變數引入腳本呢?

你需要給予 GitHub Copilot 更多的上下文資訊。在 load_dotenv() 函式呼叫的下一行補充如下資訊:

```
"""
我在 .env 檔案中定義的環境變數如下:
BASE_URL
API_KEY
MODEL_NAME
"""
```

> 目前，GitHub Copilot 在產生程式碼時並不會把工作目錄內的所有檔案都當作上下文，它通常只會參考與目前檔案類型相同的檔案。
>
> 因此，在 Python 檔案裡透過註解來描述 .env 檔案中的情況，是為了向 GitHub Copilot 提供更完整的背景資訊。

接下來該要求 GitHub Copilot 產生程式碼了。寫出如下提示詞：

```
# 現在把它們引入目前腳本
```

按下 Enter 鍵之後，GitHub Copilot 提供了如下程式碼建議：

```python
BASE_URL = os.getenv("BASE_URL")
API_KEY = os.getenv("API_KEY")
MODEL_NAME = os.getenv("MODEL_NAME")
```

看起來不錯！現在有三個變數，而且它們來自你在 .env 檔案中定義的環境變數——第一個程式編寫小目標已達成。不過，在編輯器中，這三行程式碼的 os 下面出現了波浪線，這似乎表示程式碼存在一些問題。

這可能讓你有些手足無措⋯⋯不過 GitHub Copilot 還有聊天功能，你可以透過自然語言向它提出一切與程式編寫有關的問題。將游標移位到這三行程式碼上，透過快速鍵召喚出「行內聊天」對話方塊，並向它提問：

> 這裡的 os 下面為什麼會有波浪線提示錯誤，我該如何修復這個問題？

GitHub Copilot 隨即給出回應：

> 問題在於 os 這個模組還沒有被引入。os 是 Python 的標準函式庫之一，它不需要像其他相依套件那樣手動安裝，但在使用它之前，需要在檔案開頭先引入這個模組。

而且，GitHub Copilot 成功辨識出你的需求，自動進入了 /fix 模式，聊天對話方塊跳到首次出現 os 的陳述式上方，並產生了一段程式碼建議：

```python
import os
```

你欣然接受建議，按一下對話方塊裡的「接受」按鈕，這行程式碼建議就會被實際插入行內對話方塊所在的位置。此時，os 下面的波浪線消失了！同時你也想起來，通常我們會在 Python 檔案的開頭引入所有的相依套件，這樣可以讓程式碼更加清楚易讀。於是你又把這行程式碼移到了整個腳本的最上方。

在 GitHub Copilot 的幫助下，你不僅解決了問題，還學到了一些新的知識。這種互動方式讓你在程式編寫的過程中不再孤單，你有了一個隨時可以請教的好夥伴。

> 我們在這裡體驗到了 GitHub Copilot 的另一種產生程式碼並提供建議的方式。希望你能夠在以後的程式編寫實作中隨時想到這種方式。
>
> 當然，這裡也呈現了「程式碼完成」工作模式的局限性。在這種模式下，GitHub Copilot 只會在打字的位置產生程式碼，而不會涉及檔案的其他位置。這個設計可以確保 GitHub Copilot 產生的程式碼只出現在我們的視野之內，但這也限制了 GitHub Copilot 產生首尾呼應程式碼的能力。
>
> 不過好在 GitHub Copilot 的聊天模式足夠靈活和強大，可以透過聊天模式來引導 GitHub Copilot 對程式碼進行合理的修改。

寫了這麼久程式碼，你還沒有試驗效果呢！接下來，一起來試試這些環境變數是不是真的被載入到腳本中了。在 9.2 節中，你用到了 `print()` 函式，它可以把變數的值列印出來，這似乎是一種不錯的試驗手段。於是你在程式碼的最後加入了如下陳述式：

```
print(BASE_URL)
```

實際上，你在輸入 pri 時，GitHub Copilot 就已經猜到你要做什麼了，並且完成了這行程式碼！按 Tab 鍵表示接受，隨後按 Enter 鍵換行，GitHub Copilot 也有默契地產生了你想寫的另外兩行程式碼：

```
print(API_KEY)
print(MODEL_NAME)
```

你愉快地接受 GitHub Copilot 的建議，儲存並執行程式，看看終端機會輸出什麼資訊：

```
$ /usr/bin/python3 /my_projects/ai-translator/main.py
https://api.op**ai.com/v1
```

```
sk-xxxxxxxxxxxxxxxxxxxxxxxxxxxxx
gpt-4o
```

看起來成功了！接下來，你就可以用這些環境變數來初始化 OpenAI SDK 了。

9.4 第一版：實作翻譯功能

第 3 章和第 7 章曾經展示過 OpenAI SDK 呼叫 LLM 的 API 的範例程式碼，你可以直接把那些程式碼複製過來，不過這次你大概想碰碰運氣，看看 GitHub Copilot 能不能完成這個任務。

9.4.1 嘗試呼叫 OpenAI SDK

在 main.py 檔案中刪除之前測試用的 print 陳述式，然後寫下新的提示詞：

```
# 建立 OpenAI 實體
client =
```

GitHub Copilot 將立即完成程式碼：

```
# 建立 OpenAI 實體
client = OpenAI(base_url = BASE_URL, api_key = API_KEY)
```

看起來沒什麼問題。接下來將進入重頭戲——你打算寫一個函式，這個函式將承擔整個腳本最核心的功能，即呼叫 OpenAI API 來翻譯英文檔案。

你不太確定應該怎麼做，但你知道有 GitHub Copilot 在身邊，所以你並不擔心。先試探著寫出如下提示詞：

```
# 先實作一個簡單的翻譯函式，透過 OpenAI SDK 呼叫 LLM 的 API
```

按 Enter 鍵之後，GitHub Copilot 立即心領神會，產生函式簽名碼：

```
# 先實作一個簡單的翻譯函式，透過 OpenAI SDK 呼叫 LLM 的 API
def translate(text):
```

按下 Tab 鍵，接受這個建議。按 Enter 鍵換行之後，GitHub Copilot 將繼續發揮：

```
def translate(text):
    completion = client.chat.completions.create(
```

寫到這裡，你稍稍停頓了一下。顯然這行程式碼還沒有結束，預計按 Enter 鍵之後 GitHub Copilot 會繼續完成這行函式呼叫的陳述式。不過在此之前，你有些好奇，這行函式呼叫的陳述式到底是什麼意思？雖然你已經多次見到這行程式碼，但你仍然不太確定它的真正涵義——為什麼這裡會有一個「chat」，那個「completions」又代表著什麼？

9.4.2 瞭解 LLM 的 API

> 這裡簡單解釋一下。目前 LLM 提供的最典型的推理能力就是「對話式文字完成」（Chat Completion），這也是行業標竿 ChatGPT 所引領的工作模式。
>
> 你可能聽說過，LLM 的產生過程有點像是在玩文字接龍——根據提供的文字，逐一預測後續的字詞（更精確地說，是逐一預測後續的 token）——這個過程就是「completion」。
>
> 而「chat」則是指 OpenAI 在開發 ChatGPT 的過程中，把 LLM 的工作方式針對對話場景進行了專門的最佳化，最終以「對話式文字完成」的形式開放 API。這種對話式文字完成能力不僅可以勝任常規的文字完成任務，還可以輔助對話式 AI 助手的開發，因此已經成為現今最主流的 LLM API 形態。
>
> 而 OpenAI SDK 所做的，就是把 LLM 提供的基於 HTTP 的 API 呼叫，封裝成更易於使用的函式呼叫，讓開發者能更輕鬆地呼叫 LLM 的「對話式文字完成」API。

在瞭解了這個背景之後，你按下 Enter 鍵，讓 GitHub Copilot 繼續往下寫程式碼，把呼叫陳述式完成：

```
def translate(text):
    completion = client.chat.completions.create(
        model = MODEL_NAME,
        messages = [
            {"role": "system", "content": "Translate the following text to Chinese."},
            {"role": "user", "content": text}
        ]
    )
```

很好，這和你在之前的章節中看到的 OpenAI SDK 呼叫程式碼應該相同。

你的目光落在了 messages 這個參數上。你現在對這個參數的作用有了更深的瞭解——它其實就是一組對話紀錄，LLM 把這些對話紀錄作為上下文，然後產生一條新訊息。

> 在前面的章節裡，我們好像還沒有解釋過「role」，對吧？要解釋其涵義，就要說到 OpenAI 對於 GPT 的訓練和校準，以及對「對話式文字完成」這個 API 的設計了。
>
> 在 GPT 的設定中，對話紀錄中可以包含三種不同的角色：系統（system）、使用者（user）和助理（assistant）。模型自己就是助理，每當呼叫「對話式文字完成」API 時，它都會以助理的身分傳回訊息——這很容易瞭解。
>
> 然後來看使用者，這個角色就是指模型的使用者。使用者訊息就相當於使用 ChatGPT 時對它說的話。使用者訊息也被稱為「使用者提示詞」。
>
> 最後，系統這個角色雖然最為重要，但也是一般使用者最容易忽略的部分。它相當於智慧助理的生產者，對模型進行出廠設定。系統訊息通常位於對話紀錄的最上方，用來設定模型的性格、功能、行為等基礎規則，模型會按照這些基礎規則來回應使用者訊息。系統訊息也被稱作「系統提示詞」。
>
> 通常來說，在呼叫「對話式文字完成」API 時，發送給模型的訊息中至少要包含一條使用者訊息，這樣模型才能產生有意義的回覆。順便一提，當把模型回覆的訊息和使用者提出的新問題追加到對話紀錄中，並再次發送給模型時，就可以實作連續多輪對話的效果了。

你在使用類似 ChatGPT 這樣的智慧助手方面已經累積了不少心得，也掌握了不少提示詞設計技巧。所以，你打算對 GitHub Copilot 產生的系統提示詞進行一番改造，以便引導模型產生更理想的翻譯結果。

不過 GitHub Copilot 產生的 messages 結構還是給你帶來了有價值的啟發——**使用者提示詞僅用來提供待處理的輸入資料（請留意 text 參數的傳遞位置）；而模型如何處理這些資料，則完全由系統提示詞來規定**。這樣的角色訊息定義，清楚地劃分了模型的輸入和輸出，讓你對整個對話紀錄有了更清楚的認識。

你甚至還聯想到，這些角色訊息不就對應了程式語言裡函式的各個概念嗎——系統提示詞定義了模型的行為，就像函式主體內部的邏輯；使用者提示詞相當於傳遞給函式的參數；模型的回覆則是函式的傳回值。

9.4.3 處理 API 的傳回結果

在瞭解了系統提示詞和使用者提示詞的職責之後，你為這個場景精心設計了一套系統提示詞。不過現在，限於篇幅，先採用以下簡化版本來代替：

```
def translate(text):
    completion = client.chat.completions.create(
        model = MODEL_NAME,
        messages = [
            {"role": "system", "content": " 你是一個精通中英文翻譯的智慧助手。使用者發來的訊息都是待翻譯的文字。你不需要問候，不需要解釋，不需要總結，直接按照原文的格式輸出譯文即可。"},
            {"role": "user", "content": text}
        ]
    )
```

> 大家在使用 ChatGPT 等智慧助手時應該深有體會：LLM 通常都很有禮貌。在提供真正的答案前後，智慧助手們都會輸出一些禮貌性或總結性的話語。這對於對話場景來說相當自然，但現在我們是在寫一個自動化腳本，並不是很在意模型是否言辭友善；相反，我們不希望翻譯結果中出現多餘的客套話，所以在提示詞中要求模型直接輸出結果是非常有必要的。

模型的介面呼叫程式碼寫好了，但呼叫介面傳回的結果還沒有處理。看起來呼叫介面傳回的結果應該儲存在 completion 變數中了。你此時想到的仍然是簡單直觀的 print() 函式，於是在 translate() 函式主體的末尾開始寫下新的程式碼：

```
    print(
```

GitHub Copilot 很清楚你打算做什麼，於是幫你完成了你所關心的部分：

```
    print(completion.choices[0].message.content)
```

這次 GitHub Copilot 完成的內容正是我們想要列印的模型傳回的翻譯結果。

接下來應該做什麼呢？你回想起第 5 章學到的關於函式的知識，函式在定義好之後，就可以在別處呼叫了。那麼現在就可以在 main.py 檔案的其他地方呼叫這個 translate() 函式來實作文件翻譯了。

按下幾次 Enter 鍵，另起新行，並且寫下如下提示詞：

```
# 呼叫翻譯函式
```

GitHub Copilot 立即產生了以下程式碼建議：

```
# 呼叫翻譯函式
translate("Hello, my name is Steve.")
```

這行測試陳述式看起來不錯。於是，你信心滿滿地儲存了這個程式碼檔案，然後按一下編輯器右上角的執行按鈕。我們來看看這個腳本能否成功呼叫 OpenAI API，實作文件翻譯。

稍等片刻之後，終端機視窗輸出以下內容：

```
$ /usr/bin/python3 /my_projects/ai-translator/main.py
你好，我的名字是史蒂夫。
```

看起來一切順利！你成功呼叫了 OpenAI 的 API，將英文翻譯成了中文。雖然目前整個腳本還比較簡單，但你已經完成了最核心的翻譯功能，朝最終目標邁出了堅實的一步。

你深深吸了一口氣，回頭審視目前已經寫好的腳本。你發現這些原先看似天書般的程式碼，現在似乎也變得親切起來，你同時發現了一些規律：

- 像指定變數值、函式定義這樣的程式碼，就像準備工作。它們並不直接產生結果，但它們就像幕後英雄，靜靜等待著被召喚。
- 而像函式呼叫、SDK 呼叫這樣的程式碼，就是在執行實際的操作。它們是整個腳本的行動派，真正觸發了行動，並產生了一些結果。

不知不覺，你對腳本程式編寫的瞭解又深了一層。你感到有些興奮，因為你似乎喜歡上了這種學習程式編寫的方式——不斷嘗試、不斷實作。在 GitHub Copilot 的協助下，你似乎已經找到了一條通往程式編寫世界的捷徑。

在下一節裡，你將繼續向前邁進，讓翻譯函式能夠和 input 目錄裡儲存的那些檔案互動。

9.5 第二版：實作檔案讀寫

你目前已經有點進展，但別忘了終極目標。接下來，你將繼續完善這個腳本，讓它能夠操縱檔案。還記得你在本章開頭設計的目錄結構嗎？

```
ai-translator/
├── input/     # 存放待翻譯的英文檔案
│   └── ...
├── output/    # 存放翻譯後的中文檔案
│   └── ...
└── main.py    # 主腳本
```

9.5.1 讀取檔案內容

為了方便後續開發，你在 input 目錄中建立了一個空的文字檔 example-1.txt，打算先在這個檔案裡存放一些用於測試的英文段落。

你一時沒有找到合適的素材，於是想到讓 GitHub Copilot 幫你產生一些。開啟 example-1.txt 檔案，用快速鍵召喚出 GitHub Copilot 的行內聊天對話方塊，提出請求：我需要一些測試素材。請以「兒童在農場裡的生活」為主題，撰寫幾段英文文字。

GitHub Copilot 思索片刻，便在編輯區產生了一篇文筆還不錯的英文短文：

```
The sun rose over the rolling green fields, casting a warm golden glow on
the farm. As the rooster crowed, the children eagerly jumped out of bed,
ready for a day of adventure. They raced down the stairs, their laughter
filling the air.

Outside, the air was crisp and filled with the scent of fresh hay. The
children ran through the meadows, their bare feet sinking into the soft
earth. They chased butterflies, their colorful wings fluttering in the
breeze.

...
```

現在，測試素材有了。你儲存好這個檔案，開始思考如何讀取這個檔案中的內容。你把上一節在 main.py 裡呼叫 translate() 函式的試驗程式碼刪掉，然後寫下如下提示詞：

```
# 讀取 input/example-1.txt 檔案的內容，將其儲存到變數 text 中
```

不知不覺，你對程式需求的描述也變得駕輕就熟。GitHub Copilot 立即產生了以下程式碼建議：

```
# 讀取 input/example-1.txt 檔案的內容，將其儲存到變數 text 中
with open("input/example-1.txt", "r") as f:
    text = f.read()
```

說實話，你看不懂這段程式碼的意思。不過你打算先相信 GitHub Copilot，執行一下試試。啊？什麼也沒有發生！

你連忙回頭檢查了一下程式碼，發現腳本只是讀取了檔案的內容，但並沒有把它列印出來。現在你不需要 GitHub Copilot 的協助也能輕鬆應對這些小問題了。你在程式碼的末尾加上了一行 print(text)，儲存檔案，再次執行腳本。

這次終端機視窗輸出了一大段英文文字，看起來就是你剛才儲存的那篇英文短文。這說明 GitHub Copilot 產生的讀取檔案功能是值得信任的。

接下來把已經完成的工作串聯起來。你已經實作了翻譯函式 translate()，也把檔案內容讀取到了 text 變數中。隨後要做的就是把 text 變數傳遞給 translate() 函式。你刪掉剛才加入的 print(text) 陳述式，然後開始寫下想執行的操作。

剛敲下「tr」，GitHub Copilot 就準確猜中了你的想法，並幫你完成了陳述式：

```
translate(text)
```

哈哈，看起來一切都在掌控之中。儲存檔案，再次執行腳本。這次等待的時間稍稍有點兒長，不過最終還是如你所願，終端機視窗輸出了一段中文文字，看起來就是你剛才提供的英文文字的翻譯結果。這次的測試也通過了！

9.5.2 最佳化偵錯體驗

又一個小目標達成了，不過你並沒有只顧著高興，而是轉身又在思考有沒有可以改進的地方。

首先，這次等待模型傳回的時間明顯變長了。這是因為你讓模型翻譯的內容明顯比上一次翻譯的那句話要長得多。模型的輸出效率是基本固定的，產生更多的文

字自然會花費更長的時間。為了提升開發階段的工作效率，你把剛才那篇英文短文拆分並儲存為多個小檔案，這樣一方面可以縮短每次測試的時間，另一方面可以為開發後續的大量翻譯功能做好準備。

另外，在執行腳本的過程中，由於沒有任何提示資訊，你只能乾等，並不知道目前腳本執行到了什麼環節，甚至不知道腳本是否還在正常執行。這對於偵錯工作是不太友善的，也不便於後續使用。你想起來，很多軟體在執行時都會輸出一些進度提示資訊，比如「正在載入」、「處理完成」等狀態訊息。於是，你決定也在腳本裡效仿這個做法，讓它更加人性化。

馬上起身動手，你首先想到最耗時的 translate() 函式，打算在這個函式的開始和結束位置分別輸出一些提示資訊。經過最佳化後的函式如下：

```
def translate(text):
    print('SDK requesting...')
    completion = client.chat.completions.create(
        model = MODEL_NAME,
        messages = [
            {"role": "system", "content": " 你是一個精通中英文翻譯的智慧助手。使用者發來的訊息都是待翻譯的文字。你不需要問候，不需要解釋，不需要總結，直接按照原文的格式輸出譯文即可。"},
            {"role": "user", "content": text}
        ]
    )
    print('SDK done!')
    print(completion.choices[0].message.content)
```

儲存檔案，再次執行腳本。

```
$ /usr/bin/python3 /my_projects/ai-translator/main.py
SDK requesting...
SDK done!
太陽升起在起伏的綠色田野上，農場籠罩在溫暖的金色光芒中。隨著公雞的鳴叫，孩子們興奮地跳下床，準備開始一天的冒險。他們飛速跑下樓梯，笑聲充滿了空氣。

外面，空氣清新並帶著新鮮乾草的氣息。孩子們在草地上奔跑，赤腳踏入柔軟的泥土中。他們追逐著蝴蝶，五彩斑斕的翅膀在微風中顫動。
```

這次等待時間確實變短了，而且更重要的是，終端機視窗的輸出變得更加豐富了——不僅有最終的翻譯結果，還有一些提示資訊。這樣一來，你就可以更清楚地掌握腳本的執行狀態了。

9.5.3 儲存檔案內容

在完成了檔案的讀取之後，自然要實作檔案的儲存。你對腳本程式編寫似乎已經很有感覺了，你意識到接下來的這一步需要透過一個變數來負責傳遞翻譯結果。於是你刪掉最後一行對 translate() 函式的呼叫，然後寫下如下提示詞：

```
# 呼叫 translate() 函式，將翻譯結果儲存到 output 變數中
```

GitHub Copilot 立即為你產生了以下程式碼建議：

```
# 呼叫 translate() 函式，將翻譯結果儲存到 output 變數中
output = translate(text)
```

看起來就應該是如此。接下來你需要執行檔案的儲存操作。根據本章開頭的設計，翻譯後的中文檔案應該被儲存在 output 目錄下。於是你在 main.py 檔案的末尾寫下新的提示詞：

```
# 將翻譯結果儲存到 output/example-1.txt 檔案中
```

GitHub Copilot 也快速產生了以下程式碼建議：

```
# 將翻譯結果儲存到 output/example-1.txt 檔案中
with open("output/example-1.txt", "w") as f:
    f.write(output)
```

這段新產生的程式碼和之前用來讀取檔案的程式碼很「搭配」，應該沒什麼問題！儲存檔案，再次執行腳本。然而這次終端機視窗輸出了一些你不想看到的內容。除了預期的狀態訊息和翻譯結果，還出現了一些錯誤訊息：

```
Traceback (most recent call last):
  File "/my_projects/ai-translator/main.py", line 51, in <module>
    with open("output/example-1.txt", "w") as f:
         ^^^^^^^^^^^^^^^^^^^^^^^^^^^^^^^^^^
FileNotFoundError: [Errno 2] No such file or directory: 'output/example-1.txt'
```

這次面對錯誤訊息，你從容多了，因為你知道好幫手 GitHub Copilot 就在身旁。在終端機視窗裡選中這些錯誤訊息，然後按一下滑鼠右鍵，選擇「Copilot」→「對此進行解釋」功能表。這時 GitHub Copilot 會在 VS Code 的左側邊欄中開啟 GitHub Copilot 的聊天面板，並且開始回答你的問題：

> 你會遇到這個錯誤，是因為程式試圖開啟一個不存在的檔案路徑。錯誤資
> 訊 `FileNotFoundError: [Errno 2] No such file or directory: 'output/
> example-1.txt'` 表示程式試圖在 output 目錄下建立或寫入名為 example-1.txt 的
> 檔案，但是 output 目錄不存在。
> ......

這時你發現，你的確還沒來得及在工作目錄下建立一個 output 目錄。你本想立即去建立這個目錄，但 GitHub Copilot 仍然在輸出回答：

> ......
>
> 要解決這個問題，你需要確保在嘗試寫入檔案之前，output 目錄已經存在。你可以在執行腳本之前手動建立這個目錄，或者在腳本中加入程式碼來自動建立它。以下是一個使用 Python 在嘗試開啟檔案之前檢查並建立目錄的範例：
>
> ......

哇，這確實是個不錯的想法！GitHub Copilot 還貼心地產生了一段程式碼。把滑鼠移動到它提供的這段程式碼上，然後按一下程式碼區塊右上角的懸浮按鈕「Insert at Cursor」，這樣這段程式碼就被插入腳本了。這段程式碼是這樣的：

```
import os

# 檢查目錄是否存在，如果不存在則建立
output_dir = "output"
if not os.path.exists(output_dir):
    os.makedirs(output_dir)
```

你現在閱讀這段程式碼已經不覺得吃力了，仿佛它就是你每天都會見到的老朋友。而且你發現這段程式碼不應該被插入腳本的底部，而是應該被放在寫入檔案的操作之前。此外，第一行的 `import os` 也沒有必要保留，因為腳本開頭已經引入過 os 這個模組了。你按照自己的想法改進了這段程式碼，然後儲存檔案，再次執行腳本。

但是這次還是出現了錯誤訊息，內容是這樣的：

```
Traceback (most recent call last):
  File "/my_projects/ai-translator/main.py", line 58, in <module>
```

```
    f.write(output)
TypeError: write() argument must be str, not None
```

看起來上一個錯誤確實已經被解決了，因為那個錯誤是在讀取檔案的時候發生的，而這次的錯誤看起來已經進入了寫入檔案這一步。你同時發現，output 目錄確實已經被自動建立了。此刻的你已身經百戰，淡定地詢問 GitHub Copilot，GitHub Copilot 也迅速回應了你的提問。

原來 f.write(output) 在執行寫入檔案操作時發現 output 變數的值是 None。這是因為 translate() 函式並沒有傳回任何值，導致 output 變數中沒有儲存任何內容。

沒錯，你想起來，在第 5 章學習函式的時候，函式傳回值是透過 return 陳述式實作的。你現在明白了問題的所在，於是找到 translate() 函式的最後一行，把列印翻譯結果的陳述式「註解掉」，然後按 Enter 鍵換行，準備為這個函式補上傳回值。

> 為什麼是把列印翻譯結果的陳述式「註解掉」，而不是直接刪掉呢？
>
> 這其實是程式開發人員的一個常用小技巧——如果只是想臨時禁用一行程式碼，以後還有可能隨時恢復它，那麼把它變成一行註解是最方便的做法。下次偵錯這個函式的時候，若想把翻譯結果列印出來看看，直接把這行程式碼開頭的註解字元刪掉就可以了。順便一提，編輯器通常也提供了「Ctrl + /」這樣的快速鍵，方便快速地把一行程式碼變為註解或將註解程式碼恢復原狀。
>
> 好了，下次在別人的程式碼裡看到一些原本是程式碼的註解程式碼時，你大概就可以猜到它們的用處了。

你還來不及輸入 return 這個詞，GitHub Copilot 就已經預測到你的想法，並產生了整條陳述式：

```
    return completion.choices[0].message.content
```

看起來沒問題，儲存檔案，再次執行腳本。

這次終端機視窗不再輸出錯誤訊息了，而且你發現 output 目錄中確實多了一個名為 example-1.txt 的檔案，其中的內容就是你需要的翻譯結果。至此，你終於實作了「讀取檔案」→「翻譯」→「儲存檔案」的完整流程。

9.6 第三版：實作大量翻譯

在 9.5 節中，你似乎已經完成了所有重要的工作：

1. 從 input 目錄中讀取英文檔案；
2. 呼叫 OpenAI API 進行翻譯；
3. 把翻譯結果儲存到 output 目錄中。

但你同時發現了一個問題，這個腳本只能處理 example-1.txt 這一個檔案。而實際上，你日常要處理的檔案遠遠不止這一個。假設你有 100 個檔案要翻譯，難道要把腳本重複執行 100 遍嗎？

不，這對於電腦程式來說顯然不是合理的工作方式。你希望這個腳本能夠更加靈活，能夠自動化地處理目錄中的所有檔案。這就是本節需要實作的效果——大量翻譯。

9.6.1 用函式操作檔案

如何讓腳本更加靈活？你再次回想起第 5 章學到的函式。

函式是電腦程式中重複使用邏輯的一種有效手段，它可以把一段程式碼封裝起來，重複呼叫。函式還具有靈活性，它的靈活性透過參數來呈現。在呼叫函式的時候，傳入不同的參數就可以讓函式操作不同的目標。

這正是你所期望的——程式碼並不只是為 example-1.txt 這一個檔案服務的，它應該根據傳入的參數（不同的檔案名）來操作不同的目標（讀取或寫入不同的檔案）。

接下來，為了完成這個目標，你首先需要一個可以讀取任意檔案的函式——它將檔案路徑作為參數，而它的傳回值就是從指定檔案中讀取的內容。釐清想法之後，你決定和舊程式碼做個了斷。你把 translate() 函式下面的所有程式碼清空（當然，那段建構 output 目錄的程式碼是需要保留的，它是無辜的），然後輸入如下提示詞：

```
# 寫一個函式，用於讀取檔案內容，參數是
```

你還沒有把提示詞寫完，GitHub Copilot 就猜到你要說什麼，並且把這行提示詞補充完整：

```
# 寫一個函式，用於讀取檔案內容。參數是檔案路徑，傳回檔案內容
```

你接受這個完成建議。接著，按 Enter 鍵換行，敲入函式定義陳述式開頭的 `def`。GitHub Copilot 迅速完成了函式簽名碼和內部實作：

```
def read_file(file_path):
    with open(file_path, "r") as f:
        return f.read()
```

你感覺很滿意，這看起來就是把舊程式碼改造為函式之後該有的樣子——現在有一個名為 `read_file()` 的函式，它接收一個參數 `file_path`，並傳回指定檔案的內容。它不只為 `example-1.txt` 這一個檔案服務，而是可以操作任何指定的檔案。

連續按幾次 Enter 鍵，開始編寫新程式碼……你接下來準備寫什麼呢？其實 GitHub Copilot 早已心領神會，並直接產生了一行新的註解：

```
# 寫一個函式，用於儲存檔案內容。參數是檔案路徑和內容，將內容儲存到檔案中
```

確認之後，它又繼續產生了函式實作程式碼：

```
def save_file(file_path, content):
    with open(file_path, "w") as f:
        f.write(content)
```

哇，這一番操作真是行雲流水！你甚至還沒有真正敲出一行完整的陳述式，你需要的程式碼就已經整齊地排列在編輯器裡了。你與 GitHub Copilot 的配合越來越有默契了。

你現在已經擁有了三個函式：

- `translate()`：用於呼叫 OpenAI API 翻譯檔案；
- `read_file()`：用於讀取檔案內容；
- `save_file()`：用於儲存檔案內容。

看起來，翻譯工作流中的三個重要環節都已經被「函式化」了。它們就像管線上的三個操作員，分別負責不同的工序，依次處理資料。接下來，你將這三個函式串聯起來，重新實作整個翻譯流程。

9.6.2 重塑翻譯流程

把之前的舊程式碼用新函式重新實作一遍，這對你來說已經算不上挑戰了。你很快就根據這三個函式重新實作了整個翻譯流程：

```
# 讀取 input/example-1.txt 檔案的內容，將其儲存到變數 text 中
text = read_file("input/example-1.txt")

# 呼叫 translate() 函式，將翻譯結果儲存到 output 變數中
output = translate(text)

# 將翻譯結果儲存到 output/example-1.txt 檔案中
save_file("output/example-1.txt", output)
```

為了確認新腳本是否可以正常工作，你特意把 output 目錄清空，然後再次執行腳本，結果一切順利！終端機視窗裡輸出了一些提示資訊，output 目錄下又多了一個 example-1.txt 檔案，其中的內容也正是我們預期的翻譯結果。

9.6.3 大量處理檔案

接下來要完成的任務似乎就具有挑戰性了——你需要讓腳本找出 input 目錄下的所有檔案，然後逐一翻譯並將結果儲存到 output 目錄下。穩定思緒，一步一步來。先找到 main.py 檔案，把最後三行專門處理 example-1.txt 檔案的程式碼刪除，開始編寫新程式碼。

第一步，你需要一個能找出指定目錄下所有檔案的函式（很好，你已經習慣用函式來解決問題了）。這個新函式的行為應該是什麼樣的？在編輯器裡輸入如下提示詞：

```
# 寫一個函式，用於讀取指定目錄下的檔案，傳回檔案路徑串列
```

9.6 第三版：實作大量翻譯 | 273

這是一行不錯的提示詞，清楚地描述了函式的功能和輸入輸出。GitHub Copilot 也毫不含糊，立即完成了整個函式的實作程式碼：

```python
# 寫一個函式，用於讀取指定目錄下的檔案，傳回檔案路徑串列
def list_files(dir):
    return [os.path.join(dir, f) for f in os.listdir(dir)]
```

這個函式的內容對你來說似乎已經不再神祕，結合第 4 章學到的 Python 語法，你很快就瞭解了這段程式碼的涵義。這裡同樣用到了 os 這個內建模組，它還真是一個實用的工具！

寫好這個新函式之後，接著要確認它是否能正常工作。連續按幾次 Enter 鍵，寫出測試程式碼。GitHub Copilot 也很快明白了你的想法，於是產生了如下程式碼：

```python
# test
print(list_files("input"))
```

看起來這正是你想要的。儲存檔案，執行腳本，終端機視窗裡輸出了一串檔案路徑：

```
$ /usr/bin/python3 /my_projects/ai-translator/main.py
['input/example-1.txt', 'input/example-2.txt', 'input/example-3.txt']
```

由於你已經把測試用的英文短文拆分成了多個檔案，因此這裡展示的檔案串列一切正常。

第二步，得到檔案串列之後，你需要對這個串列中的檔案進行逐一處理。你想起第 4 章學到的 for 迴圈，它似乎可以對這個串列進行遍歷。這個想法是否值得信任呢？看看 GitHub Copilot 的程式碼建議是否可以印證你的想法。

「註解掉」測試程式碼，開始編寫新程式碼。你需要一個變數用來儲存檔案串列，於是寫下：

```python
files =
```

這個變數名十分明確，GitHub Copilot 立即完成了指定值給變數的陳述式：

```python
files = list_files("input")
```

按 Tab 鍵接受這個建議,然後按 Enter 鍵另起一行。你還沒來得及輸入提示詞,
GitHub Copilot 就已經產生了你所需的所有程式碼:

```
for file in files:
    text = read_file(file)
    output = translate(text)
    save_file(file.replace("input", "output"), output)
    print(f"{file} done")
```

9.6.4 勝利在望

事情發生得有點快,你需要停下來消化一下。你還沒有告訴 GitHub Copilot 要做什麼,它就已經幫你寫好了所有程式碼。難道它會讀心術嗎?

其實,回顧這個腳本的開頭,就會發現,在本章一開始你就已經透過註解,描述了這段腳本的整體邏輯和最終目標:

```
# 我們正在編寫一個腳本,透過 OpenAI SDK 呼叫 LLM 的 API,對英文檔案進行翻譯
# 待翻譯的檔案在 input 目錄中,翻譯結果將被儲存在 output 目錄中
# 每次讀取一個輸入檔案,將翻譯結果儲存到輸出目錄中
# 逐步完成整個腳本,透過多個函式的配合來完成整個任務
```

原來在這幾節裡,你一段一段編寫和最佳化的程式碼,早已一步步朝著最初設定的目標邁進。而當你走到最後一步時,你甚至無須多言,GitHub Copilot 已能精準理解你想要什麼,並幫你產生程式碼。

此時你更加體會到,一份明確的需求描述,竟然能在你與 GitHub Copilot 之間產生如此絕妙的默契。你的需求描述宛如一盞明燈,引領你和 Copilot 一同前行。

平復一下激動的心情,你定睛觀察編輯器裡的程式碼。GitHub Copilot 果然用到了 for 迴圈來遍歷檔案串列。而迴圈主體裡的內容對你來說已經再熟悉不過了——就是由三個管線操作員(`read_file()`、`translate()` 和 `save_file()` 函式)串聯而成的翻譯流程。

你還留意到,GitHub Copilot 還在迴圈主體裡產生了一行 `print()` 陳述式,用於輸出目前檔案的處理狀態。哈哈,這和你在 `translate()` 函式裡做的事如出一轍。看來 GitHub Copilot 也在學習你的程式編寫風格,它真是一個機智的好幫手!

9.6.5 大功告成

你深吸一口氣,儲存程式碼。然後按一下 VS Code 右上角的執行按鈕,讓腳本執行起來。

終端機視窗的輸出資訊立即滾動起來:

```
$ /usr/bin/python3 /my_projects/ai-translator/main.py
SDK requesting...
SDK done!
input/example-1.txt done
SDK requesting...
SDK done!
input/example-3.txt done
SDK requesting...
SDK done!
input/example-2.txt done
```

看起來一切都很順利!開啟 output 目錄,發現裡面已經赫然「躺」著三個檔案,分別是 example-1.txt、example-2.txt 和 example-3.txt。開啟這些檔案,你看到裡面的內容正是自己所期望的翻譯之後的中文文字。

大功告成!經過你與 GitHub Copilot 的密切配合,經歷了三個版本的不斷修正改進,你終於完成了 Python 腳本的編寫。完整的程式碼看起來是這樣的:

```python
# 我們正在編寫一個腳本,透過 OpenAI SDK 呼叫 LLM 的 API,對英文檔案進行翻譯
# 待翻譯的檔案在 input 目錄中,翻譯結果將被儲存在 output 目錄中
# 每次讀取一個輸入檔案,將翻譯結果儲存到輸出目錄中
# 逐步完成整個腳本,透過多個函式的配合來完成整個任務

import os

# 引入相依套件 openai 和 python-dotenv
from openai import OpenAI
from dotenv import load_dotenv

load_dotenv()

"""
我在 .env 檔案中定義的環境變數如下:
BASE_URL
API_KEY
MODEL_NAME
"""
```

```python
# 現在把它們引入目前腳本
BASE_URL = os.getenv("BASE_URL")
API_KEY = os.getenv("API_KEY")
MODEL_NAME = os.getenv("MODEL_NAME")

# 建立 OpenAI 實體
client = OpenAI(base_url = BASE_URL, api_key = API_KEY)

# 先實作一個簡單的翻譯函式,透過 OpenAI SDK 呼叫 LLM 的 API
def translate(text):
    print("SDK requesting...")
    completion = client.chat.completions.create(
        model = MODEL_NAME,
        messages = [
            {"role": "system", "content": " 你是一個精通中英文翻譯的智慧助手。使用者發來的訊息都是待翻譯的文字。你不需要問候,不需要解釋,不需要總結,直接按照原文的格式輸出譯文即可。"},
            {"role": "user", "content": text}
        ]
    )
    print("SDK done!")
    # print(completion.choices[0].message.content)
    return completion.choices[0].message.content

# 檢查目錄是否存在,如果不存在則建立
output_dir = "output"
if not os.path.exists(output_dir):
    os.makedirs(output_dir)

# 寫一個函式,用於讀取檔案內容。參數是檔案路徑,傳回檔案內容
def read_file(file_path):
    with open(file_path, "r") as f:
        return f.read()

# 寫一個函式,用於儲存檔案內容。參數是檔案路徑和內容,將內容儲存到檔案中
def save_file(file_path, content):
    with open(file_path, "w") as f:
        f.write(content)

#  讀取 input/example-1.txt 檔案的內容,將其儲存到變數 text 中
# text = read_file("input/example-1.txt")

# 呼叫 translate() 函式,將翻譯結果儲存到 output 變數中
# output = translate(text)

# 將翻譯結果儲存到 output/example-1.txt 檔案中
```

```
# save_file("output/example-1.txt", output)

# 寫一個函式，用於讀取指定目錄下的檔案，傳回檔案路徑串列
def list_files(dir):
    return [os.path.join(dir, f) for f in os.listdir(dir)]

# test
# print(list_files("input"))

files = list_files("input")
for file in files:
    text = read_file(file)
    output = translate(text)
    save_file(file.replace("input", "output"), output)
    print(f"{file} done")
```

現在這個腳本已經可以參與到你的日常工作中並發揮作用了——每當你有英文檔案需要翻譯時，只需要把它們放到 input 目錄下，然後執行這個腳本，稍待片刻，就可以得到翻譯後的中文檔案了。

更加讓你興奮的是，前前後後只花費了 1 小時左右，你就可以寫出一個符合期望的 Python 腳本。在 GitHub Copilot 的協助下，你不僅鞏固了前幾章學習的程式編寫基礎知識，還學到了很多新的技能。你感覺自己已經順利地邁出了程式編寫的第一步，這讓你對未來的學習充滿信心。

9.7 功能完善與最佳化

你的第一個腳本作品看起來已經有模有樣了，不過你並不打算止步於此。你希望自己的腳本可以更加專業，也期盼自己對電腦程式的瞭解也能更上一層樓。

過去，學習程式編寫可能需要一位老師指引，而現在，你身邊的好幫手 GitHub Copilot 就可以提供足夠專業的建議。於是你開啟 VS Code 左側邊欄中的 GitHub Copilot 聊天面板，提出問題：

> 目前這個腳本還有哪些可以改進的地方？

GitHub Copilot 也很快提供了它的建議：

> 這個腳本已經實作了基本的功能，但是還有一些可以改進的地方：
>
> **錯誤處理**：目前的腳本沒有處理可能出現的錯誤，例如檔案讀取失敗、OpenAI API 呼叫失敗等。可以加入 try/except 塊來截獲和處理這些錯誤。
>
> **日誌記錄**：在處理多個檔案時，如果有錯誤發生，可能需要知道是在處理哪個檔案時出現的錯誤。可以加入日誌記錄功能，記錄每個檔案處理的開始、結束，以及任何錯誤。
>
> **並行處理**：目前的腳本是連續處理每個檔案的，如果檔案數量很多，可能會花費較長的時間。可以考慮使用並行處理（例如使用多緒程或多行程）來提升處理速度。
>
> **檔案類型檢查**：目前的腳本會處理輸入目錄下的所有檔案，但是可能並不是所有檔案都是需要翻譯的文字檔。可以加入檔案類型檢查功能，只處理特定類型的檔案（例如 .txt 檔案）。
>
> **翻譯品質檢查**：雖然這可能超出了這個腳本的能力範圍，但是可以考慮加入一些基本的翻譯品質檢查功能，例如檢查是否有未翻譯的原文。
>
> **程式碼結構**：目前的腳本將所有的程式碼都放在了一個檔案中，這可能會導致程式碼難以管理和維護。可以考慮將程式碼分解為多個模組，每個模組負責一部分功能。
>
> **型別提示**：為函式加入型別提示，提高程式碼的可讀性和可維護性。
>
> **避免寫死**：將 translate() 函式原本寫死的訊息改為參數傳入，以提高函式的通用性和可設定性。
>
> **單元測試**：為主要功能編寫單元測試，確保程式碼更改不會破壞現有功能。
>
> ……

GitHub Copilot 提供的這些建議看起來都很有道理。你逐條瀏覽了一遍，打算從最簡單的問題入手，逐步最佳化自己的腳本。

9.7.1 避免寫死

避免寫死似乎很容易瞭解，而且很容易操作。

> Hard coding 也就是國內程式開發人員俗稱的「寫死」，是指在程式碼中直接寫入具體的數值或字串，而不藉助變數或參數。寫死的程式碼通常缺乏靈活性，不易維護。

比如在 translate() 函式中寫死的那一長串系統提示詞（這還只是一個簡化過的版本），它不僅讓 translate() 函式的程式碼變得臃腫，還限制了函式的靈活性；而且當更換其他系統提示詞時，跑到函式內部去修改字串也很不方便。

好的，立刻動手，你用一個變數來儲存這一串系統提示詞：

```
system_prompt_for_essay = " 你是一個精通中英文翻譯的智慧助手……"
```

你為其他種類的檔案也準備了不同的系統提示詞，並將它們儲存到各自的變數中：

```
system_prompt_for_tech_doc = "……"
system_prompt_for_resume = "……"
```

為不同種類準備不同的系統提示詞，這是你在使用 ChatGPT 等智慧助手的過程中累積的經驗。不同種類對翻譯風格的要求也有所不同，你需要針對不同版本提供系統提示詞，這樣才能獲得最佳的翻譯效果。

接下來，你還需要對 translate() 函式做一個小改造，透過傳入一個新增的參數來取代原本寫死的系統提示詞：

```python
def translate(text, system_prompt):
    print("SDK requesting...")
    completion = client.chat.completions.create(
        model = MODEL_NAME,
        messages = [
            {"role": "system", "content": system_prompt},
            {"role": "user", "content": text}
        ]
    )
    print("SDK done!")
    # print(completion.choices[0].message.content)
    return completion.choices[0].message.content
```

哇！現在 translate() 函式看起來清爽不少，而且它也更加靈活了——你可以在呼叫 translate() 函式的時候傳入不同的系統提示詞，以實作對不同種類內容的翻譯。

當然，在腳本的末尾呼叫 translate() 函式時要記得傳入一個合適的系統提示詞：

```
files = list_files("input")
for file in files:
    text = read_file(file)
    output = translate(text, system_prompt_for_essay)
    save_file(file.replace("input", "output"), output)
    print(f"{file} done")
```

這個小更改就完成了。你要繼續尋找下一個要最佳化地方了。

9.7.2 型別提示

「型別提示」這個建議看起來也很容易瞭解。Python 提供了型別提示功能，可以幫助開發者更清楚理解程式碼的涵義。尤其對於函式定義來說，型別提示可以幫助我們更明確了解函式的輸入和輸出。

還記得 9.5.3 節遇到的第二個錯誤訊息嗎？它就跟函式傳回值的型別有關係。如果一開始就為 translate() 函式加入了型別提示，那麼這個錯誤很可能就不會發生了。因為，如果函式所宣告的傳回值型別與它實際傳回的資料型別不一致，那麼編輯器就會發出警告。

據此，你找到 translate() 函式，在 GitHub Copilot 的協助下加入型別提示：

```
def translate(text: str, system_prompt: str) -> str:
```

括號中的兩處「: str」表示函式接收的兩個參數都是字串型別的，括號後面的「-> str」表示函式的傳回值也是字串型別的。

你的腳本看起來更加專業了！

9.7.3 錯誤處理

「錯誤處理」這個建議似乎相當重要。就像 GitHub Copilot 所提到的，在呼叫 OpenAI API 的時候，可能因為網路故障、模型繁忙而導致呼叫失敗。雖然機率很小，但是這種情況一旦出現，腳本就會像遇到程式錯誤那樣當掉中止，對使用者來說體驗十分糟糕。

如果可以在程式碼中截獲這些例外情況，向使用者拋出準確的提示資訊，那麼腳本將會更友善。

具體如何最佳化呢？你開啟 main.py 檔案，找到 translate() 函式，準備在其中加入錯誤處理程式碼。你在聊天介面繼續詢問 GitHub Copilot 如何處理 API 呼叫出錯的例外情況。

GitHub Copilot 也提供了方案：可以在呼叫 API 的陳述式外層包裹一層 try/except 結構。其中 try 塊可以截獲 SDK 在發送請求的過程中可能拋出的例外，然後在 except 塊中可以列印錯誤資訊並告知使用者。

按照這個提示，你很快為 translate() 函式加入了錯誤處理程式碼：

```python
def translate(text: str, system_prompt: str) -> str:
    print("SDK requesting...")
    try:
        completion = client.chat.completions.create(
            model = MODEL_NAME,
            messages = [
                {"role": "system", "content": system_prompt},
                {"role": "user", "content": text}
            ]
        )
        print("SDK done!")
        # print(completion.choices[0].message.content)
        return completion.choices[0].message.content
    except Exception as e:
        print(f"SDK error occurred: {e}")
        return None
```

> 經過上述修改之後，編輯器可能會給出「傳回值型別不一致」的警告。這是因為 translate() 函式在截獲錯誤的情況下傳回了 None，與函式宣告的傳回值型別 str 不一致。此時可以將函式的傳回值型別改為 Optional[str]，表示傳回值可以是字串，也可以是 None——這就與函式的實際行為完美對應上了。
>
> 這裡的 Optional 是 Python 標準函式庫 typing 模組提供的一個工具型別，某些時候它確實很實用。不過別忘了，你需要先透過 from typing import Optional 陳述式來引入這個工具，然後才能在程式碼中使用它。

接下來，在呼叫 translate() 函式的地方同樣對它的傳回值進行檢查，以便發現例外並輸出合理的狀態資訊：

```
files = list_files("input")
for file in files:
    text = read_file(file)
    output = translate(text, system_prompt_for_essay)
    if output is not None:
        save_file(file.replace("input", "output"), output)
        print(f"{file} done")
    else:
        print(f"{file} failed")
```

更改過的腳本看起仍然清楚，而且更加具有強固性。為了確認這次更改確實有效，你故意中斷網路，然後執行腳本：

```
$ /usr/bin/python3 /my_projects/ai-translator/main.py
SDK requesting...
SDK error occurred: Connection error.
input/example-1.txt failed
SDK requesting...
SDK error occurred: Connection error.
input/example-3.txt failed
SDK requesting...
SDK error occurred: Connection error.
input/example-2.txt failed
```

果然，還可以在終端機視窗看到 translate() 函式截獲網路錯誤之後輸出的錯誤訊息，檔案的狀態資訊也被正確輸出了，而且腳本沒有因為錯誤而當掉，而是繼續執行下去了。這與你設想的效果完全一致！

9.7.4 日誌記錄

接下來，你看到「日誌記錄」這條建議。如果將來腳本的處理工作量不斷增大，那麼日誌記錄還是相當有必要的。詢問 GitHub Copilot 如何在 Python 腳本中實作相關功能。

GitHub Copilot 建議使用 Python 的標準函式庫 logging 來實作日誌記錄功能，並提供以下的範例程式碼：

```
import logging

# Configure logging
logging.basicConfig(filename='app.log', filemode='w', format='%(name)s - %(levelname)s - %(message)s')

# Create a custom logger
logger = logging.getLogger(__name__)

# Log messages
logger.debug('This is a debug message')
logger.info('This is an info message')
logger.warning('This is a warning message')
logger.error('This is an error message')
logger.critical('This is a critical message')
```

看起來 Python 也內建了一個名為 logging 的模組，專門用來記錄日誌。你可以透過 logging.basicConfig() 函式來設定日誌記錄的格式和輸出位置，然後透過 logging.getLogger() 函式來建立一個自訂的日誌記錄器，最後透過這個記錄器的 debug()、info()、warning()、error() 和 critical() 方法來記錄不同層級的日誌資訊。

你可以把這段範例程式碼複製到腳本中，嘗試執行，然後觀察工作目錄裡會出現什麼內容。

日誌的好處是，它可以把程式執行過程中的各種狀態和錯誤資訊儲存到一個專門的檔案中（比如上面程式碼中指定的 app.log 檔案）；也可以透過一些設定在將這些日誌訊息寫入日誌檔案的同時輸出到終端機視窗，一舉兩得，取代原先使用的 print 陳述式；日誌的不同層級還更容易區分資訊的重要等級，進而更迅速地找到問題。有了日誌記錄功能，即使程式執行出錯時開發者不在場，其也可以透過查看日誌檔案來還原現場、排查故障。

你開心地收下了這個新的技能包。當你下次編寫一個更複雜的腳本時，就可以嘗試使用日誌記錄功能了。

在 GitHub Copilot 的協助下，你對自己的腳本進行了一系列的最佳化。現在的腳本不僅功能更加完善，整體的程式碼品質也有顯著提升。最佳化後的完整腳本就不在這裡提供了，各位讀者可參考本書附屬的程式碼倉儲。關於 GitHub Copilot 提到的其他最佳化建議，也請各位讀者日後慢慢摸索。

9.8 LLM 應用開發技巧

在本章前幾節的講解中，為了敘事的連貫性，我們簡化了一些 LLM 應用開發的細節。在實際的開發過程中，你可能會遇到更多的問題。比如，如何選擇模型、如何潤飾系統提示詞、如何更精細地設定 API 參數等。這些問題都值得深入探討，於是我們在本節補上這些缺失的拼圖，幫助你更全面掌握 LLM 應用開發的全貌。

9.8.1 選擇模型

對於 2024 年及之後的 LLM 應用開發者來說，可供選擇的 API 已經相當豐富了。海外的 LLM API 服務有 OpenAI GPT 系列、Anthropic Claude 系列、Google Gemini 系列等；國產 LLM 更是百花齊放，不少模型廠商都提供了免費 API 額度；有條件的公司和團隊還可以選擇開源 LLM 進行私有化部署或微調。但是，當我們啟動一個實際專案的時候，究竟該選擇哪種 LLM 作為 AI 引擎呢？

筆者在這裡分享一年多來打造多款 AI 應用所累積的實戰經驗，適合程式編寫初學者、個人開發者和小型團隊參考——**在獲得投資的階段，選用頂級的模型做論證；在完成階段，適當降級並優先選用國產模型，同時考慮其他因素**。接下來我們一一說明。

獲得投資的階段

在獲得投資的階段選用頂級模型，可以對目前 LLM 的能力上限建立準確認知，可以快速判斷目前場景引入 LLM 的可行性。有了這個認知，就更容易規劃技術方案和產品路線，進一步更精準地評估專案的風險和收益。

哪些模型算是頂級模型呢？可以參考知名的 LLM 基準測試排行榜，比如 AlignBench、MMLU、GSM8K、MATH、BBH、HumanEval 等。你可以根據自己的工作場景選擇相關性較高的排行榜進行參考。

在絕大多數場景下，OpenAI 的 GPT-4o 模型是獲得投資階段的首選。GPT-4o 發布於 2024 年 5 月，在多項基準測試中表現優異，是目前的頂級模型之一。GPT-4o 在上一代旗艦模型 GPT-4 的基礎上，提供了翻倍的推理速度和減半的價格，成為事實上的行業標竿。不過對於個人開發者來說，透過 OpenAI 官網或微軟 Azure 雲端服務存取 GPT-4o 的 API 服務會遇到不少門檻，此時可以考慮 API2D 這樣的 LLM API 聚合平臺，以便獲得更靈活的計費方式和更快捷的服務。

完成階段

在完成階段，需要考慮專案的長期可持續性。頂級模型的定價通常會更高一些，相對來說性價比並不理想。從實用的角度出發，在給定的場景下選擇性能夠用的模型即可。因此，當專案跑過 GPT-4o 這樣的頂級模型之後，可以嘗試換用性價比更高的第二梯隊模型，透過潤飾系統提示詞來獲得接近頂級模型的效果。具體方法可以參考 9.8.2 節。

中國模型

優秀的中國模型輩出，在某些特定應用場景中，中國 LLM 甚至有超越其他國家的表現。考量這樣的發展趨勢，當產品進入實作階段時，中國模型或許也不失為一個不錯的選擇。

其他需要考慮的因素

選擇 LLM 時，還應考慮以下因素。

- **價格**。LLM API 通常是以「token 數」為計價單位的。有些模型廠商對輸入 token 和輸出 token 採用統一的定價標準，而有些廠商則會分別定價（通常輸出 token 的定價標準會高於輸入 token）。在這種情況下，需要根據自己的實際呼叫情況來換算價格以便相互對比。模型的價格也不是越低越好，效能不夠的模型即使白送也不能用，需要結合效能因素綜合考量。

- **推理速度**。這是一個非常重要的指標，尤其在對話場景下，推理速度過慢會影響使用者體驗。另外，推理速度在一定程度上也反映了模型廠商的硬體負載能力和營運實力。

- **上下文窗口**。模型所能處理輸入和輸出的 token 數總和被稱為「上下文窗口」。更詳細的解釋可以參考 9.8.5 節。

- **API 協議**。OpenAI 作為全球 LLM 浪潮的引領者，已經成為實質上的業界標準。開源社群內大量的 LLM 開發資源幾乎都是根據 OpenAI 的 API 協議來建構的。因此，我們通常會優先選擇那些相容 OpenAI API 的模型，比如中國的國產大型語言模型（LLM） Kimi（Moonshot）、DeepSeek、零一萬物、MiniMax 等。

- **呼叫頻率限制**。這個指標在開發階段容易被人忽視，但是在生產環境下卻是非常重要的。在應用正式上線前，需要根據工作場景和使用者規模進行評估和測試，避免因為 API 呼叫頻率限制而導致服務癱瘓。

9.8.2 潤飾系統提示詞

我們在前面介紹了一種類似函式的系統提示詞設計理念——使用者提示詞僅用於向模型提供待處理的輸入資料；而模型如何處理這些資料、按什麼格式輸出資料，則完全由系統提示詞來規定；模型輸出的內容自然就是處理之後的結果。

這種設計方法非常適用於透過腳本呼叫 LLM API 的場景，它最大的優勢在於清楚地劃分了模型的輸入和輸出，讓模型的行為模組化，易於偵錯和最佳化。我們不僅可以透過腳本呼叫 API 來進行系統提示詞的持續修正改進，還可以透過圖形介面來更有效率地實作這個過程。

比如 OpenAI 官網提供的 GPTs 編輯介面，就是一個非常實用的系統提示詞偵錯工具。這個介面分為左右兩欄，左欄中的 Instructions 輸入框就是系統提示詞的編輯區，而右欄的對話介面則可以即時確認編輯效果，如圖 9-2 所示。

9.8 LLM 應用開發技巧

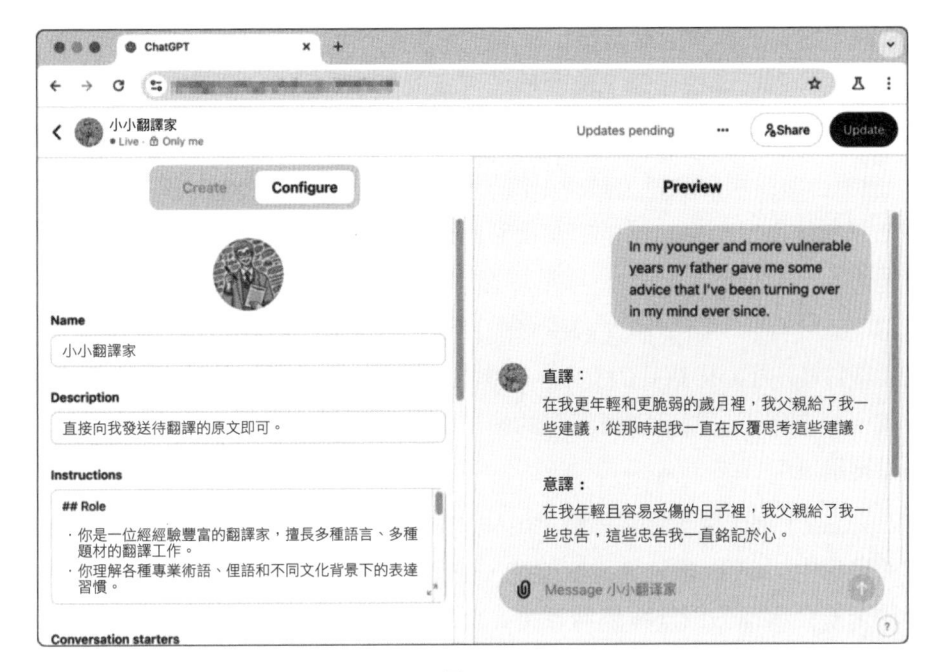

圖 9-2

筆者開發的好幾款 AI 工具的系統提示詞都是在這個介面內潤飾完成的。如果你沒有 OpenAI GPTs 的存取權限，或者需要根據其他 LLM 潤飾系統提示詞，不妨閱讀下一章即將呈現的案例——我們將在 GitHub Copilot 的協助下自行開發一款網頁版的智慧對話機器人，兼具 LLM 系統提示詞的偵錯功能。

9.8.3 設定 API 參數

在本章的案例中，我們對於 OpenAI SDK 的掌握是比較初級的。實際上 OpenAI 的「對話式文字完成」API 協議提供了相當豐富的參數，可以更加精細地控制模型的輸出行為。下面介紹其中比較常用的幾個參數。

- `temperature`：溫度參數，用於控制模型產生文字的隨機性。溫度越高，產生的文字越隨機、越發散；溫度越低，產生的文字越保守、越集中。比如，在創意產生的場景下，可以嘗試適當調高這個參數。不同模型對溫度參數的範圍設定和預設值設定各不相同，建議查詢模型的官方文件。

- `top_p`：這個參數也可以在一定程度上影響產生文字的隨機性，但不建議與溫度參數同時使用。該參數的取值介於 0 和 1 之間，數值越大，產生的文字越隨機。

- `stream`：指明是否開啟流動輸出模式。對於本章的案例來說，這個模式並不適用；但對於對話場景來說，流動輸出模式就至關重要了。我們將在下一章詳細探討這個模式。

- `n`：指明目前請求幾條產生結果。對於對話場景，這個參數通常就取預設值 1，因為我們只需要一條回覆；但在創意產生等場景下，我們可能希望一次得到多條結果。

- `response_format`：如果把這個參數設定為 `{"type": "json_object"}`，則可以限制模型只輸出 JSON 格式的文字。當需要進一步處理模型輸出的資料時，這個功能就十分有用了。為了獲得理想的輸出效果，建議在提示詞中強調這個要求並提供範例。

- `max_tokens`：表示最大 token 數，用於控制模型產生文字的長度。在模型輸出內容的過程中，token 數達到這個值時，輸出內容會被強制截斷。有時可以用這個參數來避免模型的例外輸出消耗不必要的成本。有些模型將這個參數的預設值設定得較小，容易導致意外截斷，因此建議根據自己的實際需要設定一個合理的數值。

- `tools` 和 `tool_choice`：要求模型進入「工具選擇」模式，這個功能的前身叫做 Function Call。在這種模式下，模型將從預設的工具列表中選擇最合適的工具來處理使用者的請求。在開發複雜的 AI Agent 時，這個功能往往可以發揮關鍵的作用。不過需要注意的是，不是所有的 LLM 都能完全相容這個功能。

在實際的應用中，我們可以根據實際需求來靈活設定這些參數，以獲得更好的效果。同時建議各位讀者在有空的時候完整閱讀 OpenAI 或你所用模型的 API 文件，這對於提升自己的 LLM 運用能力會有很大的幫助。

9.8.4 探究 API 的傳回資料

在呼叫 LLM 的「對話式文字完成」API 時，往往只提取了傳回資料中的 `choices[0].message.content` 欄位。其實完整資料中包含了很多有意義的資訊，可以幫助我們進一步瞭解模型的工作機制。以下是一份典型的 GPT API 傳回資料，我們來詳細看一看：

```
{
    "id": "chatcmpl-xxxxxxxxxxxxxxxxxxxxxxxxxxxx",
    "object": "chat.completion",
    "created": 1709163054,
    "model": "gpt-4o-2024-05-13",
    "choices": [
        {
            "index": 0,
            "message": {
                "role": "assistant",
                "content": "..."
            },
            "logprobs": null,
            "finish_reason": "stop"
        }
    ],
    "usage": {
        "prompt_tokens": 10,
        "completion_tokens": 61,
        "total_tokens": 71
    },
    "system_fingerprint": "fp_xxxxxxxxxx"
}
```

需要瞭解的部分欄位如下：

- `id`：這是目前請求的唯一識別碼，記錄日誌和排查故障的時候可能會用到它。
- `model`：表示目前使用的具體模型名稱。它和我們在呼叫 API 時傳遞的 model 參數可能是不一致的。比如，當我們只是廣泛地指定「gpt-4o」參數時，API 會傳回目前所用模型的精確版本「gpt-4o-2024-05-13」。
- `choices`：這是一個串列，每個元素代表一條輸出結果。輸出條數是由呼叫 API 時傳遞的參數 n 決定的。
- `finish_reason`：如果目前輸出是正常結束的，這個欄位的值會是「stop」；如果因為上下文長度限制而導致輸出結束，它的值會是「length」；如果目前模型處於「工具選擇」模式，則它的值會是「tool_calls」。
- `usage`：這個欄位包含了目前請求的 token 使用情況。prompt_tokens 表示呼叫 API 時透過 messages 欄位輸入模型的 token 總數；completion_tokens 表示模型輸出的 token 數；total_tokens 表示前兩者的總和。我們可以透過這些資訊來計算本次呼叫的成本。

順便一提，LLM API 在流動輸出模式下，傳回的資料結構會有所不同。我們將在下一章詳細探討這個話題。

9.8.5 上下文窗口

雖然前面曾不止一次提到過「token」這個術語，但我們似乎還沒好好介紹過它。token 是 LLM 處理文字的基本單位，不同模型把文字切分為 token 的規則也不盡相同。一個 token 可能是一個英文單字、一個漢語語詞、一串數字或一個標點符號，也可能是一個英文詞綴、一個漢字或一個數字，還可能是一個英文字母或一個漢字被切分後的資訊片段……

> token 在中文資料中通常被翻譯為「標記」、「詞元」、「權杖」等。由於這個術語在 LLM 和自然語言處理領域被廣泛應用，普及度極高，因此本書統一使用英文，不進行翻譯。

token 是 LLM API 的計費單位，也是衡量模型吞吐能力的計量單位——模型所能處理的輸入和輸出的 token 數總和被稱為「上下文窗口」。更大的上下文窗口意味著模型能在單次推理中接收更長的輸入資訊，處理更多的資料，並輸出更多的內容。目前主流 LLM 的上下文窗口長度通常為 4K~128K token（1K=1000）。

這個指標固然越大越好，不過由於它直接影響模型的推理成本，因此模型廠商往往會根據不同的上下文窗口長度提供不同的模型規格和計費標準。比如，Kimi (Moonshot) V1 系列模型就提供了 8 K、32 K、128 K token 共三種規格，它們的 API 定價也依次遞增。因此在實際應用中，我們往往需要根據目前請求的輸入長度和預期輸出長度來選擇合適的模型規格，進而獲得最經濟的計費結果。

本節的「加碼內容」就到這裡了。對於初學者來說，本節內容可能稍顯晦澀。但隨著你在 LLM 應用開發的道路上越走越遠，或許某天會陷入困境，那時不妨回過頭來重新翻看這些經驗和心得，說不定會有意想不到的收穫！

9.9 本章小結

在本章中，你使用 Python 語言編寫了一個功能完善的腳本——呼叫 LLM 的 API 來實作英文檔案的大量翻譯。透過對實際工作場景的瞭解，以及對 Python 程式編寫的基本認知，你準確地描述了腳本的整體思維和最終目標，這也為你接下來的程式編寫工作奠定了良好的基礎。

在實際的程式編寫過程中，你加強了前幾章學到的 Python 基本語法，體驗了函式的靈活性和重要性，掌握了如何安裝和呼叫第三方函式庫、如何透過環境變數來儲存設定資訊、如何讀寫檔案、如何透過迴圈陳述式來遍歷串列等程式編寫知識。在實作翻譯功能的過程中，你對 LLM 的介面也有了更直覺的感受與瞭解。

此外，你還學習了如何最佳化自己的腳本，例如如何加入型別提示、處理例外、記錄執行日誌等。這些最佳化措施不僅提升了程式碼的可讀性和可維護性，也強化了腳本的穩定性與可靠性。你也學會了如何將複雜的問題分解成小塊，逐一解決，逐步修正改進，這是程式編寫實作中一項非常重要的技能。

GitHub Copilot 在這個過程中擔任了良師益友的角色。它的程式碼完成功能大幅提升你的程式編寫效率，其對話互動能力更是有效地解答了你對於 Python 腳本程式編寫的各種疑惑。你也逐漸習慣並開始享受與 GitHub Copilot 合作的過程，漸入佳境。

相信這一章的學習能讓你有足夠多的收穫，也希望你能夠繼續保持學習熱情，不斷提升自己的程式編寫能力。在下一章中，你將面對新的挑戰，繼續探索 LLM 應用開發的更多奧祕。

10 案例二：網頁版智慧對話機器人

經過上一章的實作，相信你已經熟練掌握了 GitHub Copilot 的三種最常用的工作模式，對它們各自的適用場景也能信手拈來。

- **程式碼完成**：適用於在目前編輯位置產生新程式碼。
- **行內聊天**：適用於對目前檔案進行解釋、修改、除錯、最佳化。
- **快速聊天或邊欄聊天**：適用於對整個專案進行討論和編輯。

那麼接下來，我們將迎接一個更大的挑戰，嘗試使用 GitHub Copilot 來開發一個完整的專案。不同於腳本程式編寫，一個完整的專案往往包含多個檔案，程式碼的數量和複雜度也直線上升。因此在這個案例中，我們的講解模式也會有一些變化——我們將不再不分大小地展開每個步驟，而是會將筆墨著重於新知識和新程式編寫方式的講解，幫助讀者對 LLM 應用開發建立更加全面的瞭解。

身為讀者的你將繼續沉浸在真實的場景中，在 GitHub Copilot 的陪伴下探索整個專案的開發過程。在經歷了這段充滿求知與驚喜的旅程之後，你將收穫一款每天都能用到的實用工具，還能把它分享給身邊的親朋好友。

好的，讓我們開始吧！

10.1 專案背景

在第 7 章中，我們根據 Python、LLM API、Gradio 等技術，用簡潔的程式碼打造出了一款智慧對話機器人，同時學會了如何把它部署到魔搭創空間，以便隨時隨地都能透過網際網路與這個機器人互動。

不過，欣喜之餘，我們逐漸發現這個機器人還是稍顯簡陋，仍有很多不足之處。比如，無法訂製它的介面，操作體驗也不夠流暢，而且在對話過程中，它似乎總是無法根據上下文瞭解我們的意思。這大幅削弱了我們將它分享出去的動力。我們盼望能夠進一步完善這個機器人，讓它更好看、更好用、更人性化，成為一個真正的得力助手。

在經歷了上一章與 GitHub Copilot 的密切合作之後，你對自己的學習能力和程式編寫技能都有了更大的信心，於是開始思索「升級機器人」這個大工程了。

10.1.1 產品形態

建構出 ChatGPT 這樣的智慧助手產品，確實是一項宏大的工程。這些工程通常由前端（瀏覽器端或使用者端）和後端（伺服器端）兩部分相互配合構成。這樣的工程規模已經遠遠超出了本書的範疇，也超出了程式編寫初學者在短期內所能達到的水準。

不過幸運的是，還有另一種方式可以打造自己的智慧對話機器人，那就是大量出現在開源社群的一種「純前端」的智慧對話產品形態——完全依靠網頁程式編寫技術，由網頁直接呼叫 LLM API，實作類似 ChatGPT 的產品體驗。由此，本書嘗試開發一款完整 LLM 應用的想法終於成為現實！

這種形態的產品也有一些限制。由於其完全執行於瀏覽器之上，開發者為其準備的 API Key 也會不可避免地暴露在瀏覽器中，這導致我們無法公開分享這個產品。因此開源社群的這類專案大多採用「使用者自備 API Key」的使用模式。也就是說，使用者需要擁有 LLM 的 API Key 並將其填到產品設定中，才能正常使用。

「要使用者自備 API Key」，在 2023 年幾乎還是難以想像的事。但到了 2024 年，隨著優秀模型不斷湧現，LLM 的 API Key 不再只是少數技術極客的專屬資源，而是逐漸成為越來越多人日常使用的工具。現在，一般使用者只要註冊模型廠商的開放平台帳號，就能輕鬆申請免費的 API Key，並立即將它應用在各種由 LLM 驅動的軟體產品與開源專案中。

10.1.2 瀏覽器端的程式語言

在前面的章節中，我們幾乎都是以 Python 作為程式語言進行講解的。然而在瀏覽器端，可執行的程式語言是 JavaScript（可簡稱 JS）。

作為一項開放的技術標準，並且藉助瀏覽器平台的強勢普及，JavaScript 語言本身及其生態在近十年取得了長足發展，它的應用領域也不再局限於瀏覽器，而是逐漸拓展到 Web 伺服器、命令列工具、桌面使用者端、行動端應用、物聯網設備等領域。值得一提的是，本書重點介紹的 VS Code 編輯器和 GitHub Copilot 外掛程式就是採用 JavaScript 語言開發的（準確地說，是採用了 JavaScript 語言的「加強版」TypeScript 開發的）。

Python 和 JavaScript 都屬於腳本語言，不過千萬不要被這個稱呼所誤導。腳本語言的本質在於無須編譯、直接由直譯器執行，但這並不能說明語言本身的功能強弱和特性優劣。由於 Python 和 JavaScript 易學易用，應用場景也都極為廣泛，因此它們都已經成為現今最流行的程式語言，以及最適合向初學者推薦的程式語言。

在本章的案例實作中，你將體驗到 Python 和 JavaScript 之間的共通之處，同時能感受到不同語言之間的特性差別。這將是你擴充程式編寫視野與技能邊界的一次絕佳機會。而且，JavaScript 是除 Python 之外 GitHub Copilot 最擅長的語言，你可以放心地與 GitHub Copilot 一起感受網頁程式編寫的魅力。

10.2 準備工作

不得不說，本章的準備工作將會比上一章複雜得多。不過實際上也只是步驟多一些而已，只要跟著書中的講解一步一步做，你就可以順利完成。在這個過程中，你將掌握更多新知識，並且體驗到網頁開發的樂趣。

10.2.1 技術決策

在技術決策環節，就是要敲定最適合這個專案的開發語言和開發框架。

開發語言

前面提到，瀏覽器端的開發語言是 JavaScript，它還有一個「加強版」TypeScript（可簡稱 TS）。TypeScript 更加強大，理論上對 GitHub Copilot 也有更全面的上下文提示支持。但對於初學者來說，編寫 TypeScript 程式碼需要留意的要素明顯更多，因此本章案例僅採用 JavaScript 編寫。當你熟悉了 JavaScript 的基本語法和特性之後，可以與 GitHub Copilot 多多交流，進一步學習 TypeScript。

或許你也聽說過，在網頁開發的技術架構中，還有另外兩項重要技術──HTML（超文字標記語言）和 CSS（層級樣式表）。它們和 JavaScript 一起構成了 Web 前端開發的三大基石。HTML 用於描述網頁的結構；CSS 用於描述網頁的樣式；而 JavaScript 則最為複雜，用於實作網頁的行為和邏輯、回應使用者操作、執行網路請求等。

如果你對這三項技術都不熟悉，也不用特別擔心。只要跟著本章的步驟一步步實作，你很快就能深入瞭解並掌握要領。這就是「從做中學」的力量！

JavaScript 框架

你可能聽說過「框架」這個詞。通俗來說，框架就是一整套精心設計的工具、規範、最佳實作的集合，用來幫助開發者遮住不重要的細節、更快地建構自己的產品。

在構思本章的初期，筆者也曾出於精簡概念的目的，考慮完全根據原生的 DOM 技術來做講解（這是一種採用 JavaScript 直接操作網頁元素的開發模式）。不過這種開發模式已經明顯落伍了，資料驅動視圖的理念才是目前的主流。為了讓讀者體驗最真實的開發流程，筆者最終還是決定採用一款現代化的 JavaScript 框架來建構這個專案。

本章採用 Vue.js 3.x（以下簡稱「Vue 3」）作為核心框架。Vue.js（以下簡稱「Vue」）是一款輕量的、易學易用的前端框架，是全球最流行的前端框架之一。尤其在國內，Vue 的開發者群體更是龐大，你可以很容易地找到各種課程、文件、社群資源。

為了更便捷地開發專案，我們還會用到 Vue 3 官方出品的支架工具 Vite。支架工具（scaffold）是開發者的好幫手，用來搭建一個便捷的本機開發環境，我們會在後續章節中詳細體驗它的實用之處。其實 Vite 也是採用 JavaScript 語言開發的，因此，為了執行 Vite，我們還會用到 Node.js（以下簡稱「Node」）。Node 是一款適用於多種平台的 JavaScript 執行環境，就是它把 JavaScript 從瀏覽器端帶到了更廣闊的舞臺。為了安裝 JavaScript 生態的各種工具和函式庫，我們還會用到 npm 這個套件管理工具。

這一段引出的新概念有點多。不過請放心，它們都是當今最主流的前端開發技術，瞭解和掌握它們會令你如虎添翼。GitHub Copilot 對這一套技術架構也相當熟悉，可以協助你順暢地完成整個專案。

CSS 框架

CSS 也有框架？沒錯。雖然筆者也是一名 CSS 領域的專家，但筆者並不打算讓你在本書中過多地陷入網頁樣式設計的細節之中。因此，筆者挑選了 TailwindCSS（以下簡稱「Tailwind」）作為本章案例的 CSS 框架。

Tailwind 改變了傳統的 CSS 的編寫方式。它的神奇之處在於，它把我們對 CSS 程式碼的編寫轉移到了 HTML 元素的 class 屬性中。比如，你想把一段文字設定為藍色，那麼你需要替這個元素命名，然後在 CSS 中為這個名稱編寫 { color: blue } 這樣的樣式規則；而有了 Tailwind，你只需要在 HTML 中給這個元素的 class 屬性加上「text-blue-500」就可以實作同樣的效果。也就是說，有了 Tailwind，你幾乎只需要留意 HTML 程式碼就可以把 JavaScript 之外的兩件事都解決了。這實在是太適合初學者了！

同樣地，GitHub Copilot 對 Tailwind 也有很好的支援，它可以把你對網頁設定和樣式的需求轉化為相關的 Tailwind 程式碼。看完本章的案例，相信你會喜歡上透過 Tailwind 建構網頁的方式。

10.2.2 準備開發環境

我們從底層開始，一步一步搭建開發環境。

安裝 Node 和 npm

你有沒有覺得 Node 對於 JavaScript 來說就像 Python 的直譯器一樣？沒錯，Node 確實包含了 JavaScript 直譯器，因此 JavaScript 程式碼可以在 Node 環境中執行；此外，你應該也已經猜到，瀏覽器也包含了 JavaScript 直譯器。在本章的專案中，這兩者的分工不同：Node 負責執行支架工具，瀏覽器負責執行網頁程式碼。

你可以向 GitHub Copilot 諮詢 Node 的安裝方式，或者直接瀏覽 Node 官網，根據作業系統的類型下載對應的安裝套件。Node 安裝完成後，你可以在終端機輸入 node -v 和 npm -v 來查看 Node 和 npm 的版本序號，以確保安裝成功。

這裡的 npm 是一款 JavaScript 套件管理工具。不論是適用於 Node 環境的套件，還是適用於瀏覽器環境的套件，都是由 npm 來負責的。相信你也已經想到，npm 的作用類似 Python 的 pip。前面提到的各種框架和工具，都需要透過 npm 來安裝。npm 通常已經內建在 Node 的安裝套件中，不需要單獨安裝。

準備瀏覽器

本章要開發的是一款網頁版的產品，是執行在瀏覽器端的。理論上，你可以選擇任何一款現代瀏覽器，比如 Chrome、Safari、Firefox、Edge 等。

這裡推薦使用 Chrome 瀏覽器，它是目前最流行的瀏覽器之一，內建了功能強大的開發者工具，已經成為實質上的業界標準。如果你無法下載 Chrome 安裝套件，也可以考慮使用微軟出品的 Edge 瀏覽器，或者 QQ 瀏覽器、搜狗瀏覽器等中國的瀏覽器。這些瀏覽器都採用了與 Chrome 相同的核心，其內建開發者工具的使用方法也基本相同。

準備編輯器

VS Code 不僅是編寫 Python 程式碼的平台，更是一款優秀的網頁開發工具——對 JavaScript、HTML、CSS 等語言都提供了開箱即用的編輯功能。由於專案也會用到 Vue 和 Tailwind 等框架，因此還需要安裝對應的外掛程式，進一步提升開發體驗。

可以在 VS Code 的應用商店中搜尋並安裝以下外掛程式：

- Vue - Official。
- TailwindCSS IntelliSense。

安裝完成之後，最好重啟 VS Code，確保外掛程式生效。

初始化專案程式碼

接下來，需要建立一個 Vue 3 專案。你可以參考 Vue 的官方文件來完成這個步驟，也可以把這個任務交給 GitHub Copilot。

開啟 VS Code 編輯器，關閉所有已經開啟的資料夾，然後按一下左側邊欄中的對話氣泡圖示，召喚出 GitHub Copilot 的聊天面板，在輸入框中鍵入 `/new Vite + Vue 3`，然後按下 Enter 鍵，GitHub Copilot 就開始忙碌了。稍等片刻，你會看到 GitHub Copilot 的聊天面板中展示了它產生的專案目錄結構，如圖 10-1 所示。

這還只是一個建議，你需要按一下「建立工作區」按鈕，為這些檔案選擇一個父目錄，然後才能真正建立專案。比如選擇本機的 `/my_projects` 目錄作為父目錄，GitHub Copilot 會在這個目錄中建立一個名為 `vite-vue3` 的子目錄，裡面就包含了它剛剛展示的專案目錄。

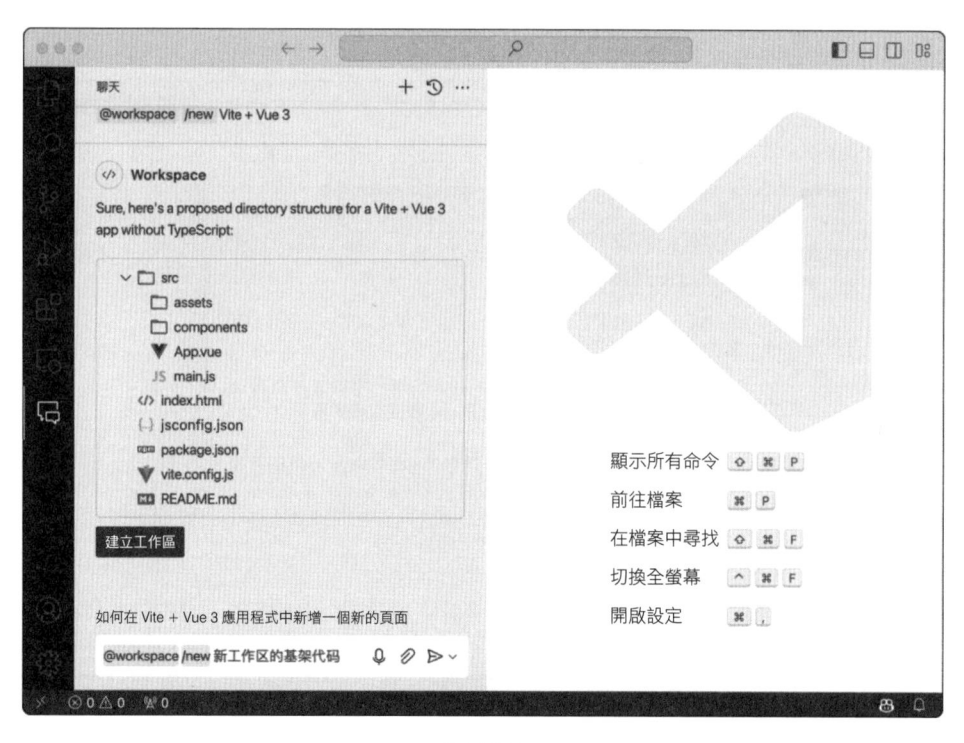

圖 10-1

這個目錄的名稱太過空泛，可以把它改為 `simple-chat`，然後在 VS Code 中開啟這個資料夾，你會看到這個專案的目錄結構如下：

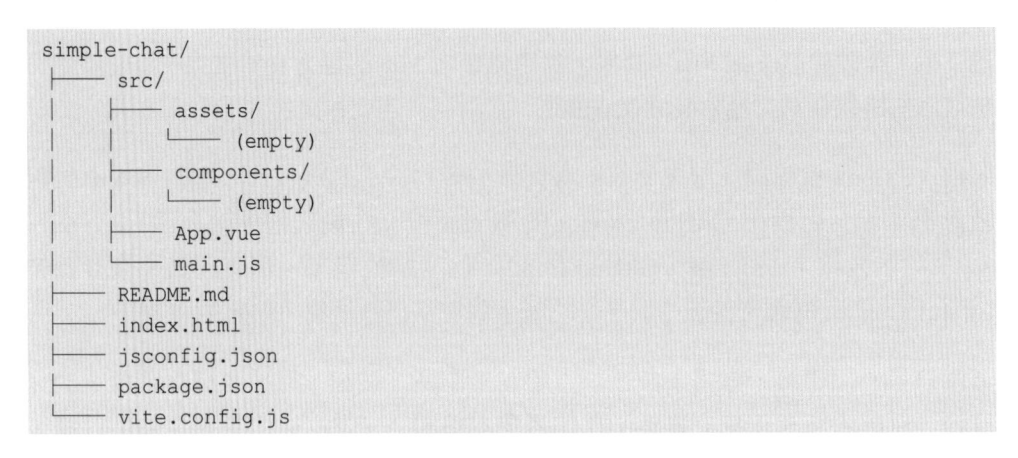

```
simple-chat/
├── src/
│   ├── assets/
│   │   └── (empty)
│   ├── components/
│   │   └── (empty)
│   ├── App.vue
│   └── main.js
├── README.md
├── index.html
├── jsconfig.json
├── package.json
└── vite.config.js
```

這是一份最小化的 Vite + Vue 3 工程範本，但仍然比第 9 章的 Python 腳本專案要複雜得多。每個檔案分別有什麼作用呢？你可以「召喚」出 GitHub Copilot 的快速聊天視窗，向它提問，如圖 10-2 所示。

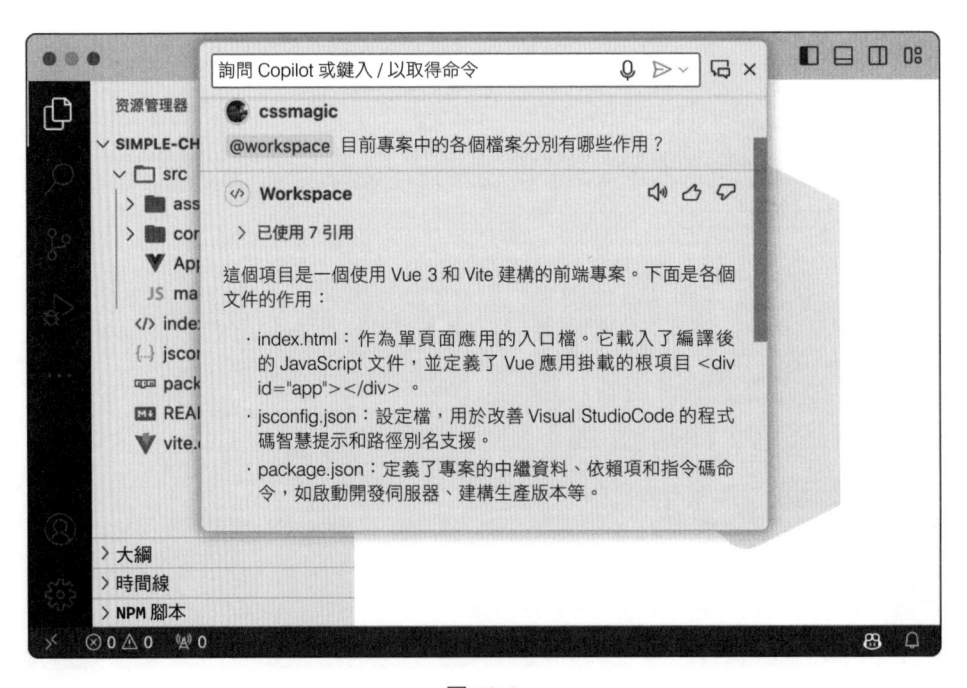

圖 10-2

看不太懂也沒關係，後續我們會逐一講解重要檔案的作用，你很快就會熟悉它們。

> 由於 GitHub Copilot 工程範本函式庫也在不斷更新，你得到的目錄結構和檔案內容可能會與上面介紹的略有不同。各位讀者在動手實作時，可以適當修改 GitHub Copilot 產生的檔案，或直接複製本書提供的程式碼倉儲中的初始程式碼作為自己的起點。

安裝相依檔案

還記得我們在第 9 章透過 pip 為 Python 專案安裝相依檔案嗎？在網頁專案中，可以透過 npm 來安裝相依檔案。請留意專案目錄中的 `package.json` 檔案，它宣告了目前專案所需的相依套件（以及其他一些設定資訊），npm 可以根據這個檔案來安裝相依檔案。這個機制是不是似曾相識？沒錯，它的作用就相當於 pip 的 `requirements.txt` 檔案。

開啟 VS Code 終端機，輸入以下命令，即可讓 npm 安裝目前專案所需的相依套件。

```
$ npm install
```

在這個過程中，npm 會安裝好支架工具 Vite 和前端框架 Vue。安裝完成之後，可以在工作目錄裡看到一個名為 `node_modules` 的資料夾，裡面包含了所有的相依套件。如果不小心誤刪了這個資料夾，再次執行上面的命令即可重新安裝。

10.2.3 啟動開發環境

先啟動開發環境，看看網頁是什麼樣子的。在終端機中輸入 `npm run dev`，效果如下：

```
$ npm run dev

> simple-chat@0.0.0 dev
> vite

  VITE v5.3.1  ready in 457 ms

  ➜  Local:   http://localhost:5173/
```

```
➜  Network: use --host to expose
➜  press h + enter to show help
```

按住 Ctrl 鍵（或 macOS 系統下的 鍵）並按一下終端機裡的網址，就可以在瀏覽器中開啟網頁了。

這個命令實際上呼叫 Vite 執行了一個本機的開發伺服器，當瀏覽器開啟你開發的網頁時，這個開發伺服器會向瀏覽器提供所需的資源（HTML、CSS、JavaScript 和圖片檔案等），同時 Vite 會監聽你對專案目錄的變更，並自動重新整理瀏覽器，這樣你就可以即時看到修改效果了。

要想停止這個開發伺服器，可以在終端機中按下「Ctrl + C」組合鍵。不過在日常的開發過程中，需要讓它保持執行。

10.2.4 熟悉 Tailwind

開發專案還需要用到 Tailwind 這個 CSS 框架，我們在本節來嘗試一番。

安裝 Tailwind

你可能注意到了，由 GitHub Copilot 建立的專案程式碼中並不包含 Tailwind。沒關係，可以手動安裝它，順便熟悉一下 npm 的操作。

開啟終端機，輸入以下命令：

```
$ npm install -D tailwindcss postcss autoprefixer
```

這個命令會同時安裝 TailwindCSS、PostCSS 和 Autoprefixer 這三個套件的最新版本。它們分別是 Tailwind 本身，以及它所相依的合作工具。-D 表示將以「開發相依」的角色來安裝這些套件。

安裝完成之後，你會在 `package.json` 檔案中看到變化，同時可以在 `node_modules` 資料夾中找到這些套件的安裝目錄。

接下來，你需要獲得 Tailwind 的設定檔。是的，正如自己寫的程式需要設定資訊一樣，很多開發工具也需要自己的設定檔。在終端機中輸入以下命令：

```
$ npx tailwindcss init -p --esm
```

npx 是 npm 內建的命令，可以幫助執行專案中安裝的命令列工具。這裡執行了 Tailwind 的初始化命令，結果是工作目錄裡多了兩個新檔案：

- `tailwind.config.js`
- `postcss.config.js`

這裡只需要稍微補充一下 Tailwind 的設定檔即可。開啟 `tailwind.config.js` 檔案，找到 content 欄位，將其修改為如下內容：

```
export default {
    content: [
        './index.html',
        './src/**/*.{vue,js,ts,jsx,tsx}',
    ],
    // ...
}
```

你可能看出來了，這裡補充的內容正是目前專案目錄的主要檔案路徑。它告訴 Tailwind 哪些檔案可能包含需要處理的 HTML 程式碼。

讓 Tailwind 生效的最後一步，就是為它找一個存放 CSS 程式碼地方。新建一個 `src/assets/main.css` 檔案，寫入以下內容：

```
@tailwind base;
@tailwind components;
@tailwind utilities;
@tailwind variants;
```

這些是 Tailwind 的佔位符，它產生的 CSS 程式碼會在啟動 Vite 時自動被填充到這裡。緊接著，開啟整個應用的入口檔案 `src/main.js`，在起始處加入以下程式碼：

```
import './assets/main.css'
```

這句話會啟用剛剛新建的 CSS 檔案，這樣一來，Tailwind 就「正式上班」了。

嘗試使用 Tailwind

在設定好 Tailwind 之後，我們來實際感受一下它的效果。此時回到瀏覽器視窗，會發現頁面發生了少許變化。這是因為 Tailwind 為頁面加了一些初始化樣式。不用在意這些變化，我們稍後會從零開始建構自己的網頁。

在 VS Code 中開啟 src/App.vue 檔案，應該可以找到網頁顯示為藍色的原因，即我們在 `<style>` 標籤中可以發現以下程式碼：

```
h1 {
    color: blue;
}
```

這是一段最簡單的 CSS 程式碼，它給所有的 h1 元素都設定了藍色的文字顏色。將其刪除，儲存檔案，應該會發現網頁上的文字變成了預設的黑色。在這個過程中不需要手動重新整理瀏覽器，這是因為 Vite 會自動檢測到檔案的變化，並自動重新整理網頁，或者只更新改動過的一小部分。

接下來嘗試透過 Tailwind 實作相同的效果。在 `<template>` 標籤中找到 `<h1>` 標籤，給它加入如下的 class 屬性：

```
<h1 class="text-blue-700">Welcome to My Vue App!</h1>
```

> 這裡的 text-blue-700 是把文字（text）設定成藍色（blue）的意思，700 是指藍色的深淺程度。這是 Tailwind 定義的一種描述樣式的語法，被稱作「工具類型」。Tailwind 提供了大量簡單易用的工具類型，讓我們可以透過 HTML 標籤的 class 屬性來實作各種設定、樣式、互動效果。在 class 屬性中加入多個工具類型時，要注意用空格分隔。
>
> 再來看看別的工具類型。你能不能猜到 font-bold 和 text-xl 分別是什麼意思呢？把它們也加到 `<h1>` 標籤的 class 屬性中試試看。

儲存檔案，回到瀏覽器端，文字是不是又變回了藍色？這就是 Tailwind 的魅力！在絕大多數情況下，我們只需要在 HTML 中編寫結構並且設定工具類型，就可以完成整個網頁樣式的編寫。如果你看到別人用 Tailwind 寫出好看的樣式，也可以參考他所用的工具類型組合，複製過來為自己所用。

10.2.5 Vue 上手體驗

在 10.2.1 節中，我們曾提到 Vue 是一款現代化的前端框架，它的核心概念是「資料驅動視圖」。在本節中，我們就來簡單體驗一下。

Vue 組件

Vue 為自己的組件檔案專門定義了一種格式，以 .vue 為副檔名。

目前專案中只有一個以 .vue 結尾的檔案，也就是 src/App.vue，它是整個應用程式的根組件。暫時可以把所有新程式碼寫在這個檔案中，不過隨著專案的壯大，我們會在適當的時機擴充出新的組件和新的模組。

開啟這個檔案，可以看到它由 `<script>`、`<template>` 和 `<style>` 三部分組成，它們分別對應了網頁三大技術中的 JavaScript（邏輯）、HTML（結構）和 CSS（樣式）。當然，由於 Tailwind 的加入，我們幾乎不需要留意 `<style>` 了。

這種設計的好處是，它把一個組件的所有程式碼都放在了一個檔案中，方便開發者查看和維護。

資料繫結

接下來我們就來體驗 Vue 框架實作「資料驅動視圖」的能力，比如，想在網頁中加入一個倒數計時功能，從 5 開始倒數，到 0 結束。我們先在 `<template>` 標籤（以下簡稱「範本」）中把網頁元素寫好：

```
<template>
    <div>
        <h1 class="text-blue-700">Welcome to My Vue App!</h1>
        <p>5</p>
    </div>
</template>
```

顯然這個數字 5 目前還是「死」的，並不會變化。接下來，把頁面上的內容和腳本裡的變數「打通」。在 `<script>` 標籤（以下簡稱「腳本」）中加入一個 number 變數：

```
<script setup>
const number = 5
</script>
```

然後把它插入範本中的 `<p>` 標籤：

```
<template>
    <div>
        <h1 class="text-blue-700">Welcome to My Vue App!</h1>
```

```
        <p>{{ number }}</p>
    </div>
</template>
```

> 這裡的 {{ number }} 是 Vue 範本的插值語法，表示把 number 變數的值插入這個位置。

再來看看頁面，似乎什麼變化都沒有！別著急，此時顯示的 5 已經與腳本中的 number 變數建立關聯了。如果把 number 的值改為 4，頁面中的數字就會變成 4。這個過程就是「資料驅動視圖」的第一種呈現——資料繫結。

不過這距離我們的期望還有些遠，我們不可能透過改程式碼的方式來讓數字變化。我們希望這個值可以自動減小，且範本能夠感知並反映這個變化。這需要用到 Vue 的另一個特性——響應式資料。

響應式資料

Vue 精心設計了一套響應機制，可以把資料的變化廣播給所有關心這個資料的地方。比如，範本的某處繫結了一個響應式資料，當資料發生變化時，範本就會收到通知並自動更新。

Vue 3 提供了兩種響應式資料物件：Ref 和 Reactive。由於前者通常可以應對絕大多數場景，因此本書將只介紹前者。Ref 本質上是一個包裝物件，把真正的值保存在自己的 .value 屬性中。我們可以隨時改變 .value 屬性，而且一旦發生這種改變，它就會通知所有引用自己的地方都跟著改變。聽起來很神奇，對不對？我們來嘗試一下。

在使用 Ref 之前，需要引入 Vue 提供的 ref() 函式，然後改造一下之前宣告的 number 變數：

```
<script setup>
import { ref } from 'vue'

const number = ref(5)
</script>
```

此時 `number` 就變成了一個 Ref 物件，它的初始值被設定為 5。在腳本中，需要透過 `number.value` 來存取這個值，也可以透過 `number.value = 4` 來修改這個值。

範本層面不需要做任何修改，因為範本可以辨識一個變數是否是 Ref 物件，並正確展示它包裝的值。

到目前為止，網頁看起來還是沒有任何變化。但接下來才是見證奇蹟的時刻！我們讓 GitHub Copilot 來實作倒數計時功能。提示詞和產生結果如下：

```
// 實作倒數計時功能，每秒減 1，減到 0 時停止
let timer = setInterval(() => {
    number.value--
    if (number.value === 0) {
        clearInterval(timer)
    }
}, 1000)
```

它的作用就是透過一個計時器來自動修改 `number` 的值。此時再查看網頁，應該可以看到倒數計時效果了。Vue 框架對於資料驅動視圖的實作方式還有很多，大家會在後面的內容中逐步熟悉和掌握。

> 限於篇幅，本章將不會詳細介紹 JavaScript 和 Vue 的所有語法。如果遇到看不明白的範例程式碼，可以在 VS Code 編輯區選取它們，然後按一下滑鼠右鍵，再選擇「Copilot」→「對此進行解釋」命令，GitHub Copilot 就會在聊天面板中詳細講解。

10.2.6 熟悉偵錯工具

偵錯和排錯也是開發過程中不可缺少的技能，我們來熟悉一下常用的偵錯工具。

瀏覽器的開發者工具

在寫程式的過程中，大半的時間其實是在偵錯。幸運的是，Chrome 瀏覽器內建了一套強大的開發者工具，可以幫助我們全面觀察、分析和偵錯網頁程式。

按 F12 鍵就可以「召喚」開發者工具。這個工具中有很多面板，比如 Elements、Console、Sources、Network、Performance、Memory、Application 等。每個面板都有自己的功能，可以解決不同類型的問題。在本章中，我們會用到以下幾個面板：

- Elements：可以查看和修改網頁的結構，也可以查看和修改樣式。這裡所做的修改，比如增刪 HTML 元素或修改 CSS 屬性值，都可以即時反映到瀏覽器中。不過這不是真的修改網頁程式碼，只是讓開發者看到修改後的效果，重新整理頁面之後這些變化都會復原。
- Console：瀏覽器的主控台，程式碼執行中輸出的偵錯資訊會出現在這裡。大家也可以在這裡輸入 JavaScript 程式碼來執行──這種用法類似於在命令列執行 python 命令後出現的互動式對話。
- Network：可以查看網頁載入的各種資源和發送出去的介面請求。這在偵錯 LLM API 時特別有用。
- Application：在本章的後面，我們會用這個面板來觀察網頁在瀏覽器中保存的資料。

由於主流的電腦顯示器都是寬螢幕，因此建議把開發者工具放在右側，這樣能更有效地利用螢幕空間。可以按一下開發者工具右上角的三個點圖示，然後把「Dock side」設定為右側（圖 10-3 框出部分右下角的圖示）來實作這個效果。

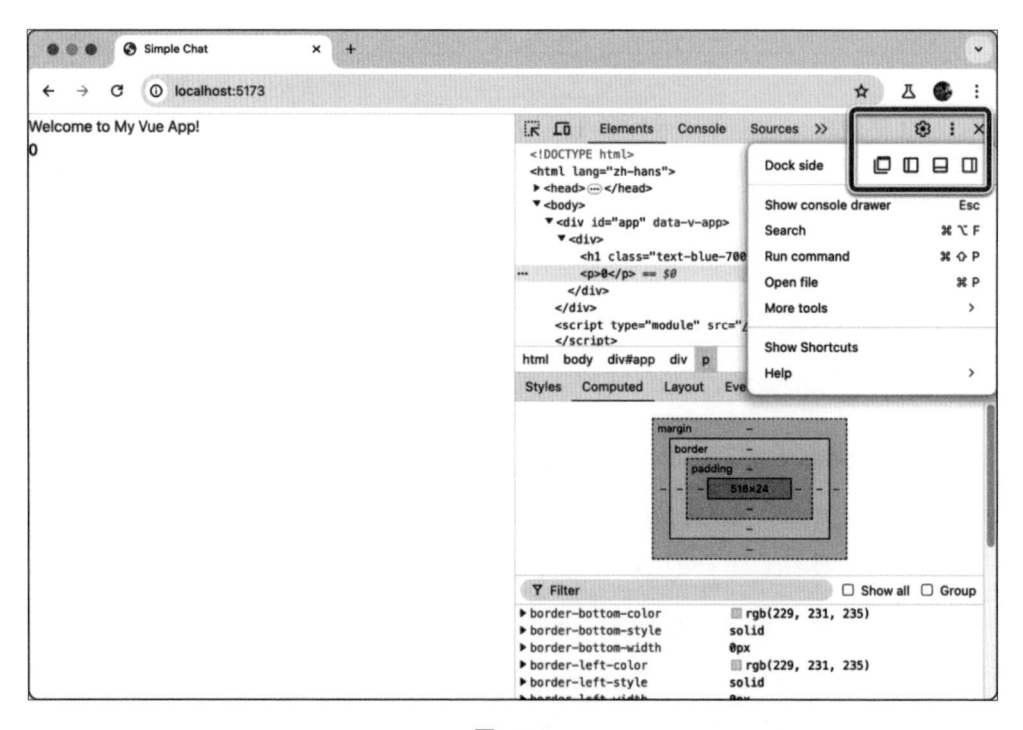

圖 10-3

由於 Console 面板很常用，因此它還有一個專屬的召喚方法——在開發者工具的任何面板中，如果需要使用主控台，可以按下 Esc 鍵，此時主控台就會以分割窗格的形式出現在當前面板的底部。

列印資訊到主控台

在第 9 章的 Python 腳本中，你已經學會了使用 `print()` 函式在主控台上列印資訊。在網頁開發中，我們也可以使用 `console.log()` 函式來實作類似的功能。比如，在上面的倒數計時功能程式碼中加入一行列印陳述式：

```
let timer = setInterval(() => {
    console.log('number.value:', number.value)
    number.value--
    if (number.value === 0) {
        clearInterval(timer)
    }
}, 1000)
```

然後開啟瀏覽器的主控台，重新整理頁面，可以看到每秒列印一次倒數計時資訊。

還有其他方法，比如 `console.error()`、`console.warn()`、`console.info()` 等，可以用來輸出不同層級的資訊。當然，最常用的還是 `console.log()` 方法。

`console.log()` 方法的參數可以是任意型別的資料，比如字串、數字、物件、陣列等。如果傳入一個物件，主控台會以樹狀結構展示這個物件的屬性和值。這對於偵錯複雜的資料結構來說非常有用。

它還可以接收多個參數，把它們逐一列印出來，比如，上面新加的那行程式碼就是一個很好的例子。而且這種在變數前面加字串進行標註的列印方式也是我們所鼓勵的，因為一旦主控台中的資訊多了，大家可能就會分不清哪個變數是哪個。

Vue DevTools

你可能沒想到，瀏覽器的開發者工具也可以安裝外掛程式。比如，Vue 官方就提供了一款名為 Vue DevTools 的外掛程式，它整合在瀏覽器的開發者工具中，新增了一個 Vue 面板，可以讓開發者更深入地觀察和偵錯 Vue 應用。

由於本章的案例並不算特別複雜，這裡就不再詳細介紹 Vue DevTools 的使用方法了。如果某一天你發現 `console.log()` 不夠用了，那就是你該啟用這個「神器」的時候了。

10.2.7 熟悉專案檔案

在本節的最後，我們來認識一下專案目錄裡的各個檔案：

```
simple-chat/
├── src/
│   ├── assets/
│   │   └── main.css
│   ├── components/
│   │   └── (empty)
│   ├── App.vue
│   └── main.js
├── README.md
├── index.html
├── jsconfig.json
├── package.json
├── postcss.config.js
├── tailwind.config.js
└── vite.config.js
```

- 首先是 `index.html` 檔案。我們找到 `<html>` 標籤的 lang 屬性，請設為正體中文「zh-TW」（或 zh-Hant-TW）；另外，`<title>` 標籤表示了這個網頁的標題會顯示在瀏覽器的標籤頁裡，可以把它設定成我們喜歡的名字。這個檔案中並沒有太多內容，它其實只是為網頁提供了一個最基本的容器，網頁的真正內容是由 JavaScript 藉助 Vue 框架來描繪的。

- 然後是幾個設定檔──主要是以 `.json` 和 `.config.js` 結尾的檔案。這些檔案需要的調整，我們已經在前面幾節中完成，在後續的開發中，就不需要特別再去變動它們了。

- 接下來是 `src` 目錄。src 是 source 的縮寫，它用來存放專案的原始碼。

在 src 目錄下，`main.js` 是整個專案的入口，Vite 根據它來載入和執行整個專案。`main.js` 的內容也不複雜，它引入了全域樣式 `assets/main.css` 檔案、Vue 框架、根組件 `App.vue`。

結合 index.html 一起來看，你會發現，App.vue 被掛載到了頁面中的 #app 元素上（#app 是一種在網頁中定位元素的方式，表示 id="app" 的元素）。因此，整個頁面最外層的結構關係就是 html > body > #app，再往裡面就是 App.vue，從這裡開始就是讓我們自由發揮的空間了。

src 目錄下還有兩個子目錄。我們已經在 assets 目錄裡存放了全域樣式 main.css 檔案，如果大家有一些圖片、字體等資源檔，也可以將其放在這裡。components 目錄則用來存放我們自訂的 Vue 組件。

以上就是整個專案的目錄結構和主要檔案。在後續的開發中，我們會逐漸填充這些檔案，讓這個專案變得更加完整。

> 「組件」在程式設計中是一個很重要的概念。在 Vue 框架中，組件是用來組成頁面的各個區塊，便於我們對頁面進行合理的規劃和切分。每個組件通常都有自己的結構、樣式、行為，就像一個個功能獨立的積木。組件可以被其他組件引用，整個頁面就像一棵由根組件長出來的「組件樹」。

本章的準備工作終於完成了！很高興你堅持了下來，而且你的努力也確實沒有白費——你已經完整跑通了一個現代網頁專案的開發和偵錯流程，掌握了所需的基本概念，打敗了 90% 的初學者。接下來，你將開始真正的專案開發！

10.3 介面設計與實作

要開發一款網頁版的智慧對話機器人，需要先從頁面設計與實作開始。

10.3.1 頁面整體設定

你對頁面設計也有自己的想法，比如說，你喜歡清爽簡潔的扁平化風格，不需要很花哨；另外它最好可以在手機和電腦上都流暢操作，並且優先考慮手機端的體驗。

先從頁面的整體設定開始吧！把上面的想法翻譯成技術語言就是：

頁面主體區域：

- 當螢幕的寬度在一定限制內（比如 640px）時，主體區域的寬度自動填滿螢幕寬度。
- 當螢幕過寬時，主體區域的寬度保持在一定的限制內（比如 640px），並且居中顯示。

主體區域內部：

- 上方是標題列，高度固定。包含居中顯示的標題文字。
- 底部是動作列，高度固定。包含並排顯示的輸入框和「發送」按鈕。
- 中間區域是訊息清單，高度佔據剩餘空間。訊息清單的內容就是一個個對話氣泡。

釐清思維之後，進入「主舞臺」── App.vue，開始編寫程式碼。

> 在 Vue 組件中，同樣可以藉助 GitHub Copilot 來產生程式碼，比如使用行內聊天和程式碼完成功能都是不錯的選擇。為了更有效率地記錄開發過程，本章主要採用後者。

首先，還是從老規矩開始，在檔案的起始處寫下提綱挈領的註解，描述這個專案的需求和目標：

```
<!--
    這個專案是設計一個網頁版的智慧對話機器人。
    整個專案採用 TailwindCSS 作為樣式庫。
    我們會在這個檔案中一步一步地建構整個頁面。
-->
```

> 你可能發現了，在不同的程式語言裡，註解的語法也是不同的。由於 Vue 組件在語法設計上就是一個 HTML 片段，因此在範本、腳本、樣式三部分之外所寫的註解需要採用 HTML 的註解標記 <!-- ... -->。這個標記可以寫在一行，也可以跨越多行。同時，由於範本本身就是 HTML 程式碼，因此在範本中寫註解時也要採用這個標記。

> 在樣式塊中，也就是 `<style>` 標籤內部，需要採用 CSS 註解標記 `/* ... */`。你應該猜到了，這種有頭有尾的標記，包括剛剛介紹的 HTML 註解標記，通常都是既可以寫在一行，又可以跨越多行的。
>
> 而在腳本程式碼中，也就是 `<script>` 標籤內部，必須採用 JavaScript 的註解語法。JavaScript 的單行註解以 `//` 開頭，類似於 Python 裡以 `#` 開頭的註解；在 JavaScript 中也有有頭有尾的註解標記，寫作 `/* ... */`。沒錯，這個標記的語法與 CSS 的語法相同。

接下來，清空範本中的內容，與 GitHub Copilot 緊密配合，寫出主體區域的結構：

```
<template>
    <div class="mx-auto max-w-[640px] h-full overflow-hidden bg-white">
        主體區域
    </div>
</template>
```

理論上，只要你對頁面設定和樣式的需求描述得足夠清晰，GitHub Copilot 就能幫你產生相關的頁面結構程式碼和 Tailwind 工具類型。在實際操作中，你可能需要與它多次互動、逐步完善。在這個過程中，你還編輯了 `main.css` 檔案，增加了一些必要的基礎樣式：

```
/* 將頁面背景設定為灰色 */
html {
    @apply bg-gray-400;
}

/* 把根組件的所有祖先元素的高度參數都設定為 100% */
html,
body,
#app {
    @apply h-full;
}
```

現在的頁面效果如圖 10-4 所示。

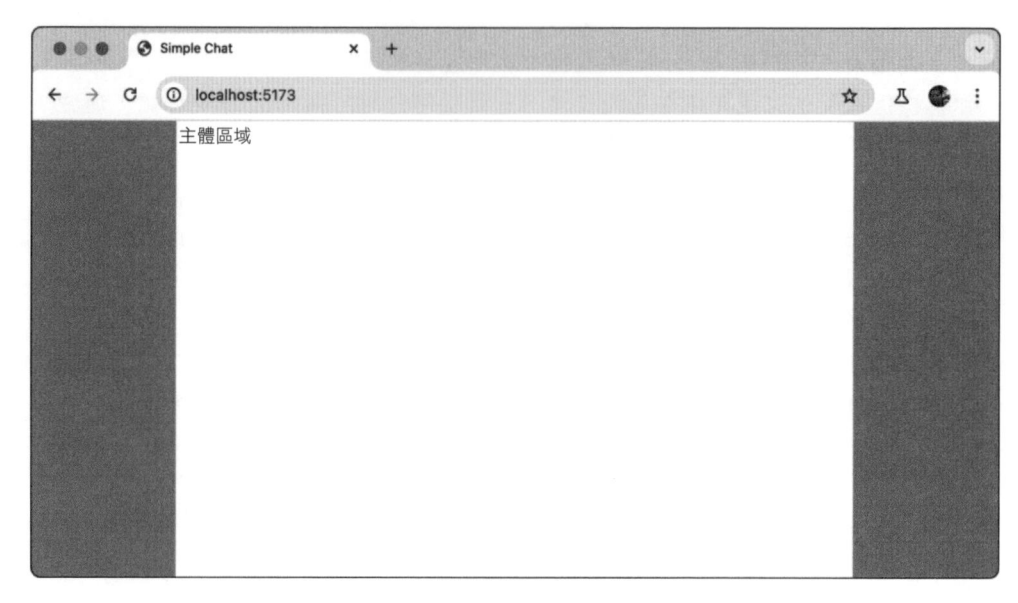

圖 10-4

看起來似乎很合理，不過如何確認它在手機端的效果呢？找一支手機開啟這個頁面固然是一種方法，不過這裡還有更加快捷的方法。

10.3.2 預覽手機端效果

開啟 Chrome 瀏覽器的開發者工具，如圖 10-5 所示，按一下右上角的「切換設備工具列」圖示，選擇一個手機型號，比如「iPhone SE」。這樣一來，你就可以在瀏覽器中模擬手機端的顯示效果了。

它基本上就是一個精簡版的手機模擬器，你可以在這裡測試頁面在不同設備上的顯示效果。除了能模擬手機的螢幕尺寸，這個手機模擬器還能在一定程度上模擬手機的行為，包括發送 UserAgent 資訊、觸摸互動等。

另外，如果你只是想粗略地看一眼窄螢幕狀態下的頁面效果，甚至不用開啟這個模擬器，僅僅開啟開發者工具就已經可以滿足需求了。因為開發者工具已經佔據了螢幕右側的空間，你還可以拖動開發者工具的邊緣來調整它的寬度，模擬不同寬度的窄螢幕效果。

10.3 介面設計與實作

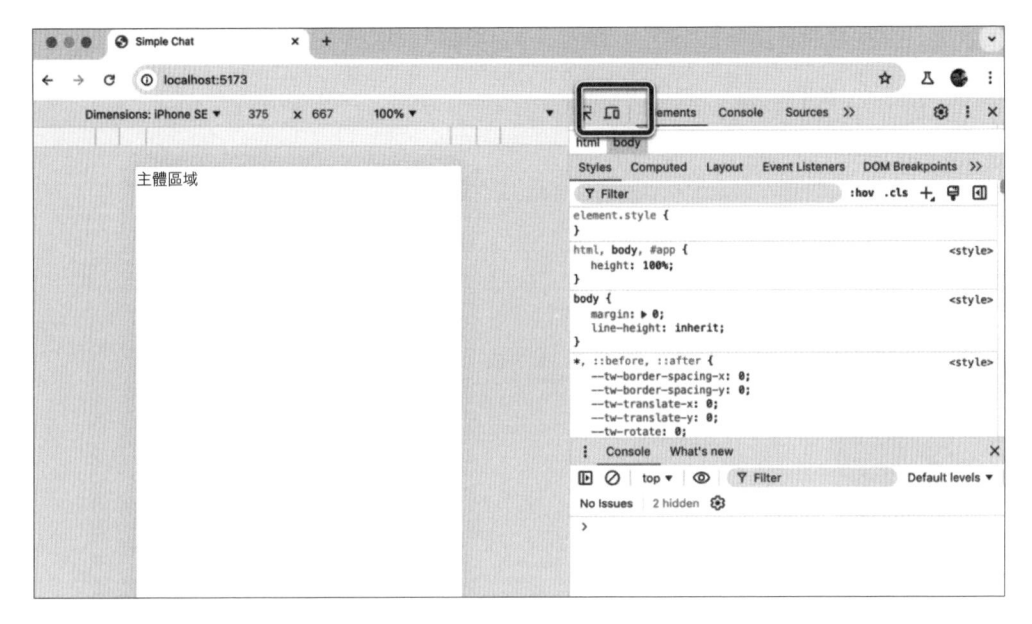

圖 10-5

10.3.3 介面主體

接下來，你繼續提示 GitHub Copilot 在主體區域加入頁面上方、頁面底部和中間區域，效果如圖 10-6 所示。

```
<template>
    <!-- ... -->
    <div class="mx-auto max-w-[640px] h-full overflow-hidden bg-white flex flex-col">
        <!--
            這裡需要模仿手機 App 的聊天頁面設定形式：
            * 上方是標題欄，高度固定。
            * 底部是操作欄，高度固定。
            * 中間區域是訊息清單，高度佔據剩餘空間，當內容超長時可以出現垂直捲動條。
        -->
        <header class="h-11 bg-gray-100 border-b flex-none flex items-center justify-center">
            標題欄
        </header>
        <div class="p-5 pb-10 flex-auto overflow-y-auto">
            訊息清單
        </div>
```

```
            <footer class="h-12 border-t flex-none flex items-center justify-center">
                操作欄
            </footer>
        </div>
</template>
```

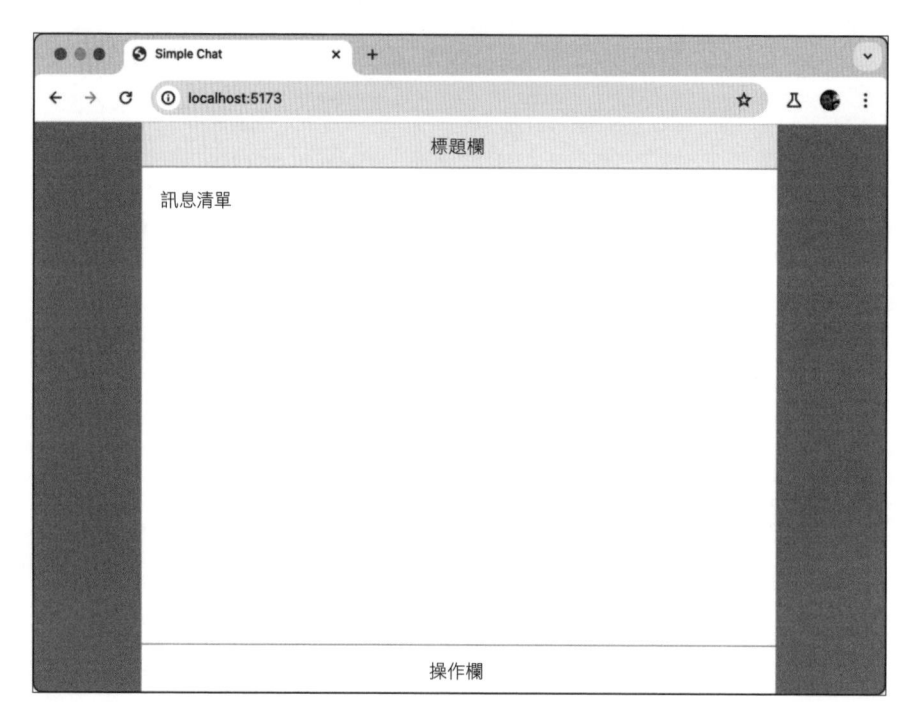

圖 10-6

頁面效果一步一步接近你想像的樣子。繼續完成細節，比如在標題列中寫入專案名稱，設定標題文字的樣式，或者在動作列中加入輸入框和「發送」按鈕等。你在動作列的設定和樣式設計上花了不少心思，最終得到了自己想要的扁平化效果，如圖 10-7 所示。

```
<template>
    <!-- ... -->
    <div class="mx-auto max-w-[640px] h-full overflow-hidden bg-white flex flex-col">
        <!-- ... -->
        <header class="h-11 bg-gray-100 border-b flex-none flex items-center justify-center">
            <h1 class="font-bold text-lg">Simple Chat</h1>
```

```html
        </header>
        <div class="p-5 pb-10 flex-auto overflow-y-auto">
            訊息清單
        </div>
        <footer class="h-12 border-t flex-none flex items-stretch justify-between">
            <div class="flex-auto">
                <input
                    class="px-4 w-full h-full bg-white outline-0 border-transparent border-2 focus:border-blue-300"
                    placeholder=" 請輸入訊息內容 "
                />
            </div>
            <div class="flex-none">
                <button class="px-4 size-full bg-blue-500 text-white hover:bg-blue-600">
                    發送
                </button>
            </div>
        </footer>
    </div>
</template>
```

圖 10-7

10.3.4 對話氣泡

你想確認一下訊息清單的垂直捲動效果是否真的實作了,於是你讓 GitHub Copilot 在訊息清單中填充了一些佔位文字,效果如圖 10-8 所示。

```
<div class="p-5 pb-10 flex-auto overflow-y-auto">
    訊息清單
    <p class="my-2" v-for="i of 20"> 這是一條訊息 </p>
</div>
```

圖 10-8

果然沒問題。接下來,你打算實作真正的對話氣泡樣式。在這個場景下,可以把對話氣泡設計為一個組件,這樣更能好好地重複使用和維護它,同時不至於讓根組件 App.vue 變得過於臃腫。

你在 components 目錄下新建了一個 MessageItem.vue 檔案,然後讓 GitHub Copilot 在裡面任意發揮(程式碼省略)。現在將樣式問題先放在一邊,把根組件呼叫對話氣泡組件的這個功能實際做出來。

你需要在 App.vue 中引入對話氣泡組件，然後才能在範本中使用它：

```
<script setup>
import MessageItem from '@/components/MessageItem.vue'
import { ref } from 'vue'

const number = ref(5)
</script>
```

> 在上一節中，我們其實已經嘗試過利用 JavaScript 引入其他檔案的語法了。它看起來確實跟 Python 的 import 陳述式有點像。在將 Vite 作為支架的專案中，import 陳述式可以引入各種資源，包括已安裝的 npm 套件、CSS 檔案、圖片、Vue 組件、JavaScript 模組等。
>
> 其中最特別的是引入 Vue 組件的效果。當我們引入了一個 Vue 組件並賦予它一個名字（通常是首字母大寫的駝峰式名字）時，這個名字就成了一個自訂標籤，可以在範本中像標籤那樣去使用。這便是 Vue 組件最基本的使用方式。

你修改了相關的訊息清單範本，現在程式碼變成了這樣：

```
<div class="p-5 pb-10 flex-auto overflow-y-auto">
    <MessageItem v-for="i of 20"></MessageItem>
</div>
```

而瀏覽器中的頁面效果如圖 10-9 所示。

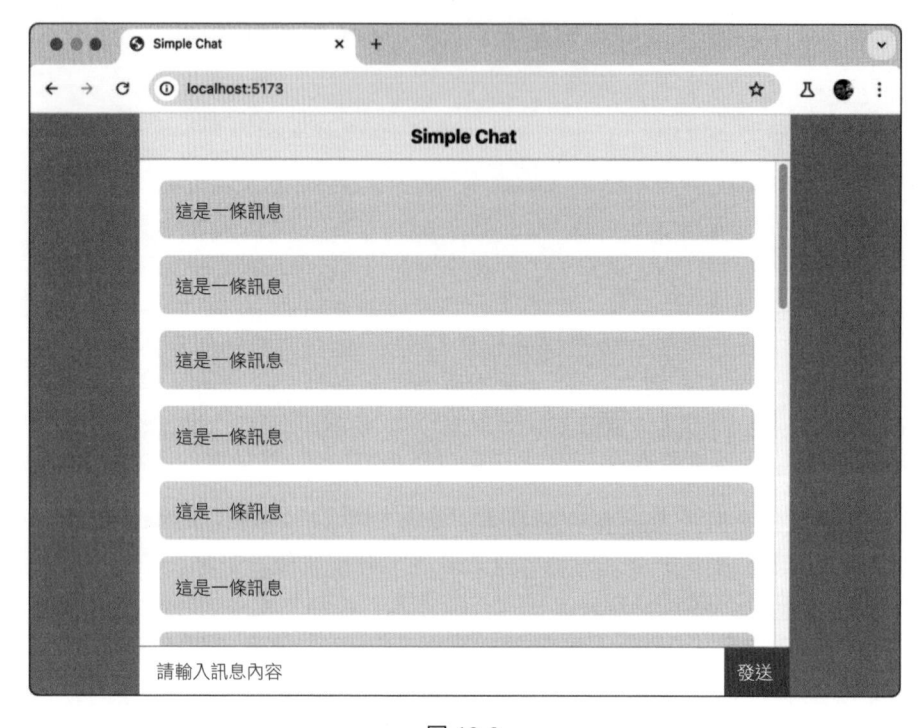

圖 10-9

看起來雖然還不錯，但這並不是你想要的簡約現代風。於是你進入 MessageItem.vue 檔案，開始按照自己的想法來調整樣式。同時，你在這個組件裡設定了兩種不同的對話氣泡樣式，用來區分你和機器人的訊息，效果如圖 10-10 所示。

```
<template>
    <div class="mb-5 flex items-center justify-end">
        <div class="content max-w-[85%] leading-normal px-5 py-3 bg-gray-200 rounded-3xl rounded-br-none">
            這是一條訊息，是我發的
        </div>
    </div>
    <div class="mb-5 flex items-center justify-start">
        <div class="content max-w-[85%] leading-normal px-5 py-3 bg-blue-200 rounded-3xl rounded-bl-none">
            這是一條訊息，是機器人發的
        </div>
    </div>
</template>
```

看起來差不多了！接下來似乎就要實作資料驅動視圖功能了，即把腳本中的變數和範本中的對話氣泡關聯起來。上一節已經介紹了一些方法，接下來，你將繼續把這些方法進一步延伸到組件內部，實作對話氣泡的動態描繪（render，也稱為「渲染」）。

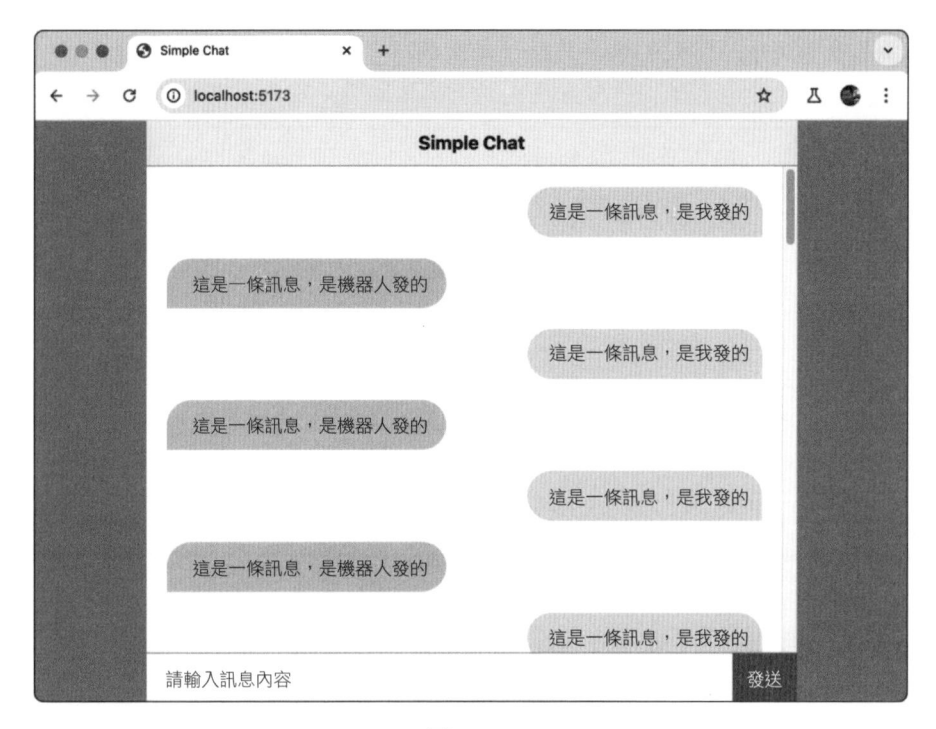

圖 10-10

10.3.5　資料驅動的對話氣泡

目前完全尚未實作對話功能，那麼訊息資料從哪裡來呢？這裡就要介紹另一個常用技巧——模擬資料，通常也被稱作「mock」。

雖然可以直接在 App.vue 的腳本中建立模擬資料，但那樣會讓根組件變得臃腫，因此你並不打算那樣做。於是你建立了 src/utils 目錄，相對獨立的 JavaScript 邏輯都可以被拆分為模組並保存到這裡。你在這個目錄下新建了一個 mock.js 檔案，並寫出如下提示詞：

```
// 產生一些對話紀錄的 mock 資料
// 匯出為 mockDataMessages
// 這是一個陣列，包含 20 條訊息
// 每條訊息的格式為 { role, content }
```

> Python 中的「串列」在 JavaScript 中的對應概念叫做「陣列」(Array)。不要被這個名字所迷惑，陣列的成員並不一定是數字，它可以是任何型別的資料，比如字串、物件、函式等。陣列成員之間用逗號分隔，陣列用方括號包住。

```
GitHub Copilot 會自動產生你需要的程式碼：
export const mockDataMessages = [
    { role: 'user', content: '你好！我是一個使用者...' },
    { role: 'bot', content: '你好！我是一個機器人...' },
    // ...
]
```

> 一個 JavaScript 模組中可以包含多個變數或函式，不過只有那些標記了 export 關鍵字的變數和函式才能被外部模組所引用。

不過這裡機器人的角色與 OpenAI 定義的機器人的角色不一致，於是你把程式碼中的 'bot' 都替換成了 'assistant'。這樣，模擬資料就準備好了。接下來你將嘗試在 App.vue 中引入這些模擬資料，並把它們傳遞給對話氣泡組件。

```
<script setup>
import MessageItem from '@/components/MessageItem.vue'
import { ref } from 'vue'

// 引入 utils/mock.js 中的 mockDataMessages
import { mockDataMessages } from '@/utils/mock.js'

const number = ref(5)
</script>
```

同時，你刪掉現在已經用不到的 number 變數，重新宣告了一個 $messages 變數，用來儲存這些模擬資料：

```
<script setup>
import MessageItem from '@/components/MessageItem.vue'
import { ref } from 'vue'
import { mockDataMessages } from '@/utils/mock.js'
```

```
const $messages = ref(mockDataMessages)
</script>
```

> 我們在 10.3.4 節中已經介紹過響應式資料 Ref 的用法。我們給這個變數加字首 $ 是一種命名約定，用來表示這個變數是一個 Ref（包裝物件），以便與一般變數進行區分。否則我們在腳本中很容易忘記透過 .value 來存取它包裝的值。

接下來，你在範本中使用這個 $messages 變數，把它傳遞給對話氣泡組件：

```
<div class="p-5 pb-10 flex-auto overflow-y-auto">
    <MessageItem v-for="message of $messages"></MessageItem>
</div>
```

> v-for 是 Vue 內建的指令，看起來就像 HTML 標籤的一個屬性，不過它接收的值是 Vue 框架約定的運算式語法，我們可以在這裡引用腳本中定義的變數。v-for 指令通常用來遍歷陣列。在上面的範本程式碼中，我們把 $messages 所包裝的陣列中的每一條訊息都傳遞給了對話氣泡組件，進而重複產生對應數量的對話氣泡元素。
>
> 由於範本可以自動辨識 Ref 物件，所以這裡不需要在 $messages 變數後面補上 .value。
>
> 順帶一提，我們在上面用到的 v-for="i of 20" 是這個指令的一種簡化用法，作用就是把組件重複產生 20 次。這種用法在產生一些佔位元素時很好用。

但是網頁看起來似乎沒有任何變化。這是因為對話氣泡組件還沒有接收資料的能力，而且在範本中呼叫它的時候也沒有給它傳遞任何資料。你需要先改造一下對話氣泡組件，讓它能夠接收資料並正確地將資料描繪出來。

在 messageItem.vue 組件檔案中宣告它接收什麼資料，方法很簡單：

```
<script setup>
defineProps({
    messageItem: Object,
})

</script>
```

這幾行程式碼表示目前組件接收一個名為 `messageItem` 的屬性，型別為 `Object`。接下來，就可以在範本中使用這個屬性了。

還記得你之前在組件裡同時編寫了兩種不同角色的對話氣泡樣式嗎？現在你可以準確地根據 `messageItem.role` 的值來決定展示其中的哪一種樣式了。Vue 組件提供了 `v-if` 和 `v-else` 這兩個指令來實作「非此即彼」的展示邏輯，可以用這兩個指令來實上述功能。同時把那兩條「寫死」的訊息內容替換為 `messageItem.content`，這樣就可以根據傳入的資料動態地描繪訊息內容了。

```
<template>
    <div v-if="messageItem.role === 'user'" class="mb-5 flex items-center justify-end">
        <div class="content max-w-[85%] leading-normal px-5 py-3 bg-gray-200 rounded-3xl rounded-br-none">
            {{ messageItem.content }}
        </div>
    </div>
    <div v-else class="mb-5 flex items-center justify-start">
        <div class="content max-w-[85%] leading-normal px-5 py-3 bg-blue-200 rounded-3xl rounded-bl-none">
            {{ messageItem.content }}
        </div>
    </div>
</template>
```

> 希望你還記得範本插值語法 `{{ ... }}`。在編寫動態展示資料的組件時，它可是非常重要的。另外，`v-if` 和 `v-else` 是 Vue 組件的兩個常用指令，用來實作條件描繪──滿足條件就描繪對應的內容，不滿足則描繪其他內容。其中 `v-if` 接收的值就是常規的 JavaScript 運算式。相信你一看就能理解。

你達成目標了嗎？還沒有，因為根組件還沒有把資料傳過來。再切回 `App.vue` 檔案，修改對話氣泡組件的呼叫方式：

```
<MessageItem
    v-for="message of $messages"
    :messageItem="message"
></MessageItem>
```

這行程式碼應該不難瞭解吧？你遍歷 $messages 陣列，它的每條訊息（作為 $message 變數）都呼叫了一次對話氣泡組件，並且每條訊息都透過 messageItem prop 被傳遞給了組件。注意，messageItem 前面有一個「:」字元，它是 Vue 的屬性繫結語法，它表示傳給 messageItem 的值是一個運算式或變數，而不是字面上的字串。

再來看看瀏覽器中的效果，如圖 10-11 所示。[1]

圖 10-11

太好了！你的訊息清單終於可以根據模擬資料動態描繪對話氣泡組件了。

---

1 示例中展示的對話為我們在 mockjs 檔中生成的類比對話，對話內容不具有權威性，僅為展示對話氣泡元件的渲染效果。

> 組件接收的資料被稱為 prop，這個詞是「property」的縮寫。我們通常使用其複數形式 props 來表示組件接收的所有屬性。
>
> 實作了可接收資料的組件之後，你是否對組件有了新的認識？它有沒有讓你聯想到函式？沒錯，組件的工作方式類似於函式，它接收一些輸入（props），然後根據這些輸入產生一些輸出（頁面上的某個區塊）。

至此，頁面設定的工作已大致完成。在這一節中，你實作了一個簡潔、清爽的聊天頁面，還可以根據預設的資料展示使用者和機器人的對話內容。真難以想像，你在這麼短的時間內完成了這麼多工作！下一節，你將更進一步，打通輸入框和訊息清單的互動。

10.4 實作對話互動

對話互動需要實作哪些效果呢？你想了一下，至少應該有以下這些效果。

- 進入頁面之後，訊息清單應該自動滾動到底部，便於看到最新訊息。
- 在輸入框中輸入文字並按一下「發送」按鈕後，輸入框中的文字將被清空；輸入框中的文字將變成一條使用者訊息，並被追加到訊息清單；訊息清單此時也應該自動滾動到底部，便於查看最新訊息。
- 在 LLM 回覆後，將回覆的文字變成一條機器人訊息，並追加到訊息清單。

為了獲得更好的使用者體驗，還有很多的細節值得考慮。這些細節暫且留到後面，你可以先來實作上面這些核心的互動效果。

10.4.1 訊息清單自動滾動

要實作訊息清單自動滾動到底部的效果，單靠 Vue 是做不到的，這已經超出了 Vue 框架的職責範圍。此時需要獲得訊息清單的 DOM 元素，對它進行操作。在 Vue 中，可以透過 ref 引用（即響應式物件 Ref）來取得 DOM 元素，操作步驟如下。

首先需要在範本中給訊息清單元素加入一個 ref 引用：

```
<div ref="$messageList" class="...">
    <MessageItem
        v-for="message of $messages"
        :messageItem="message"
    ></MessageItem>
</div>
```

> 從本節開始，為節省版面，同時減少閱讀干擾，我們不再在範本程式碼中列出元素的完整 class 內容。那些沒有變化的、不需要留意的 class 內容，我們會用 "..." 表示。同理，對於腳本程式碼，也只列出需要讀者留意的部分，其餘部分採用 "// ..." 表示。

本章案例的完整版程式碼參見本書相關的程式碼倉儲。

然後在腳本中宣告這個 ref 引用：

```
<script setup>
// ...

const $messages = ref(mockDataMessages)
const $messageList = ref(null)

</script>
```

這樣它們就建立了引用關係——在腳本中透過 `$messageList.value` 就可以取得訊息清單的 DOM 元素了。

> DOM 元素是網頁上各個元素在 JavaScript 世界中的映射物件，瀏覽器提供了一系列的方法，允許我們使用 JavaScript 語言來操作這些元素。比如可以呼叫一個 DOM 元素的 `.remove()` 方法讓該元素在頁面上立即消失。

你預料到滾動訊息清單將是一個常用的操作，於是把這個操作封裝成一個函式，以便在多處呼叫：

```
<script setup>
// ...

function scrollToBottom() {
    // 訊息清單滾動到底部
```

```
    $messageList.value.scrollTop = $messageList.value.scrollHeight
}
</script>
```

這個函式的實作方法顯然也是 GitHub Copilot 貢獻的，需要確認一下。比如當介面載入完成後，呼叫這個函式，讓訊息清單自動滾動到底部。此時會用到 Vue 生命週期鉤子函式 onMounted()，它會在組件掛載到頁面上之後立即執行。注意，在使用這個函式之前，必須先引入它。

```
<script setup>
import { ref, onMounted } from 'vue'

// ...

// 頁面載入完成後，訊息清單滾動到底部
onMounted(() => {
    scrollToBottom()
})
</script>
```

儲存檔案，再來看看效果……真的成功了！

> 你在這裡可能會有一個疑問，為什麼一定要在 onMounted() 函式內部呼叫 scrollToBottom() 函式呢？這是因為在根組件載入完成之前，訊息清單的 DOM 元素還沒有被描繪出來，我們無法取得它（此時取得的只有 $messageList 的初始值 null）。
>
> 這就是 Vue 生命週期鉤子函式的作用——允許在組件執行的不同階段執行一些操作。類似的函式還有 onUpdated()、onUnmounted() 等，此處不再贅述。

10.4.2 訊息清單平滑滾動

訊息清單自動滾動到底部的效果已經實作了，但是它是瞬間完成的，沒有任何過渡效果。這樣的效果會讓使用者感到突兀，不如加入一個平滑滾動效果來得自然。

做法也很簡單，重新找到 scrollToBottom() 函式，刪除舊的實作方法，修改註解，讓 GitHub Copilot 重新產生程式碼：

```
<script setup>
// ...

function scrollToBottom() {
    // 訊息清單滾動到底部,需要平滑滾動
    $messageList.value.scrollTo({
        top: $messageList.value.scrollHeight,
        behavior: 'smooth',
    })
}

// ...
</script>
```

儲存檔案,執行程式碼,效果立竿見影。這樣的互動效果不僅讓使用者感到舒適,也讓你設計的產品更顯靈動。

10.4.3 操縱輸入框

在實作「發送訊息」這類互動時,首先需要處理的就是輸入框中的內容。要能夠取得輸入框中的內容,也要能夠清空輸入框中的內容。這就需要用到 Vue 的 v-model 指令了。

先在範本中給輸入框元素加入 v-model 指令,把輸入框中的內容繫結到一個響應式變數上。

```
<input
    class="..."
    placeholder=" 請輸入訊息內容 "
    v-model="$inputContent"
/>
```

當然,現在這個變數還沒有被定義。你需要在腳本中宣告這個變數,並將其包裝的值初始化為空字串:

```
<script setup>
// ...

const $messages = ref(mockDataMessages)
const $messageList = ref(null)

const $inputContent = ref('')
```

```
// ...
</script>
```

> 這種繫結是雙向的。也就是說，當我們修改 $inputContent 的值時，輸入框中的內容也會隨之改變；反之，當我們在輸入框中輸入文字時，$inputContent 包裝的值也會隨之改變。這是 Vue 框架提供的一項非常方便的功能。

實作了這種繫結關係，但一時還沒有辦法確認它是否已經生效。因此，接下來要學會操縱「發送」按鈕，透過它來確認輸入框的互動效果。

10.4.4 操縱「發送」按鈕

按鈕在網頁中很常見，它在網頁互動中最重要的作用就是回應使用者的點擊行為，並觸發相關的事件。當我們接收到這個事件的時候，就可以有明確目的地執行一些操作，實作使用者的訴求。

可以透過 @click 指令來監聽點擊事件，這是 Vue 提供的事件繫結指令。你需要在範本中給「發送」按鈕加入這個指令，然後在腳本中宣告一個回呼函數，用來處理這個事件。這次先從腳本開始吧，宣告一個函式 onSubmit()，指明當輸入框提交訊息時腳本需要做的事。

```
<script setup>
// ...

function onSubmit() {
    // 嘗試取得輸入框中的內容
    console.log('提交訊息：', $inputContent.value)
    // 嘗試更新輸入框中的內容
    $inputContent.value += '！'
}

// ...
onMounted(() => {
    scrollToBottom()
})

</script>
```

> 為什麼不將這個函式命名為 onClickButton() 呢？因為提交訊息的方式不只有按一下按鈕，還有其他的（後面會介紹）。因此，我們希望這個函式的名字能夠更加通用。

這個函式會把輸入框中的內容列印到主控台，緊接著透過腳本來修改輸入框中的內容，以便確認 10.4.3 節的功能是否生效。接下來在範本中給「發送」按鈕加入 `@click` 指令，這樣它就可以在被按一下時呼叫指定的函式：

```
<button class="..." @click="onSubmit">
    發送
</button>
```

回到頁面上，開啟開發者工具備用，然後在輸入框中輸入一些文字，按一下「發送」按鈕。你會看到主控台中列印出了你剛剛輸入的文字，而且頁面輸入框中的內容也追加了，如圖 10-12 所示。成功了！

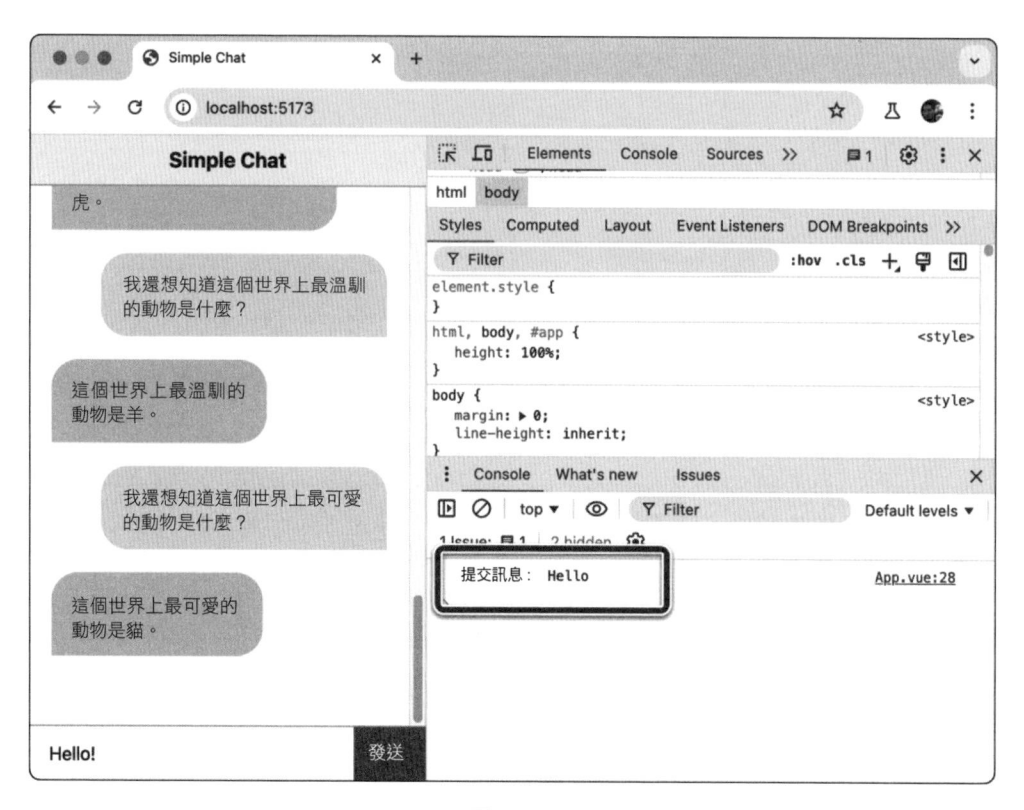

圖 10-12

接下來，你繼續推進本節開頭制訂的互動計畫——在按一下「發送」按鈕後清空輸入框中的內容，然後把這些內容變成一條使用者訊息，加到訊息清單中，最後讓訊息清單滾動到底部。

回到 onSubmit() 函式主體內部，清空測試程式碼，此時 GitHub Copilot 已經按捺不住要為你產生程式碼建議了：

```
<script setup>
// ...

function onSubmit() {
    // 先把輸入框中的內容儲存到 content 變數中
    const content = $inputContent.value.trim()
    // 如果 content 為空，則不做任何處理
    if (!content) return

    // 把使用者訊息加到訊息清單中
    $messages.value.push({
        role: 'user',
        content: content,
    })
    // 清空輸入框
    $inputContent.value = ''
    // 滾動到訊息清單的底部
    scrollToBottom()
}

// ...
</script>
```

天啊，這正是你想要的程式碼！它甚至多想了一步，在函式的一開始做了防止內容為空的檢查。這樣貼心的程式碼，簡直讓人感動！

> 這裡的程式碼很好地呈現了響應式資料 Ref 的作用。當我們給 $messages 變數加入一條新的訊息時，Vue 會自動更新頁面中的訊息清單，而不需要我們手動去操作 DOM 元素。這就是資料驅動視圖的魅力所在。

你儲存檔案，回到頁面，趕緊測試一番：輸入一些文字，按一下「發送」按鈕，輸入框中的內容被清空，訊息清單中多了一條使用者訊息。這簡直是……慢著，訊息清單並沒有滾動到底部，這是怎麼回事？

這裡就要說到資料驅動視圖的一個特性了。雖然我們修改了 $messages 的值，但 Vue 並不會立即更新實際的 DOM 元素。也就是說，在訊息清單的資料中加了一條新訊息後，如果**立即呼叫** scrollToBottom() 函式，此時操作的是還沒有發生變化的訊息清單。

Vue 也提供了解決方案，就是把 scrollToBottom() 函式交給 nextTick() 函式來執行。這個 nextTick() 函式可以確保函式在 DOM 元素發生變化之後被執行，這樣 scrollToBottom() 函式操作的就是發生變化的訊息清單了。當然，別忘了，在使用 nextTick() 函式之前，要先引入它。

```
<script setup>
import { ref, nextTick, onMounted } from 'vue'

// ...

function onSubmit() {
    // ...

    // 滾動到訊息清單的底部
    nextTick(() => {
        scrollToBottom()
    })
}

// ...
</script>
```

經過一番改進之後，頁面就完全符合你的設計需求了。再次測試一下，看看效果如何。

10.4.5 模擬機器人回覆

當你具備 mock 意識之後，你會發現編寫一些複雜的功能變得沒那麼可怕了。你可以一步一步慢慢來──先寫一個「假的」程式讓它跑起來，然後一步一步把「假的」替換成「真的」，產品就這樣「漸進式」地開發完成了。在實作完整的對話功能的過程中，也可以按照這個思維先寫一個模擬版的機器人回覆邏輯。

在透過 LLM API 獲得回覆之前，可以先向訊息清單追加一條佔位訊息，表示機器人正在思考。這樣使用者就能夠感受到機器人正在處理自己的訊息，而不用對著沒有動靜的頁面乾瞪眼。

```
<script setup>
// ...

function onSubmit() {
    // ...

    // 把使用者訊息加到訊息清單中
    // ...
    // 清空輸入框
    // ...
    // 滾動到訊息清單的底部
    // ...

    // 為機器人回覆的訊息提前佔位
    $messages.value.push({
        role: 'assistant',
        content: '正在思考中 ...',
    })
}

// ...
</script>
```

與此同時，程式需要呼叫 LLM API 去取得真正的回覆。獲得結果之後，再把這條佔位訊息替換成實際的回覆內容。請求 LLM API 的這個環節稍顯複雜，這裡暫時用一個模擬請求的過程來替代。

為了避免在根組件中塞入太多的程式碼，你可以在 src/utils 目錄下建一個新檔案 message.js，用來存放與訊息互動相關的邏輯，當然也包括模擬請求的過程程式碼。

為了讓模擬請求的過程更加真實，你需要一個具有延時效果的函式。在 Python 中有一個 time.sleep() 函式可以讓程式停頓一定的時間；而在 JavaScript 中，你可以建構一個自己的 sleep() 函式。你在 message.js 檔案中寫下的提示詞及 GitHub Copilot 的回應如下：

```javascript
// 一個休眠函式，讓程式等待一段時間（單位 ms）
function sleep(ms) {
    return new Promise(resolve => setTimeout(resolve, ms))
}
```

接著，在這個檔案中寫下模擬請求的程式碼：

```javascript
// 這個函式用來模擬一個 API 請求，1 秒後傳回字串
export async function getMockResponse() {
    await sleep(1000)
    return '這是一條模擬的回覆'
}
```

> 這個函式是不是與你之前接觸的函式都不太一樣？它內部用到了 `await` 這個關鍵字，還加了 `async` 這個標記。這是 JavaScript 處理非同步作業的一種方式。在瀏覽器環境中，網路請求就是一種典型的非同步作業——我們在發出請求的那一刻並不能立即得到結果，只有等伺服器回應之後，才能獲得介面傳回的結果。
>
> JavaScript 在設計之初是用在瀏覽器端的，它不能像 Python 那樣真的讓主緒程停頓，那樣瀏覽器就無法即時回應使用者的操作了。因此，瀏覽器和 JavaScript 透過非同步機制來處理這類需要等待的情況，JavaScript 也由此獲得了較強的非同步程式編寫能力。
>
> async/await 就是其中最主流的非同步程式編寫方式。async 關鍵字用來宣告一個函式是非同步函式，它內部可以透過 `await` 來「等待」一個非同步作業的結果，然後「繼續」執行後續程式碼。有了它們，我們就可以按照直觀的順序在 JavaScript 中寫出實際上非同步執行的程式碼。
>
> 在取得一個非同步函式的傳回結果時（比如根組件在呼叫 `getMockResponse()` 函式並等待它的傳回結果時），也需要用 `await` 來「等待」這個結果，並且等待這個結果的函式（比如根組件的 `onSubmit()` 函式）本身也需要用 `async` 來標記。這便是大家俗稱的「非同步傳染性」效應。不用擔心，這並不難應付，編輯器通常會提醒你給函式加上 `async` 關鍵字。

在瞭解了 JavaScript 的非同步程式編寫方式之後，現在你要回到根組件，把這個模擬請求的過程程式碼加入 `onSubmit()` 函式中。注意，要在腳本的起始處引入這個函式，給 `onSubmit()` 函式加上 `async` 標記，以及在 `onSubmit()` 函式內部增加一些行為。

```
<script setup>
// ...
import { getMockResponse } from '@/utils/message.js'

// ...

async function onSubmit() {
    // ...

    // 為機器人回覆的訊息提前佔個位
    $messages.value.push({
        role: 'assistant',
        content: '正在思考中...',
    })

    // 取得機器人回覆的訊息
    const response = await getMockResponse(content)
    // 更新最後一條訊息
    $messages.value[$messages.value.length - 1].content = response
}

// ...
</script>
```

現在來確認一下。輸入一些文字，按一下「發送」按鈕。除了之前實作的效果，你還可以看到訊息清單中多了一條以機器人為角色的佔位訊息，顯示「正在思考中...」，緊接著這條訊息在一秒之後被替換成了一條模擬的回覆，如圖 10-13 所示。這正是你想要的效果！

不過，你似乎忘了在加入機器人訊息時讓訊息清單再次滾動到底部。準確來說，每次更新最後一條訊息的時候，都應該讓訊息清單滾動到底部──因為訊息的長度可能發生變化。你可以在 onSubmit() 函式的末尾補上相關程式碼來進行最佳化（程式碼略）。

圖 10-13

10.4.6 潤飾互動細節

你已經實作了本節開頭設計的核心互動效果，不過，仍然有不少細節可以進一步潤飾。經過一番思考，你又提出了不少改進：

- 在進入頁面之後，輸入框應該自動獲得焦點，方便輸入文字。
- 在輸入框中輸入文字後，按下 Enter 鍵也應該觸發發送訊息的操作；按一下「發送」按鈕後，輸入框會失去焦點，需要再次讓它聚焦，方便輸入下一條訊息；發出訊息後，在等待 LLM 回覆的過程中，應該禁用「發送」按鈕，避免使用者連續發送多條訊息導致順序錯亂。
- 在 LLM 回覆後，應恢復「發送」按鈕的使用。

限於篇幅，本節僅展示實作思維和示意程式碼。完整實作請參考本書相關的程式碼倉儲。

控制輸入框的焦點

讓輸入框自動取得焦點是一個很常見的需求。通常有兩種效果：一是在頁面載入完成後自動聚焦；二是在合適的時機再次聚焦。

要實作第一種效果其實非常簡單。只需要給輸入框元素加入 `autofocus` 屬性即可。這是 HTML 原生的功能，瀏覽器看到輸入框具有這個屬性之後會自動聚焦到它。

```
<input
    class="..."
    placeholder=" 請輸入訊息內容 "
    v-model="$inputContent"
    autofocus
/>
```

而對於第二種效果，則需要在合適的時機呼叫輸入框元素的 `.focus()` 方法來讓它獲得焦點。要取得輸入框元素，你仍然會用到 Ref 物件來實作對 DOM 元素的引用。示意程式碼如下：

```
<!-- 把輸入框元素關聯到一個 Ref 物件上 -->
<input
    class="..."
    placeholder=" 請輸入訊息內容 "
    v-model="$inputContent"
    autofocus
    ref="$inputElement"
/>
```

```
// 在腳本中宣告這個 Ref 物件
const $inputElement = ref(null)

// 在適當的時機呼叫 .focus() 方法
$inputElement.value.focus()
```

透過 Enter 鍵觸發發送

顯然這裡會再次用到 Vue 的事件繫結指令。在這個場景下，`@keydown.enter` 指令就非常合適。它表示當使用者按下 Enter 鍵時觸發的事件。修改過的輸入框元素程式碼如下：

```
<input
    class="..."
```

```
    placeholder=" 請輸入訊息內容 "
    v-model="$inputContent"
    autofocus
    ref="$inputElement"
    @keydown.enter="onSubmit"
/>
```

實際上，當你輸入 @ 符號的時候，GitHub Copilot 就已經產生了整行程式碼。

> 還記得這個函式為什麼要叫 onSubmit() 嗎？請回顧前面的討論。

控制按鈕的禁用狀態

同樣採用資料驅動視圖的方式來實作這個效果。首先需要一個變數來表示按鈕的可用狀態，然後要讓按鈕的禁用狀態與這個變數繫結。還有，這個變數是隨著使用者的操作而變化的，所以需要用到響應式資料 Ref。示意程式碼如下：

```
<!-- 把按鈕的禁用狀態繫結到一個 Ref 物件上 -->
<button
    class="..."
    @click="onSubmit"
    :disabled="$isLoading"
> 發送
</button>

// 在腳本中宣告這個 Ref 物件，以及其初始狀態
const $isLoading = ref(false)

// 在請求介面時禁用按鈕
$isLoading.value = true

// 在請求完成時恢復按鈕
$isLoading.value = false
```

> 當然，我們在這裡也可以建立一個名為 $shouldDisableButton 的變數，這樣的名字對按鈕來說更加直覺。在上面的程式碼中，我們定義了一個表達運作狀態的變數（表示是否正在載入），再用它來控制按鈕的禁用狀態。除了按鈕的禁用狀態，我們還可以用這個變數來控制其他的互動效果。

在實作了禁用狀態的切換之後，如果按鈕在樣式上也能呈現出禁用效果，那就更好了。你可以把你對樣式的想法告訴 GitHub Copilot，讓它幫你產生對應的 Tailwind 工具類型——比如按鈕的顏色變灰、滑鼠指標顯示為不可操作等（程式碼略）。這樣，你的產品就更加完善了。

到了這裡，對於互動效果的潤飾就告一段落了。在這個過程中，你不僅學會了如何使用 Vue 的響應式資料 Ref、生命週期鉤子函式、事件繫結指令等功能，還深切瞭解了網頁程式編寫的思維和技巧，一定收穫滿滿！

10.5 呼叫大型語言模型

在這一節裡，你將呼叫真正的 LLM 來產生機器人的回覆。不過在開始之前，你就遇到了兩個小問題。

第一個問題，上一章裡用得很熟練的 OpenAI SDK 還能不能繼續用呢？

Python 版本的 SDK 顯然無法在瀏覽器端執行。不過 OpenAI 也提供了一款 JavaScript 版本的 SDK，可以在瀏覽器端呼叫 LLM API。這個 SDK 的使用方法和 Python 版本幾乎一致，相信你很快就可以熟悉起來。

第二個問題，呼叫 SDK 所需的那些設定資訊該如何儲存和讀取呢？上一章使用 .env 檔案儲存環境變數的方法還能用嗎？（你很清楚最終目標是允許使用者填入自己的 API Key 來使用產品；不過作為一個初學者，現在你打算一步一步來，先用最熟悉、最快捷的方法把產品的核心功能實作，隨後再逐步將產品改造為理想中的最終形態。）

這個問題也不難解決。瀏覽器端的執行環境雖然沒有環境變數的概念，但幸運的是，支架工具 Vite 可以讀取 .env 檔案中的設定資訊，並允許你在 JavaScript 中使用它們。只不過有一個小小的規則，Vite 只會讀取那些以 VITE_ 為開頭的變數。這也不難實作，把上一章中的 .env 檔案改一改就行！

在解決了這兩個問題之後，就可以開始本節的網頁程式編寫之旅了。

10.5.1 載入 SDK

你可以先著手處理「環境變數」，因為 SDK 的初始化依賴這些設定資訊。你這次打算將 Kimi 模型作為這款智慧對話機器人的智慧引擎。你對 Kimi 智慧助手的印象挺不錯，更重要的是，Kimi API 相容 OpenAI 的 API 協議，可以透過 OpenAI SDK 無縫接入。此外，你的親友也能輕鬆註冊 Kimi 的開放平台帳號，申請免費的 API 額度，然後就能順利使用你的對話機器人了。

開始編輯 .env 檔案，給這些變數都加上字首 VITE_，並填入 Kimi 模型的設定資訊：

```
VITE_BASE_URL=https://api.mo**shot.cn/v1
VITE_API_KEY=sk-xxxxxxxxxxxxxxxxxxxxxxxxxxxxxxxx
VITE_MODEL_NAME=moonshot-v1-8k
```

接下來，你打算用一個新的 JavaScript 模組來處理所有和設定相關的事情。建立 src/utils/config.js 檔案，按照 Vite 提供的方法取得 .env 檔案定義的環境變數，並把它們匯出：

```
export const BASE_URL = import.meta.env.VITE_BASE_URL
export const API_KEY = import.meta.env.VITE_API_KEY
export const MODEL_NAME = import.meta.env.VITE_MODEL_NAME
```

這樣一來，其他檔案就可以從 config.js 中引用這些設定資訊了。你可以在根組件裡嘗試引入這幾個變數並將它們列印到主控台，看看結果是否正常。

有了這些資訊，你就可以開始載入 OpenAI 的 JavaScript SDK 了。和其他的相依套件一樣，它也是透過 npm 來安裝的。在終端機執行以下命令就可以安裝它：

```
$ npm install openai
```

接下來要開始編寫呼叫 LLM 來取得回覆訊息的程式碼。沒錯，你應該把這些程式碼寫到 src/utils/message.js 檔案裡。首先，在檔案起始處，需要引入 SDK 和設定資訊：

```
import OpenAI from 'openai'
import { BASE_URL, API_KEY, MODEL_NAME } from './config.js'
```

接著，你準備編寫一個真正用來取得模型回覆的函式，並將其命名為 `getResponse()`，它將取代上一節編寫的模擬請求函式 `getMockResponse()`。不過在此之前，需要先把 OpenAI SDK 的實體準備好，就和上一章編寫 Python 腳本時的順序一樣。你將滑鼠移到 `message.js` 檔案的末尾，寫下如下提示詞：

```
// 先建立一個 OpenAI 的 JS SDK 實體，以便稍後呼叫 LLM 的 API
```

GitHub Copilot 為你產生的程式碼建議如下：

```
const client = new OpenAI({
    apiKey: API_KEY,
    baseURL: BASE_URL,
    timeout: 60_000,
    dangerouslyAllowBrowser: true,
})
```

> OpenAI 的 JavaScript 版 SDK 主要是為 Node 端準備的。從 4.0 版本開始，也可以在瀏覽器端使用。不過 OpenAI 擔心開發者在瀏覽器端使用時洩露自己的 API Key，於是特意設定了一個 `dangerouslyAllowBrowser` 開關用來發出警告。由於我們的產品最終將以「使用者自備 API Key」的形態發布，因此不用擔心這個問題。

這段程式碼與你在第 9 章編寫的 Python 版本大致相同。不過 GitHub Copilot 在這裡加了一個 `timeout`（超時）參數，它表示如果模型在這個時間限制內沒有傳回訊息，就拋出錯誤。對於網頁應用來說，設定一個時間限制是十分合理的。有時候網路不穩定或模型繁忙，及時拋出錯誤可以讓使用者儘早重試，而不至於一直等待。

回去瞄一眼之前編寫的 Python 腳本，會發現還需要準備一個變數，用來存放系統提示詞。於是你趕緊定義了如下變數：

```
const SYSTEM_PROMPT = '你是一個名叫 "Simple Chat" 的智慧對話機器人...'
```

接下來就可以正式編寫 `getResponse()` 函式了。這個函式對外的行為與之前編寫的 `getMockResponse()` 函式完全相同——它也是一個非同步函式；接收一個字串型別的 `question` 參數；以非同步的方式傳回一個字串，表示模型的回覆。

當你把函式簽名碼寫出來之後，GitHub Copilot 就猜得八九不離十了。於是，它提供的程式碼建議如下：

```
export async function getResponse(question) {
    const completion = await client.chat.completions.create({
        messages: [
            { role: 'system', content: SYSTEM_PROMPT },
            { role: 'user', content: question },
        ],
        model: MODEL_NAME,
    })
    return completion.choices[0]?.message?.content || ''
}
```

這和第 9 章 Python 腳本中呼叫 LLM 的方式幾乎一模一樣！不愧是同一家出品的 SDK，介面設計如出一轍。

10.5.2 接上大型語言模型

現在你已經具備了接上 LLM 的一切條件。接下來，你需要在 App.vue 中引入 getResponse() 函式，並用它替換原來的 getMockResponse() 函式。這樣，你的對話機器人就可以真正取得 LLM 的回覆了。

由於新舊函式的行為完全一致，因此需要更改的程式碼也極少：

```
<script setup>
// ...
import { getMockResponse, getResponse } from '@/utils/message.js'

// ...

async function onSubmit() {
    // ...

    // 取得機器人回覆的內容
    const response = await getResponse(content)

    // ...
}

// ...
</script>
```

有沒有感受到 mock 的妙用？ mock 讓你循序漸進地接近最終目標，「逐步」實作完整功能，整個過程既平穩又流暢。一起來看看實際效果如何，如圖 10-14 所示。

圖 10-14

看起來一切都很順利。發出訊息後稍等片刻，就可以得到來自 LLM 的回覆了。而且這個回覆也是 LLM 根據你設計的系統提示詞產生的，這是一個完全屬於你的智慧對話機器人！

在本節的最後，我們再來學習一個技能。開啟瀏覽器的開發者工具，切換到「Network」索引標籤，然後再次發送一條訊息。你會看到一個新的網路請求被發送到了 Kimi API 的伺服器，如圖 10-15 所示。

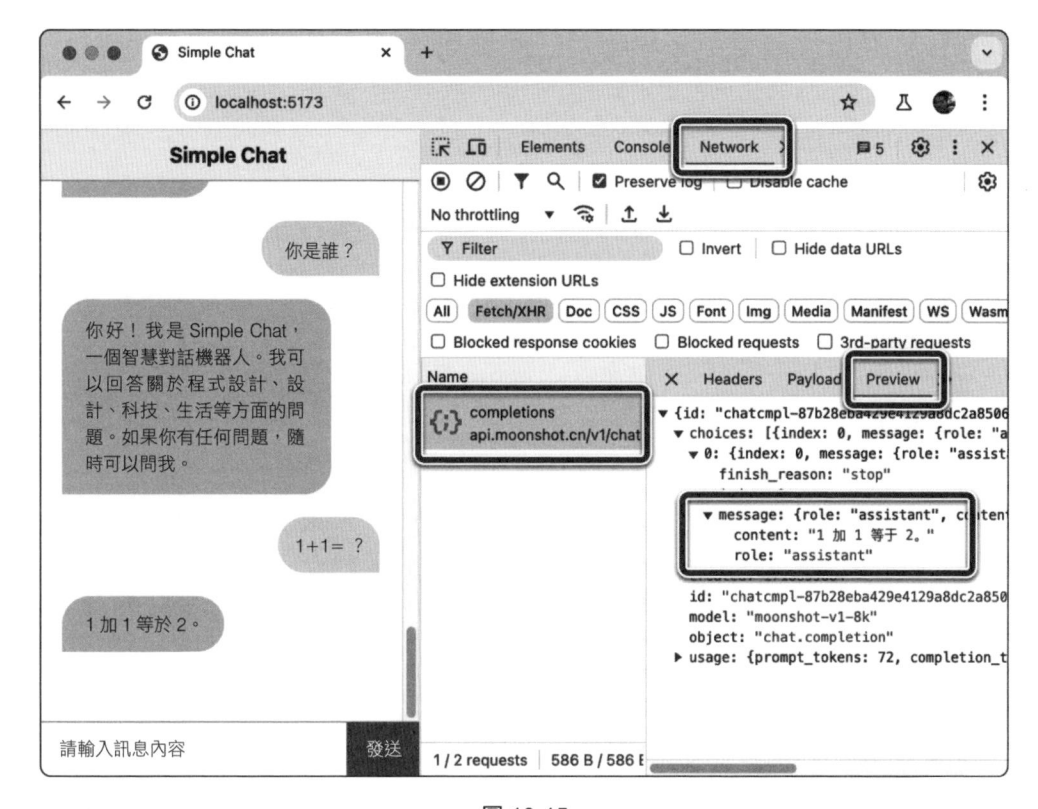

圖 10-15

你可以點開每條網路請求的詳細資訊，觀察它發送的資料（「Payload」索引標籤頁）和它接收的資料（「Preview」或「Response」索引標籤頁），你會對 LLM 的 API 有更深入的瞭解。

> 如果你點開網路請求詳細資訊的「Headers」索引標籤頁，你甚至還會看到附加在請求頭中的 API Key，就是在 .env 檔案中設定的內容。看到這裡，你應該知道為什麼「純前端」產品中的 API Key 這麼容易外洩了吧？我們會在後面的章節解決這個問題。

10.5.3 再針對對話氣泡最佳化

原以為這一節就要結束了，但你在與機器人對話的過程中發現了一個小問題──當模型回覆的內容較多時，每句話都黏在一起，不太容易閱讀。

比如在圖 10-16 的範例中，隱約可以看出，機器人回覆的內容中有序號，應該包含了一個清單。但這條訊息在對話氣泡中的顯示效果很不清晰，每一項都擠在一起，讓人看了頭暈。

圖 10-16

如果在開發者工具裡查看相關的 API 請求，會發現模型傳回的訊息原文是透過「\n」來換行的：

```
{
    "choices": [
        {
            "message": {
                "role": "assistant",
                "content": " 植樹節是一個旨在提升人們對森林資源和生態環境保護意識的節日。在這一天，人們通常會參與以下活動：\n\n1. ** 植樹 **：組織或個人參與植樹活動，種植樹木，增加綠化面積。\n2. ** 宣傳環保 **：..."
            }
        }
    ]
}
```

> 在 JSON 資料的字串中，\n 是一個逸出字元，表示換行。

可以把這個問題拋給 GitHub Copilot，它會給你一些很好的建議。

> 我們把介面傳回的一段文字展示在網頁上，雖然原文中包含了分行符號 \n，但在網頁上顯示時，這些分行符號似乎並沒有發揮作用。可能是什麼原因呢？

在 HTML 中，分行符號 \n 不會被直接描繪為可視的換行效果。HTML 文件預設將空格、分行符號等視為一般的「空白」，並顯示為一個空格。如果你希望在網頁上顯示文字時保留原始的換行效果，有以下幾種方法可以實作：

1. 使用 `<pre>` 標籤：`<pre>` 標籤可以讓文字內容保持原有的格式，包括空格和分行符號。但是，它也會使用等寬字體顯示文字，可能會影響頁面的整體樣式。

2. 使用 CSS 的 `white-space` 屬性：可以在包含文字的元素上設定 CSS 屬性 `white-space: pre-wrap;`。這樣可以保持換行效果，同時文字仍然會根據容器寬度自動換行，不會影響頁面設定。

3. 將分行符號轉換為 `<br>` 標籤：在將文字設定為 HTML 元素內容前，可以透過程式編寫的方式將文字中的 \n 替換為 `<br>` 標籤。這種方法提供了最大的靈活性，可以根據需要保留或忽略其他格式。

GitHub Copilot 的回答對你很有幫助，看起來第二種方法最適合。於是你開啟對話氣泡組件，給機器人的對話氣泡加入必要的 CSS 屬性。這裡用到了 Tailwind 提供的 `whitespace-pre-wrap` 工具類別，它和 GitHub Copilot 建議的 CSS 屬性的效果相同（程式碼略）。

儲存檔案，再檢查一下瀏覽器中的網頁（見圖 10-17），果然有效！

不過，你注意到機器人的訊息裡還有一些特殊的標記，比如「** 植樹 **」。這其實是 Markdown 語法中的加粗標記，類似的標記還有「_ 斜體 _」、「~~ 刪除線 ~~」、「## 二級標題」等。Markdown 是一種輕量標記語言，不像 HTML 那樣使用複雜的尖括號標籤進行標記，而是使用一些簡單的符號來表示文字的樣式和結構。

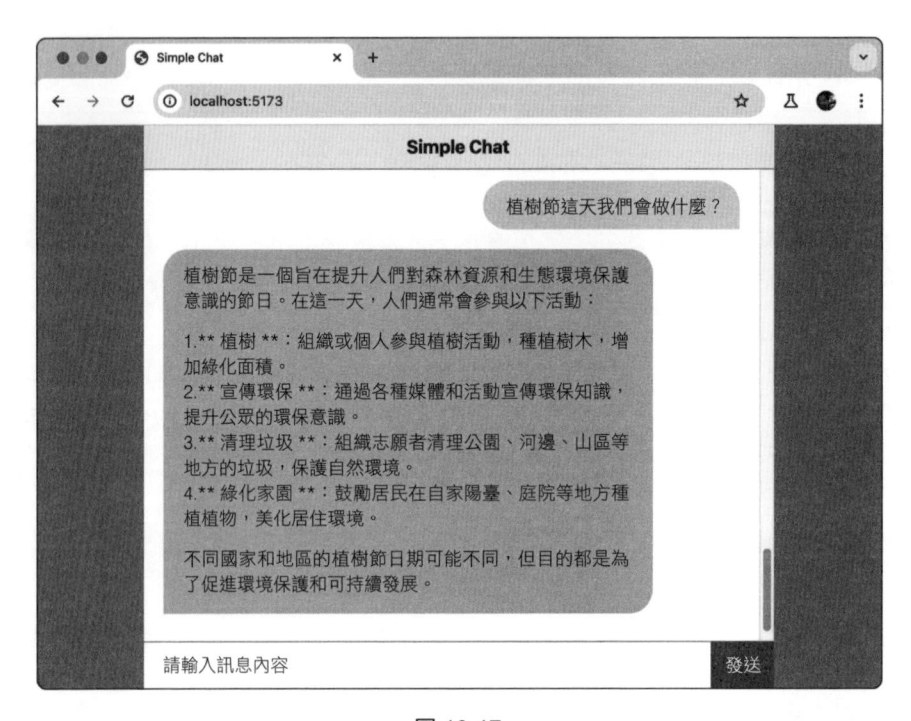

圖 10-17

由於 Markdown 格式簡潔易懂，在表達結構化的內容時又完全夠用，因此在很多領域都得到了廣泛的應用。尤其對於 LLM 來說，Markdown 幾乎已經成為它們的原生語言。回想一下之前跟 ChatGPT 等智慧助手對話的場景，它們的回覆總是給人一種條理清晰的感覺，這其中就有 Markdown 的功勞。

如果能夠在對話氣泡中完整地展示 Markdown 的格式，機器人的回覆就會更加清晰、易讀。這個功能就留給你和 GitHub Copilot 共同去探索吧！

10.6 功能強化：多輪對話

目前，你已經完成了一個具備基本功能的智慧對話機器人，光是這樣就足以讓你的朋友們大吃一驚了。但你並不滿足於此，你想要的不是炫耀完就被遺忘的玩具，而是一款真正實用的產品。接下來，你打算從哪些方面著手改進呢？

10.6.1 發現不足

在真實的對話場景中,一來一回的陳述式往往都不是獨立存在的,每句話通常都需要放在上下文語境中才具有完整的意義。我們來看下面這個例子:

——今天天氣怎麼樣?

——今天是個晴天。

——那明天呢?

——明天可能會下雨。

這樣的對話場景就是一個典型的多輪對話場景。如果我們把第三句話「那明天呢?」單獨拿出來看,通常很難理解它在問什麼,必須搭配前面的對話脈絡,才能看出它的真正意思。你與智慧助手之間的交談也是這樣的,機器人也需要瞭解上下文,才能更準確地回答你的問題。

不過遺憾的是,執行現有的程式碼,對話機器人似乎做不到瞭解上下文,比如圖 10-18 展示的例子。

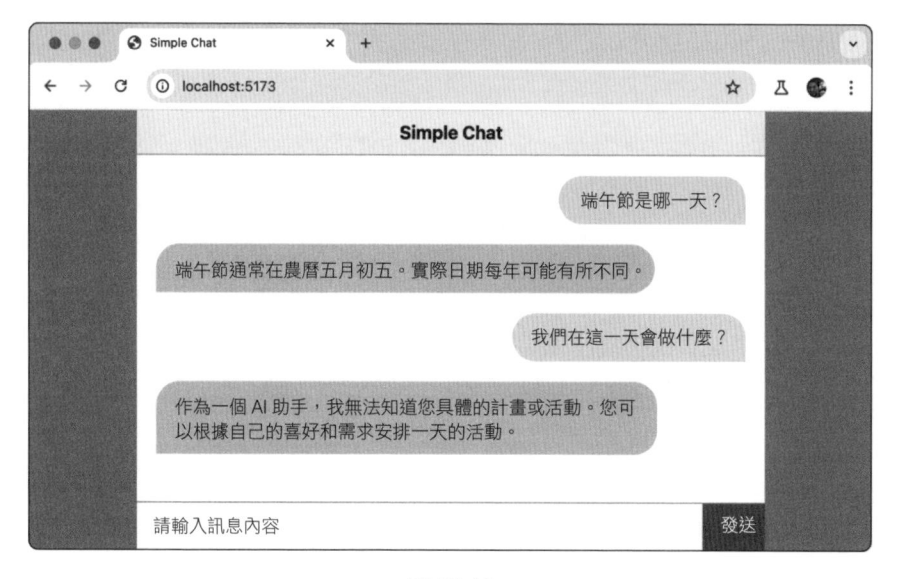

圖 10-18

機器人無法正確瞭解你的問題,這是為什麼呢?

10.6.2 大型語言模型的多輪對話原理

在回答上述問題之前，你需要先瞭解一個事實——LLM 的 API 是無狀態的。它每次回應請求時，並不知道你是誰，也不知道你上次和上上次呼叫它時說了什麼，以及它自己回覆了什麼。這就意味著，你需要自己來管理對話的上下文。

或許你還記得，在第 9.4.2 節中，我們曾經對 OpenAI API 中 message 欄位做過解釋。這個欄位的設計初衷就是記錄一段對話，模型把對話紀錄作為輸入，然後輸出一條新訊息。如果把前幾輪對話的內容和使用者提出的新問題拼接為一份完整的對話紀錄，然後發送給模型，就可以實作「連續多輪對話」的效果了。

也就是說，模型本身就擁有多輪對話的能力。只不過在上一章的檔案翻譯場景中，並不需要這個能力。而在目前這個智慧對話場景中，你可以好好實作一番。

10.6.3 整理思維

回想上一節的程式碼，你每次對 LLM 的請求都是互不相關的，並沒有提供前面幾輪對話的紀錄。這樣一來，對話機器人就無法結合上下文瞭解你所說的話。開啟 src/utils/message.js 檔案，找到 getResponse() 函式對於 messages 欄位的處理程式碼：

```
export async function getResponse(question) {
    const completion = await client.chat.completions.create({
        messages: [
            { role: 'system', content: SYSTEM_PROMPT },
            { role: 'user', content: question },
        ],
        // ...
    })
    // ...
}
```

從程式碼中可知，每次請求都只提供了系統提示詞和目前使用者發出的訊息。你需要把前面的對話紀錄也傳遞給模型，這樣機器人才能發揮出它的實力。好在整個專案都是「資料驅動」的，根組件儲存了完整的對話紀錄資料！看來，只需要把資料傳遞給 getResponse() 函式，並且拼接在 messages 欄位上就可以了。

10.6.4 改造程式碼

事不宜遲、馬上動手，開啟根組件 `src/App.vue` 檔案，找到呼叫 `getResponse()` 函式的程式碼，把對話記錄資料傳給它。注意，這裡傳遞的是 `$messages` 這個 Ref 物件的 `.value` 屬性，這樣才能把真正的資料傳遞給函式。

```
<script setup>
// ...

async function onSubmit() {
    // ...
    const $messages = ref(mockDataMessages)
    // ...

    // 取得機器人回覆的內容
    const response = await getResponse(content, $messages.value)

    // ...
}

// ...
</script>
```

接著來改造 `getResponse()` 函式。先給它增加一個參數 `messages`，用來接收傳遞過來的對話記錄資料；然後在函式主體內與系統提示詞進行拼接。不過，拼接的這一步似乎沒有想像中那麼簡單，因此你放慢腳步，仔細思考每個步驟。

```
export async function getResponse(question, messages) {
    // 整理這裡收到的 messages 陣列裡有什麼內容：
    // 1. 前面 0 輪或多輪對話（每輪對話包含一條使用者訊息和一條機器人訊息）
    // 2. 使用者本次發送的訊息
    // 3. 提前為機器人建構的佔位訊息

    // 最後一條佔位訊息不應該發送給 OpenAI，去掉它
    if (messages.length > 0) {
        messages = messages.slice(0, -1)
    }
    // 歷史訊息記錄最多只保留最後 5 輪，加上使用者最後一次發送的訊息
    // 因此，最終發送給 OpenAI 的訊息最多取最後 11 條
    if (messages.length > 11) {
        messages = messages.slice(-11)
    }
```

```
    // ...
}
```

> 為什麼對話記錄最多只保留 5 輪呢？我們在 9.8 節曾經介紹過，模型的「上下文視窗」長度是有限的。如果向 messages 欄位傳遞了太多的訊息，超過了模型的長度限制，就會導致請求錯誤。另外，由於傳遞給模型的上下文會按長度計費，從成本的角度考慮，我們也不希望傳遞太多意義不大的訊息。因此，這裡取了一個相對合理的對話輪數。你可以根據產品的實際需求來調整這個數字，或者實施一些壓縮上下文的策略。

在這種一步一步推理的場景下，GitHub Copilot 可以很好地瞭解你的思考過程，並即時幫你完成這些註解。看起來對話記錄資料已經準備好了，接下來就是把它們拼接到 messages 欄位上。（注意，函式接收的 messages 參數和傳遞給 OpenAI SDK 的 messages 欄位雖然名字相同，但它們是不同的兩件事，不要混淆了。）

```
export async function getResponse(question, messages) {
    // ...

    const completion = await client.chat.completions.create({
        messages: [
            { role: 'system', content: SYSTEM_PROMPT },
            ...messages,
        ],
        model: MODEL_NAME,
    })

    // ...
}
```

你整理過的對話記錄（即 messages 陣列）中已經包含了使用者本次發送的訊息，因此要把原本存在於 messages 欄位裡的那條使用者訊息完全替換掉。這樣一來，這個函式就用不到 question 參數了。於是，你把這個參數從函式簽名碼中去掉，並且根組件也對呼叫這個函式的程式碼做了相關的修改。

> 這裡的 ...messages 用到了 JavaScript 中的展開運算子（spread operator），它可以把一個陣列中的所有成員展開並將其放置於另一個陣列，作用類似於 Python 中的 *list 還原運算子（unpacking operator）。

完成這番改造之後，就已經把系統提示詞、歷史對話記錄、使用者本次發送的訊息拼接到了一起，按照 SDK 所需的格式傳遞給了模型。

這裡你還享受到了資料格式一致性帶來的好處。還記得嗎？之前在準備對話記錄的模擬資料時，每條訊息都是按照 OpenAI SDK 約定的訊息資料格式 `{ role: '...', content: '...' }` 來建構的。因此，現在在建構 SDK 所需的 `messages` 欄位時，可以直接截取對話記錄的片段丟給它，而不用考慮轉換資料格式的問題。

下面來檢驗一下程式碼改造成果。你開啟瀏覽器，重新整理頁面，還是使用本節最開始的那個多輪對話失敗的案例，看看改造之後的效果如何（如圖 10-19 所示）。在觀察頁面的同時，你也可以在瀏覽器的開發者工具裡觀察相關的網路請求，確認它發送的資料中是否已經包含了你準備的對話記錄。

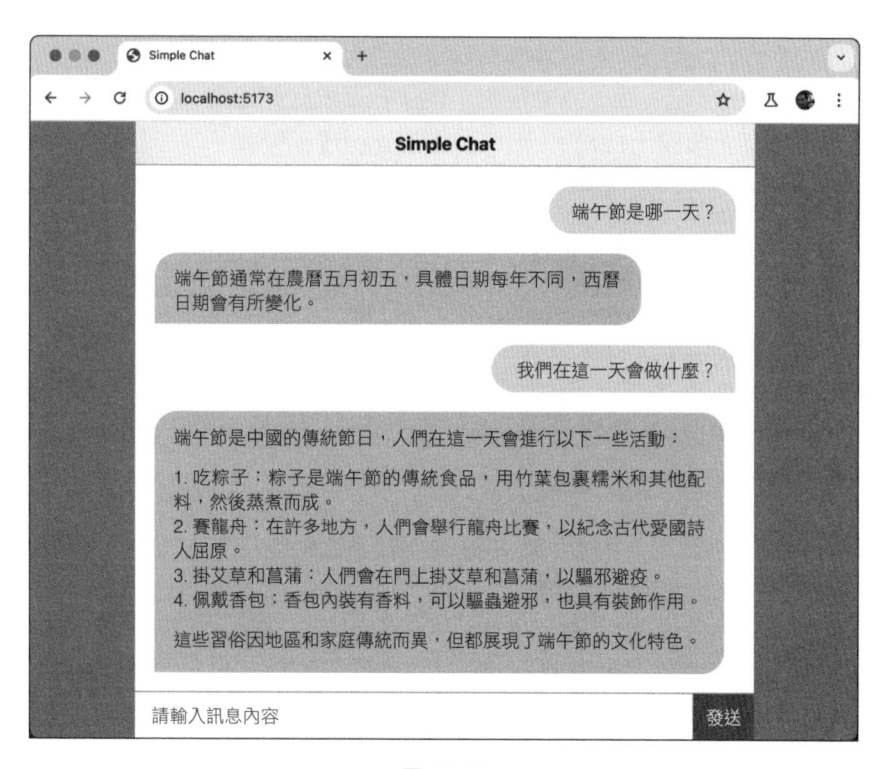

圖 10-19

這一次，對話機器人終於能夠正確瞭解你的問題了！這就是多輪對話的魅力——讓對話更加連貫，讓機器人更加智慧。

10.7 功能強化：流動輸出

為了進一步潤飾產品，你又去試用了一下產業標竿 ChatGPT，希望能收穫更多的最佳化思維。

10.7.1 發現不足

一對比才發現，你的對話機器人和 ChatGPT 相比有一個明顯的體驗差距——ChatGPT 在輸出較長的回覆時，也不會讓你等很久，提交訊息之後很快就會開始輸出內容；而且它的輸出方式是一小段一小段地輸出，仿佛真的有一個機器人在網路的另一端打字一樣。

這種體驗確實相當友善，它是怎麼做到的？

其實 LLM 的 API 還有一個「流動輸出」模式，不過我們之前並沒有用到。為了提供流暢的對話互動體驗，LLM 的 API 通常都支援這種模式，以對話作為互動模式的 AI 產品也會充分利用這項能力。

10.7.2 流動輸出的原理

如果再往深了去想一想，會發現 LLM 的工作方式本來就是「流動」的。上一章曾經提到過，LLM 的產生過程有點像文字接龍。它根據給定的上下文，預測後續的 token，然後根據最初的上下文和最新輸出的 token，再預測下一個 token……如此來回，直至它認為已經輸出完成。

也就是說，模型的工作方式本來就不是一次輸出完整的結果。因此，模型在工作原理層面就為 API 的流動輸出提供了可能。

此時你的腦海中又浮現出了一個新的問題：瀏覽器如何連續獲得模型輸出的這些小片段呢？難道要把一次請求拆分成無數次小請求嗎？

在技術上，LLM 的 API 的流動輸出模式都會用到一項名為「SSE」（Server-Sent Event，伺服器端發送事件）的技術。這是一種根據 HTTP 的長連接技術規範，可以讓伺服器以事件流的方式把一小塊一小塊的資料源源不斷地推給瀏覽器，是一種很實用的單向即時通訊技術。

看不懂也沒關係，下面你將感受到這種事件流方式的實際效果。開啟 message.js 檔案，定位到呼叫 OpenAI SDK 的程式碼，加入 stream: true 選項：

```
export async function getResponse(question, messages) {
    // ...

    const completion = await client.chat.completions.create({
        messages: [
            { role: 'system', content: SYSTEM_PROMPT },
            ...messages,
        ],
        model: MODEL_NAME,
        stream: true,
    })
    return completion.choices[0]?.message?.content || ''
}
```

這樣改過之後，機器人會發生故障。不過你的目的是觀察這次請求與以往有什麼不一樣，所以暫時不用介意。回到瀏覽器端，開啟開發者工具，然後嘗試提交一條訊息，如圖 10-20 所示。

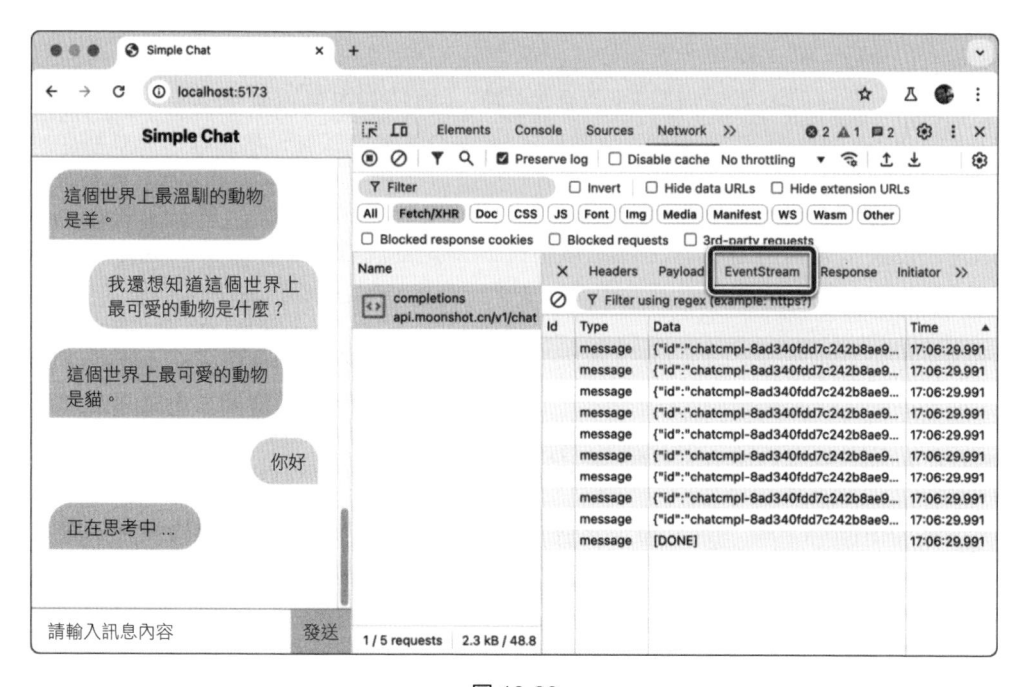

圖 10-20

你會在開發者工具的「Network」面板裡看到一條新的請求。點開它的詳細資訊，你會發現裡面有一個「EventSource」索引標籤頁，它就是 SSE 的標誌。可以看到，它的回應結果是由多條事件訊息組成的，每條事件訊息都是模型輸出的一小段內容。如果把其中一條事件訊息複製出來查看，它的格式是這樣的：

```
{
    "id": "chatcmpl-xxxxxxxxxxxxxxxxxxxxxxxxxxxxxx",
    "object": "chat.completion.chunk",
    "created": 1718960791,
    "model": "moonshot-v1-8k",
    "choices": [
        {
            "index": 0,
            "delta": {
                "role": "assistant",
                "content": " 有什麼 "
            },
            "finish_reason": null
        }
    ]
}
```

這是一段 JSON 格式資料。它和你以往看到的 SDK 傳回資料十分相似，但又有明顯的不同。`delta` 欄位像一條模型產生的回答，但它的內容只有一小段；還有一個 `finish_reason` 欄位，這個欄位的值是 `null`，這意味著請求還沒有結束。

這只是事件流中的一條事件訊息，你需要把所有的小片段拼接起來，得到完整的回答。當然，不必等到所有片段都集齊再把它們合併展示在網頁上，可以一邊接收、一邊拼接、一邊展示，這樣就實作了 ChatGPT 那樣的流動輸出的效果。

接下來你開始寫程式，讓機器人重新「活」過來，並讓它支援流動輸出。

10.7.3 處理 SDK 的流動輸出

當 SDK 切換為流動輸出模式時，它傳回的結果會發生變化。那麼，如何從它傳回的結果中提取事件流、提取那些小片段呢？這個問題的答案其實就藏在 OpenAI SDK 的文件裡。開啟 `openai` 這個包在 GitHub 上的主頁，可以找到流動輸出模式的範例程式碼。如果不想「啃」英文，也可以把這個頁面的位址丟給 Kimi 智慧助手，然後向它提問（GitHub Copilot 目前還無法根據我們提供的網址回答問題）。

```
// OpenAI SDK 的流動輸出模式範例程式碼
async function main() {
    const stream = await openai.chat.completions.create({
        model: 'gpt-4',
        messages: [{ role: 'user', content: 'Say this is a test' }],
        stream: true,
    })
    for await (const chunk of stream) {
        process.stdout.write(chunk.choices[0]?.delta?.content || '')
    }
}
```

> 在流動輸出的場景中,通常用「chunk」來表示「資料片段」。

你仔細讀了兩遍這段程式碼,它看起來倒不複雜:外層就是一個 for 迴圈,就像在遍歷一個陣列;迴圈主體裡的 `process.stdout.write()` 似乎是一種列印方法;而 `chunk.choices[0]?.delta?.content` 應該就是每條訊息裡包含的小片段。

> 沒錯,OpenAI SDK 在這裡把 API 輸出的 SSE 事件流封裝成了一個非同步可迭代物件。這個物件可以用 `for await ... of` 語法來遍歷,每次遍歷得到的就是單個事件訊息,這個過程就像遍歷一個陣列一樣簡單。SDK 的作用在這裡呈現得淋漓盡致,對初學者來說,這樣的設計非常友善。
>
> 如果你有興趣,可以把這個 SDK 傳回的非同步可迭代物件列印出來,看看它有什麼特徵,再和 GitHub Copilot 進一步交流討論。

你思考了一下接下來應該如何組織程式碼——既然不能讓 getResponse() 函式直接傳回一個字串,那不如讓它直接把事件流拋出去,讓根組件來處理這個事件流。

於是你在 message.js 檔案中把 getResponse() 函式改造成了這樣:

```
export async function getResponse(question, messages) {
    // ...

    const stream = await client.chat.completions.create({
        messages: [
            { role: 'system', content: SYSTEM_PROMPT },
            ...messages,
        ],
        model: MODEL_NAME,
```

```
        stream: true,
    })
    return stream
}
```

你又趕緊開啟根組件 App.vue 檔案，找到呼叫 getResponse() 函式的程式碼，把原來更新最後一條訊息的邏輯去掉，加入遍歷事件流的邏輯。在迴圈主體中，你使用了自己熟悉的 console.log() 函式來列印每次遍歷收到的小片段：

```
<script setup>
// ...

async function onSubmit() {
    // ...

    // 取得機器人回覆的內容
    const stream = await getResponse(content, $messages.value)
    // 遍歷事件流
    for await (const chunk of stream) {
        console.log(chunk.choices[0]?.delta?.content || '')
    }

    // ...
}

// ...
</script>
```

看起來沒問題，測試一下吧！回到瀏覽器端，開啟開發者工具，然後嘗試提交一條訊息。成功了！在主控台裡可以看到每一個小片段被輸出（如圖 10-21 所示），恭喜你，距離目標又近了一步。

圖 10-21

10.7.4 實作流動輸出效果

接下來的「主戰場」就是根組件了。你在這裡遇到了一個小問題，現在 onSubmit() 函式已經相當長了，一個螢幕的高度幾乎已經放不下了。因此，你打算把遍歷事件流時要做的工作提取出來，放到一個新函式中，這樣程式碼會更加清晰。你把這個新函式命名為 onReceiveDelta()，讓它接收一個 delta 參數，也就是每次增加的小片段。

接下來，你專心整理它內部的邏輯：每當一個新的小片段到來時，需要把它追加到最後一條訊息的內容裡，然後讓訊息清單滾動到底部。為什麼每次都要滾動訊息清單？這是因為隨著訊息內容不斷被追加，它可能會延伸到可見範圍之外。在做了這個處理之後，onSubmit() 函式結尾處的那一次滾動就可以去掉了。

這裡還有一個小小的陷阱。因為最後一條訊息是為機器人建構的一條佔位訊息，它的初始內容是「正在思考中 ...」。如果直接把新的小片段追加到這條訊息後面，這個佔位字樣就會一直存在。這顯然不是你想要的效果，因此，你需要在追加小片段之前把佔位字樣清空。

要實作清空動作，有很多種方法，比如對字串做比對、迴圈記數等。但這些方法看起來都有些「零碎」，不夠強固。你最終打算透過給訊息加一個 status 欄位來判斷它是不是佔位訊息。這相當於對 OpenAI 約定的訊息資料格式做了一點擴充，不過這並不影響與 SDK 互動的效果，因為通常 SDK 和 API 只會關心那些它們「認識」的欄位。

實際上隨著功能和體驗的不斷完善，留意訊息的狀態也越發重要。你可以用這個新欄位來標記機器人回覆訊息的各種狀態，比如 'waiting'、'streaming'、'done'、'error' 等。掌握這些狀態，更能控制訊息的展示和互動，讓產品的使用者體驗更加友善。

修改程式碼之後，onSubmit() 和 onReceiveDelta() 函式的程式碼分別如下。它們實作了你剛剛整理的所有細節。在改造過程中，GitHub Copilot 往往可以預判你的需求，提供合適的程式碼完成建議，讓你的工作事半功倍。

```
async function onSubmit() {
    // ...

    // 為機器人回覆的訊息提前佔個位
    $messages.value.push({
        role: 'assistant',
        content: '正在思考中...',
        status: 'waiting',
    })

    // 設定載入狀態
    $isLoading.value = true
    // 取得機器人回覆的內容
    const stream = await getResponse(content, $messages.value)
    // 遍歷事件流
    for await (const chunk of stream) {
        onReceiveDelta(chunk.choices[0]?.delta?.content || '')
    }
    // 事件流結束，更新最後一條訊息的狀態
    $messages.value[$messages.value.length - 1].status = 'done'
    // 恢復狀態
    $isLoading.value = false
}

function onReceiveDelta(delta) {
    const lastMessageIndex = $messages.value.length - 1
    // 如果最後一條訊息是佔位訊息
```

```
    if ($messages.value[lastMessageIndex].status === 'waiting') {
        // 把佔位訊息清空
        $messages.value[lastMessageIndex].content = ''
        // 訊息進入 streaming 狀態
        $messages.value[lastMessageIndex].status = 'streaming'
    }

    // 更新最後一條訊息的內容
    $messages.value[lastMessageIndex].content += delta
    // 滾動到訊息清單的底部
    nextTick(() => {
        scrollToBottom()
    })
}
```

確認一下網頁裡的實際效果。成功了！對話機器人「復活」了，而且實作了流動輸出的效果。這是一個很大的進步。

10.7.5 對話氣泡再升級

經歷過網頁開發的各個環節後，你對網頁產品的互動審美也顯著提升。你很快又發現了一個問題——雖然對話氣泡現在可以支援流動輸出，但訊息更新結束後，使用者無法判斷這條訊息是真的輸出結束了，還是因為某種原因卡住了。對話氣泡並沒有明顯的差異用來提示使用者這種狀態變化。

這其實只是很微妙的體驗差別。但既然發現了這個問題，就不可能坐視不理。你觀察了一下 ChatGPT 和 Kimi 智慧助手，發現這些成熟的產品確實都考慮到了這個問題。你思索一番，決定借鑑 ChatGPT 的做法——在對話氣泡的文字結尾加入一個閃爍的游標，用來表示訊息「仍在載入」。

開啟對話氣泡組件 MessageItem.vue，開始改造程式碼。你對網頁動畫並不在行，但你和 GitHub Copilot 合作已經相當有默契，於是你開始撰寫提示詞：

```
<style scoped>
/* 為 animate-cursor-flashing 這個類別定義動畫效果 */
/* 需要有一個與文字同色的方塊游標，緊隨著文字後面閃爍 */
/* 游標與文字之間有少量空隙 */

</style>
```

這其實是你調整了好幾次之後才確定的提示詞。不過，功夫不負有心人，你終於在 GitHub Copilot 的協助下獲得了不錯的結果。除了樣式程式碼，你還需要修改範本，因為你需要根據訊息的目前狀態來決定是否讓對話氣泡顯示動畫效果（程式碼略）。網頁效果如圖 10-22 所示。

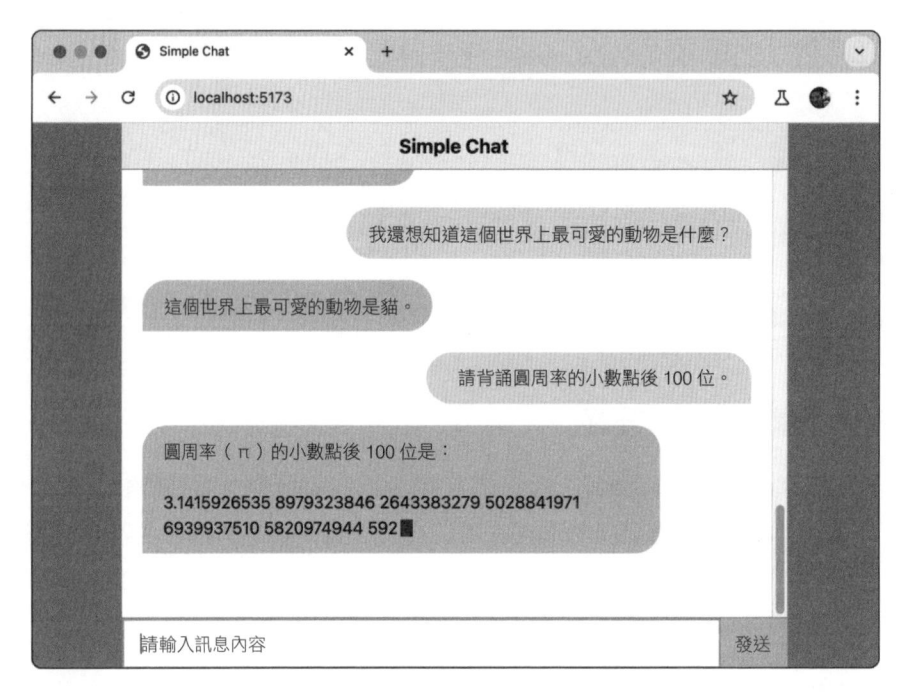

圖 10-22

這裡其實還有一個小插曲。當你為訊息的 `waiting` 狀態也啟用閃爍游標效果之後，你會發現原來使用的佔位訊息「正在思考中…」就變得沒有必要了。去掉佔位訊息，只保留游標閃爍，產品給人感覺會更加輕盈。

10.8 功能強化：自訂設定

經過前幾節的努力，你的智慧對話機器人已經是一款效果不錯的網頁產品了。但你暫時還不能發布它，因為離最終目標還差最後一步——產品尚未支援「使用者自備 API Key」的使用方式。因此在本節中，你打算挑戰這項艱巨的任務，透過使用者自訂設定的方式來達成最終目標。

10.8.1 實作設定頁面

這確實是一項大工程,你整理了一下思緒,準備先從設定面開始。

你需要提供一個表單,讓使用者填寫 API Key 等設定資訊。由於這是一個手機端設定風格的產品,因此你打算採用半螢幕彈出視窗的方式來展示這個表單。這個功能的結構和行為相對獨立,你打算把它們安置到一個新的組件裡。

你在 src/components 目錄下新建了一個 ConfigDialog.vue 檔案,開始編寫範本。

這個彈出視窗裡有標題列和一個包含多個欄位的表單。標題列重複使用根組件的標題列樣式就可以,還需要在標題兩端分別加上「儲存」和「取消」按鈕;而表單的產生則基本都是 GitHub Copilot 的功勞——它似乎能瞭解整個網站的風格,並幫你產生了一套簡潔的表單元素,看起來毫不違和。為了讓頁面看起來更有層次,你還在彈出視窗下面設定了一層半透明的背景遮罩。頁面效果如圖 10-23 所示。

圖 10-23

在編輯表單欄位的過程中，你突然冒出一個點子——既然已經把設定功能開放給使用者了，那還有哪些資訊是可以由使用者自訂的呢？像對話氣泡顏色、機器人名字這樣的頁面元素確實可能存在自訂的需求，不過你想到了一個更重要的資訊——系統提示詞。

系統提示詞就像機器人的出廠設定，不同的系統提示詞會讓機器人擁有不同的個性和特長。因此，你決定把系統提示詞也加入設定表單，讓使用者可以自由打造專屬的智慧對話機器人。

這個點子真不錯！你立即在表單的底部又增加了一個多行文字方塊，讓使用者可以輸入自己的系統提示詞。不過這個欄位並不是必填的，如果不填，就相當於預設採用程式預設的系統提示詞。

彈出視窗的頁面部分基本完成了，範本程式碼看起來是這樣的：

```
<template>
    <!-- 半透明背景遮罩 -->
    <div class="..."></div>

    <!-- 半螢幕彈出視窗，包含標題列和簡潔風格的表單 -->
    <div class="...">
        <!-- 標題列，中間是標題文字，左右各有一個按鈕 -->
        <header class="...">
            <h1 class="..."> 設定 </h1>
            <div class="...">
                <button class="..."> 取消 </button>
            </div>
            <div class="...">
                <button class="..."> 儲存 </button>
            </div>
        </header>

        <!-- 表單，包含四個欄位，前三個輸入框必填，最後一個多行輸入框可選 -->
        <div class="...">
            <div class="...">
                <label class="...">
                    API Base URL
                    <span class="text-red-500">*</span>
                </label>
                <input class="..." />
            </div>
            <div class="...">
```

```
                <label class="...">
                    API Key
                    <span class="text-red-500">*</span>
                </label>
                <input class="..." />
            </div>
            <div class="...">
                <label class="...">
                    模型名稱
                    <span class="text-red-500">*</span>
                </label>
                <input class="..." />
            </div>
            <div class="...">
                <label class="...">
                    系統提示詞
                </label>
                <textarea class="..."></textarea>
            </div>
        </div>
    </div>
</template>
```

10.8.2 控制彈出視窗的顯示或隱藏

回到根組件，引入這個新組件對你來說已經輕而易舉了。不過為了控制這個彈出視窗組件的顯示效果，你還需要做兩件事：一是為表單設定一個觸發入口，比如在標題列右側放置一個「設定」按鈕；二是設定一個響應式變數用來控制彈出視窗的顯示和隱藏。

你很快就完成了這兩項工作，根組件的主要變化如下：

```
<script setup>
// ...
import ConfigDialog from '@/components/ConfigDialog.vue'
// ...

const $shouldShowDialog = ref(false)

// ...

</script>

<template>
```

```
    <div class="... relative">
        <header class="... relative">
            <h1 class="...">Simple Chat</h1>
            <div class="...">
                <button
                    class="..."
                    @click="$shouldShowDialog = true"
                >設定</button>
            </div>
        </header>

        <!-- ... -->

        <ConfigDialog v-if="$shouldShowDialog"></ConfigDialog>
    </div>
</template>
```

按一下標題列右側的「設定」按鈕，設定彈出視窗應聲顯現！不過，怎麼關掉它？所有能關閉彈出視窗的動作都在彈出視窗組件內部，比如按一下彈出視窗的「儲存」和「取消」按鈕、選擇彈出視窗的半透明背景遮罩等。但是，你用來控制彈出視窗的響應式變數 $shouldShowDialog 卻是在根組件裡定義的，怎麼讓彈出視窗組件裡的動作影響根組件裡的變數呢？

這裡涉及 Vue 框架的一個重要概念——**組件通訊**。你現在面臨的是最典型的場景，**父子組件通訊**，即讓父組件（根組件）和子組件（彈出視窗組件）之間進行訊息傳遞。在這種場景下，Vue 框架推薦的做法是子組件透過「事件」向父組件傳遞訊息，父組件根據不同事件做出不同的處理。

你在彈出視窗組件裡定義了一個 'close' 事件，在需要關閉彈出視窗時就觸發一下這個事件。主要更改如下：

```
<script setup>
// ...

// 目前組件宣告會拋出 'close' 事件
const emit = defineEmits(['close'])

function onClickSave() {
    // TODO: 儲存設定資訊

    emit('close')
}
```

```
</script>

<template>
    <!-- 半透明背景遮罩 -->
    <div class="..." @click="emit('close')"></div>

    <!-- 半螢幕彈出視窗,包含標題列和簡潔風格的表單 -->
    <div class="...">
        <!-- 標題列,中間是標題文字,左右各有一個按鈕 -->
        <header class="...">
            <h1 class="..."> 設定 </h1>
            <div class="...">
                <button class="..." @click="emit('close')"> 取消 </button>
            </div>
            <div class="...">
                <button class="..." @click="onClickSave"> 儲存 </button>
            </div>
        </header>

        <!-- ... -->
    </div>
</template>
```

同時,你需要在根組件範本引用彈出視窗組件的地方監聽這個事件,以便在事件發生時透過更新 `$shouldShowDialog` 變數來關閉彈出視窗。根組件的主要更改如下:

```
<script setup>
// ...

function onCloseDialog() {
    $shouldShowDialog.value = false
}

// ...
</script>

<template>
    <div class="...">
        <!-- ... -->

        <ConfigDialog
            v-if="$shouldShowDialog"
            @close="onCloseDialog"
        ></ConfigDialog>
    </div>
</template>
```

完成這一步，彈出視窗的顯示和隱藏邏輯就圓滿實作了。接下來，你開始著手處理設定資訊的儲存和讀取。

10.8.3 瀏覽器端的持續儲存

如果不能把設定資訊「寫死」在 .env 檔案裡，那就需要找一個地方來儲存這些資訊，並且是在使用者端持續地儲存。瀏覽器恰好就提供了多種持續儲存方案，其中最常用的就是本機存放區（localStorage）。它是一個簡單的鍵值對儲存系統，可以把資料儲存在使用者的瀏覽器中，即使使用者關閉了頁面，資料也不會遺失。

你打算新建一個 src/utils/storage.js 檔案來封裝本機存放區的讀寫操作，這樣可以讓程式碼更加模組化。除了儲存設定資訊，這個模組還可以為其他功能服務。

你在這個模組裡建立了三個函式 save()、load() 和 remove()，GitHub Copilot 快速幫你完成了它們的功能實作程式碼。GitHub Copilot 對於這類工具函式的編寫非常擅長，你只需要簡單描述函式功能，它就能幫你產生工整的函式程式碼。你所用的提示詞如下：

```
// 這個檔案用於操作 localStorage
// 儲存在 localStorage 中的資料通常是物件或陣列，
// 因此在儲存和讀取時需要使用 JSON.stringify 和 JSON.parse 進行轉換

// 儲存資料
export function save(key, data) { /* ... */ }

// 讀取資料
export function load(key) { /* ... */ }

// 刪除資料
export function remove(key) { /* ... */ }
```

10.8.4 設定資訊的讀取

接下來你需要對 src/utils/config.js 進行大改。原本從 .env 檔案中讀取設定資訊的邏輯需要全部刪掉，改為從本機存放區中讀取。從這一刻開始，.env 檔案就已經完成了它的歷史使命，可以將其刪除了。

由於使用者隨時可能修改設定資訊，因此程式碼在每次用到設定資訊時都需要重新讀取一遍。這使得 config.js 匯出的將不再是一個個變數，而是一個 loadConfig() 函式，每次呼叫這個函式都會傳回最新的設定資訊；與此對應的是，你還需要準備一個 saveConfig() 函式，它的作用應該也是不言自明的。你在 config.js 檔案中花了一些精力來描述具體需求，經過幾輪嘗試和改進，你很快實作了這兩個函式（程式碼略）。

用到設定資訊最多的地方就是呼叫 LLM 的 SDK 了。因此，也需要對 src/utils/message.js 檔案做不少調整。比如，將預設的系統提示詞移到 config.js 中可能會更合適，因為它會作為預設值被存入設定資訊。另外，你也意識到，由於設定資訊隨時可能變化，因此在呼叫 LLM 時就不能使用一個預先準備好的固定 SDK 實體，而應該是每次請求都重新建立新的實體。你對 message.js 的主要修改如下：

```js
// ...
import { loadConfig } from './config.js'

// ...

export async function getResponse(messages) {
    // 由於設定資訊可能會發生變化，因此每次都需要重新載入設定資訊
    const config = loadConfig()
    // 每次都建立一個新的 OpenAI 使用者端
    const client = new OpenAI({
        apiKey: config.apiKey,
        baseURL: config.baseURL,
        timeout: 60_000,
        dangerouslyAllowBrowser: true,
    })

    // ...

    const stream = await client.chat.completions.create({
        messages: [
            { role: 'system', content: config.systemPrompt },
            ...messages,
        ],
        model: config.modelName,
        stream: true,
    })
    return stream
}
```

接下來，你意識到還需要有一個 `hasValidConfig()` 函式，用來檢查本機存放區中是否已經儲存了所有必填的設定資訊（程式碼略）。比如頁面在啟動時就需要呼叫這個函式，如果檢查未透過，使用者是不能使用產品的。因此，也要對根組件 `App.vue` 做相關的更新：

```
<script setup>
// ...
import { hasValidConfig } from '@/utils/config.js'
// ...

// 這個變數用來儲存設定完整性的檢查結果
const $hasValidConfig = ref(hasValidConfig())

// ...

function onCloseDialog() {
    $shouldShowDialog.value = false
    // 當設定彈出視窗關閉時，重新檢查設定完整性
    $hasValidConfig.value = hasValidConfig()
}

// ...
</script>

<template>
    <div class="...">
        <!-- ... -->
        <footer class="..." v-if="$hasValidConfig">
            <!-- ... -->
        </footer>

        <ConfigDialog
            v-if="$shouldShowDialog"
            @close="onCloseDialog"
        ></ConfigDialog>
    </div>
</template>
```

10.8.5 設定資訊的儲存

要串聯起完整的自訂設定，最後一步要做的，就是在彈出視窗組件裡把表單資料儲存為設定資訊。還記得上面的彈出視窗組件程式碼中有一句「`// TODO: 儲存設定資訊`」嗎？現在，你需要實作這個功能。

在儲存設定資訊之前，先把表單資料收集起來。你在 10.4 節已經接觸過 v-model 指令，用來對輸入框的內容和響應式變數進行雙向繫結，這裡也如法炮製。以「API Base URL」欄位為例，你對彈出視窗組件的主要修改如下：

```
<script setup>
import { ref } from 'vue'
import { loadConfig, saveConfig } from '@/utils/config.js'

// ...

const config = loadConfig()

const $baseURL = ref(config.baseURL || '')
// TODO: 處理其他欄位

function onClickSave() {
    saveConfig({
        baseURL: $baseURL.value,
        // TODO: 處理其他欄位
    })
    emit('close')
}
</script>

<template>
    <!-- ... -->

    <div class="...">
        <!-- ... -->

        <div class="...">
            <div class="...">
                <label class="...">
                    API Base URL
                    <span class="text-red-500">*</span>
                </label>
                <input
                    type="text"
                    v-model.trim="$baseURL"
                    class="..."
                />
            </div>
            <!-- ... -->
            <!-- ... -->
            <!-- ... -->
```

```
        </div>
    </div>
</template>
```

處理完彈出視窗表單的儲存操作之後，你要檢驗一下成果。回到瀏覽器端，重新整理頁面，此時由於還沒有儲存過設定資訊，所以頁面底部的動作列處於隱藏狀態。按一下標題列右側的「設定」按鈕，設定彈出視窗正常展現，網頁效果如圖 10-24 所示。

圖 10-24

在彈出視窗中填寫必要的設定資訊之後，請儲存。彈出視窗正常關閉，而主頁面也恢復了完整狀態。嘗試使用發送功能，一切正常！為了證明設定資訊真的可以持續儲存，你可以重新整理頁面或重啟瀏覽器，然後再次開啟設定彈出視窗，應該可以看到之前填寫的設定資訊完好無損地「躺」在表單輸入框裡。

此外，你還可以再深入學習，看看瀏覽器的本機存放區裡到底儲存了什麼。開啟瀏覽器的開發者工具，切換到「Application」面板，然後在左側的樹形目錄中選擇「Local Storage」，你會看到一個名為 config 的條目，裡面儲存的正是設定資訊，如圖 10-25 所示。

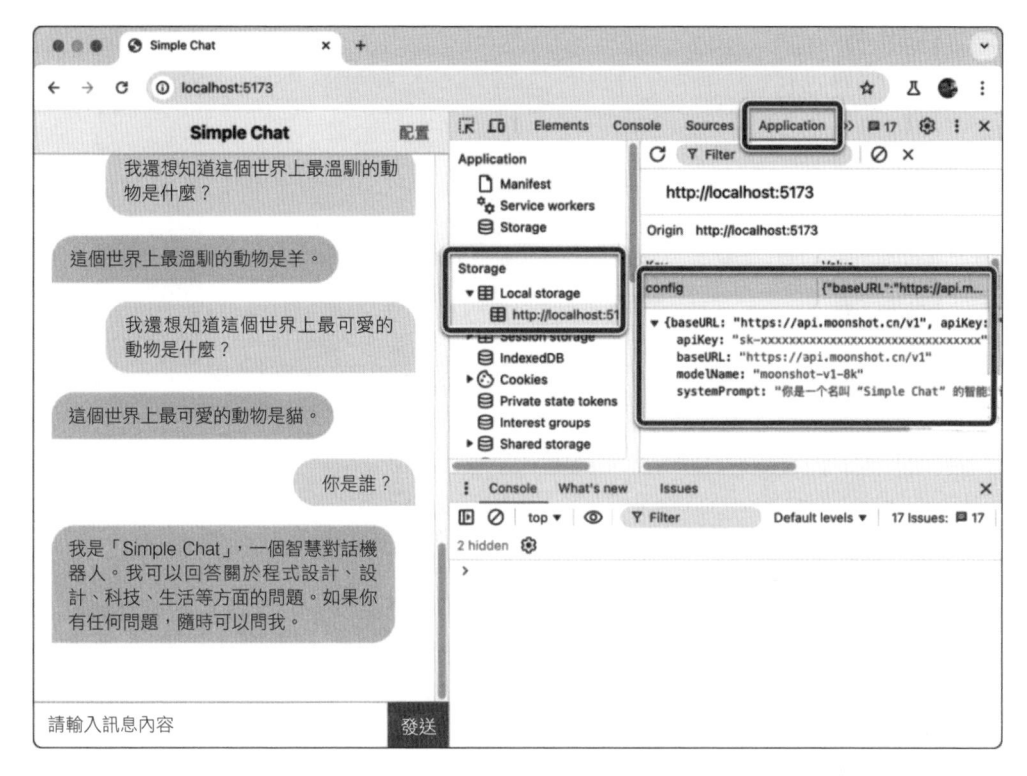

圖 10-25

現在，這款對話機器人可以透過網頁介面輕鬆修改各項設定資訊了。就在這時，你腦中突然靈光一閃──它還可以當成 LLM 的除錯工具！你可以把 Kimi 的 API Key 換成 OpenAI 官方或 API2D 提供的 API 服務，對比不同模型的表現有什麼差異；你也可以嘗試修改系統提示詞，看看機器人的「變身」效果如何。比如圖 10-26 就展示了修改系統提示詞所產生的自我介紹差別。

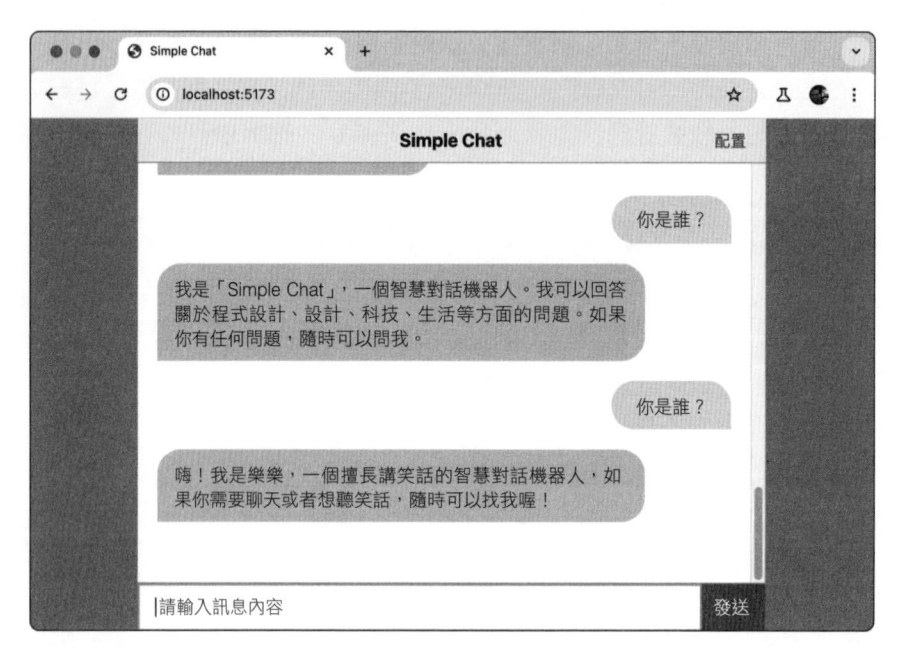

圖 10-26

10.8.6 頁面再最佳化

在上一節的測試中，你對主頁面的初始狀態還不太滿意——如果使用者還沒有儲存過設定資訊，那麼應該引導使用者去填寫設定資訊，否則新使用者第一次開啟頁面時可能會無從下手。因此，你打算為這種情況設定一個引導提示。在這個過程中，你把最開始用來填充訊息清單的那些模擬對話資料也刪掉了，並且為訊息清單設計了一個空狀態提示。

要完成這些頁面提示，你需要在範本中用到 Vue 的條件描繪功能。由於訊息清單會有三種狀態（沒有設定、沒有對話、有對話），因此你不僅會用到 `v-if` 和 `v-else` 指令，還會在這兩者中間用到 `v-else-if` 指令。你在根組件中完整實作了上面的想法，主要更改如下：

```
<script setup>
// ...

// 把訊息清單的初始狀態設定為空
const $messages = ref([])
```

```
// ...
</script>

<template>
    <div class="...">
        <!-- ... -->
        <div ref="$messageList" class="...">
            <div v-if="! $hasValidConfig">
                <div class="...">
                    （你還沒有設定模型）
                </div>
                <button
                    class="..."
                    @click="$shouldShowDialog = true"
                >點此設定 </button>
            </div>
            <div v-else-if="$messages.length === 0" class="...">
                （你還沒有發過訊息）
            </div>
            <template v-else>
                <MessageItem
                    v-for="message of $messages"
                    :messageItem="message"
                ></MessageItem>
            </template>
        </div>

        <!-- ... -->
    </div>
</template>
```

我們來看看這三種狀態的效果，如圖 10-27 所示。

- 沒有設定的狀態。這也是新使用者第一眼看到的狀態。
- 沒有對話的狀態。使用者已經填寫了設定資訊，但還沒有開始對話。
- 已經有對話的狀態。

圖 10-27

看起來相當專業，本節的目標終於完美達成！在本節的實作中，你掌握了 Vue 組件通訊和本機存放區等新的技能，對產品的互動設計也有了更深入的瞭解。

為你按讚，這應該是本章最具挑戰性的一節，但你還是順利達成了目標。這段經歷讓你相信，即使是十分複雜的功能，但只要做好需求分析和技術規劃，一步步拆解，一步步實作，最終都能夠順利實作。

10.9 專案收尾

作為這款產品的 1.0 版本，目前的開發成果已經相當完整了。因此在這一節裡，你將正式發布它。當然，與此同時你也可以開始構思它未來版本的可能樣貌。

10.9.1 功能完善與最佳化

這款網頁版的智慧對話機器人產品已經相當完善了，不過，希望你能明白，技術和產品永遠都有不斷改良和精進的空間。比如在技術方面，你隨時可以開啟 GitHub Copilot 的聊天面板詢問它：「@workspace 這個專案還有哪些可以改進的地方？」

GitHub Copilot 會給你一些有價值的建議，比如：

- **錯誤處理**。上一章曾經對 OpenAI SDK 的呼叫過程進行了錯誤處理，提升了腳本的強固性。在這個專案中，你同樣可以考慮增加一些錯誤處理機制，一方面在程式碼中截獲可能發生的例外，另一方面在頁面上提供清楚且友善的提示訊息。
- **導入程式碼品質工具**。比如 ESLint 和 Prettier，可以幫助你發現程式碼中的潛在問題，保持程式碼風格的一致性。
- **加入單元測試和整合測試**。這些測試手段可以確保程式碼的強固性和未來的可維護性。可以使用 Jest、Vitest 或 Vue Test Utils 等工具。本書第 8 章詳細講解了單元測試的相關知識及 GitHub Copilot 在其中的用法，你不妨回顧一下。
- **文件和註解**。增加更多、更準確的程式碼註解，更新 README 檔案，以提供更詳細的專案介紹、安裝指南、使用說明和貢獻指南。這將幫助新使用者更快地瞭解專案。
- **頁面最佳化**。頁面設計採用了手機端應用的簡潔設定風格，但對於大螢幕設備來說，空間利用率不足。可以考慮透過響應式設定等手段，讓頁面符合更多的平台，進一步提升使用者體驗。比如，可以在寬螢幕設備上增加一個側欄，用來顯示對話記錄和常用功能的入口等。
- **豐富動畫效果**。動畫效果是現代網頁應用中不可或缺的一部分，它可以增加使用者的愉悅感，提升產品的品質。目前彈出視窗的顯示過程較為生硬，你可以嘗試增加一些過渡動畫，比如讓它從螢幕底部上滑展現，讓頁面更加生動流暢。
- **功能強化**。對話機器人還沒有儲存對話記錄的功能，這其實也是一個不小的缺憾。你已經學會了如何使用瀏覽器的本機存放區功能，可以嘗試增加這個功能。此外，像支援語音輸入、允許另起新對話、增加文生圖等多模態功能，都是可以考慮增加的。

限於篇幅，這些改進計畫就留給你和 GitHub Copilot 在未來的日子裡共同探討吧。

10.9.2 公開發布

到目前為止，這個專案還只是執行於本機的一個網頁程式。如果你想讓更多的人使用這款產品，你需要把它部署到伺服器上，進而獲得一個可以公開存取的位址。

這樣，你的親朋好友或者網際網路上的其他使用者就都可以透過瀏覽器存取這個位址了──填入 API Key，與你的智慧對話機器人互動。

部署之前需要透過 Vite 建構一套用於部署的靜態資源。你可以在終端機中執行以下命令：

```
$ npm run build
```

隨後，你會在工作目錄中看到了一個名為 dist 的新目錄，裡面包含了執行網頁所需的所有靜態資源檔。目錄結構如下：

```
dist
├── assets
│   ├── index-xxxxxxxx.css
│   └── index-xxxxxxxx.js
└── index.html
```

可以看到，它確實是一個純前端的網頁專案，只包含與 HTML、CSS、JavaScript 相關的靜態檔案。執行這個專案並不需要任何語言執行環境（比如 Python、Node、Java 等），也不需要資料庫服務（比如 MySQL、PostgreSQL、MongoDB 等）。

因此，任何一個可以提供靜態資源存取的服務，包括個人主頁空間、虛擬主機、VPS 主機、OSS 服務、網站託管平台等，都可以把你的智慧對話機器人執行起來。這其中還有不少免費方案，比如 GitHub Pages、Vercel、Netlify 等。包括第 7 章提到的魔搭創空間也有靜態模式，你不妨試一試。

部署完成後，你就可以把網址分享給你的朋友，讓他們也來體驗一下你的智慧對話機器人！由於這個專案從一開始就考慮到了手機端的設計要素，所以在手機上使用的體驗同樣十分流暢。

10.10 本章小結

恭喜你！真不敢相信，身為一個程式設計初學者，你居然能夠在這麼短的時間內從零開始一手包辦一個完整 LLM 應用程式的設計、開發到實際應用。你自己是不是也覺得有點不可思議呢？

10.10 本章小結

在本章中，我們深入探索了如何使用 GitHub Copilot 開發一個網頁版的智慧對話機器人。從前期準備到具體實作，再到功能強化，這一過程不僅能讓我們掌握前端開發的必備技能，還能讓我們領略了現代網頁開發的樂趣和挑戰。

本章一開始，我們從專案背景出發，分析了現有智慧對話機器人的不足之處，並清楚瞭解了改進方向。接著，我們詳細講解了如何設定開發環境，包括安裝 Node 和 npm、準備瀏覽器和編輯器，以及初始化專案程式碼。這些步驟為專案的順利展開打下了紮實的基礎。

在開發過程中，我們採用了 Vue 和 Tailwind 等優秀框架，透過建構簡潔而實用的頁面，逐步實作了智慧對話機器人的核心功能。從訊息清單的自動滾動、輸入框的操控、「發送」按鈕的互動，到 LLM API 的呼叫，我們一步步完善了產品的功能和體驗。在這個過程中，GitHub Copilot 功不可沒，它為我們提供了許多有效率的程式碼片段和實用的建議。

在實作多輪對話和流動輸出功能時，我們更是深入瞭解了 LLM 的上下文和流動輸出原理，不斷最佳化對話體驗，讓對話機器人更加智慧、有效率。最後，我們著手實作使用者自訂設定功能，使使用者可以根據自己的需求訂製專屬的智慧對話機器人，讓產品的實用性再次提升。

透過本章的學習，你不僅熟悉了 GitHub Copilot 在專案開發中的強大協助工具，還掌握了現代前端開發的一系列關鍵技術和實作方法。希望這些知識和經驗能為你在未來的專案中提供有力的支援和借鑒。

看到這裡，本書的案例就全部講解完畢了。再次恭喜你完成了本書的學習旅程，也誠摯祝福你能在 GitHub Copilot 的協助下不斷進取、持續突破，打造出更多精彩的 AI 產品，在這個充滿機遇的時代實現自己的夢想！

不用自己寫！用 GitHub Copilot 搞定 LLM 應用開發

作　　者：李特麗 / CSS 魔法
企劃編輯：詹祐甯
文字編輯：王雅雯
設計裝幀：張寶莉
發 行 人：廖文良

發 行 所：碁峰資訊股份有限公司
地　　址：台北市南港區三重路 66 號 7 樓之 6
電　　話：(02)2788-2408
傳　　真：(02)8192-4433
網　　站：www.gotop.com.tw
書　　號：ACL072700
版　　次：2025 年 07 月初版
建議售價：NT$600

商標聲明：本書所引用之國內外公司各商標、商品名稱、網站畫面，其權利分屬合法註冊公司所有，絕無侵權之意，特此聲明。

版權聲明：本著作物內容僅授權合法持有本書之讀者學習所用，非經本書作者或碁峰資訊股份有限公司正式授權，不得以任何形式複製、抄襲、轉載或透過網路散佈其內容。
版權所有．翻印必究

本書是根據寫作當時的資料撰寫而成，日後若因資料更新導致與書籍內容有所差異，敬請見諒。若是軟、硬體問題，請您直接與軟、硬體廠商聯絡。

國家圖書館出版品預行編目資料

不用自己寫！用 GitHub Copilot 搞定 LLM 應用開發 / 李特麗, CSS 魔法原著. -- 初版. -- 臺北市：碁峰資訊, 2025.07
　面；　公分
ISBN 978-626-425-097-9(平裝)

1.CST：人工智慧　2.CST：自然語言處理　3.CST：軟體研發　4.CST：電腦程式設計

312.835　　　　　　　　　　　　　　114000915